식물의 사회생활

이 책은 2024년도 포스텍 융합문명연구원의 지원을 받아 출간되었습니다.

This book published here was supported by the POSTECH Research Institute for Convergence Civilization (RICC) in 2024.

한곳에 뿌리내린 식물이
다른 식물, 미생물, 동물, 인간과 맺는
친밀하거나 적대적인 모든 관계

식물의 사회생활

이영숙·최배영 지음

동아시아

사람은 사회적 동물이다. 우리는 타인과 어울려 놀고, 함께 일하고, 타인으로부터 인정받고, 사랑받고, 내 생존에 필요한 것들을 사회생활로부터 얻는다. 마찬가지로 식물에게도 사회생활이 중요하다. 한자리에 가만히 서 있는 식물이 어떻게 사회생활을 할까? 식물에게는 왜 사회생활이 필요한가? 우리는 왜 식물의 사회생활에 관해 알아야 할까? 이 책은 이에 대해 말하고자 한다.

식물이 사회생활을 하는 상대는 아주 다양하다. 식물의 이웃에는 다른 식물뿐만 아니라, 박테리아, 바이러스, 곰팡이, 곤충, 동물, 사람 들이 살고 있어서 식물은 이들과 끊임없이 사회생활을 한다. 식물과 다른 생명체들의 관계는 얼핏 일방적으로 보이는데, 그것은 다른 생명체들이 모두 식물이 만들어 내는 것들을 얻어야 살 수 있기 때문이다. 식물만이 태양에너지를 받아서 생존에 필요한 물질을 만들어 낼 수 있고, 다른 생명체들은 식물에 의존해서 산다. 자기를 먹어치우려는 생명체들이 곁에 수없이 많은 환경에서 움직이지도 못하면서 자신을 지키고 자손을 만들어 내는 일은 상당히 어려울 수밖에 없어 보인다. 그런데도 식물은 이런 어려운 일을 잘 해내고 있는 듯하다. 지구의 지상부가 대부분 녹색으로 덮여 있다는 것이 그 증거이다.

식물은 사회생활을 하면서 일방적으로 당하기만 하는 것도 아니고, 순순히 모든 것을 다 내주는 것도 아니며, 오히려 다른 많은 생명체를 자신의 성장과 생식에 이용한다. 식물이 사용하는 사회생활의 방법은 놀라울 정도로 다양하고 독창적이다. 식물은 박테리아나 곰팡이 들과 공생관계를 맺어 영양분을 얻기도 하고, 곤충들을 생식에 이용하기도 한다. 식물은 병균이나 초식동물의 공격에 대응하기 위해 여러 독성물질을 만들었고, 식물을 먹는 생물들은 이런 독성물질을 해독하는 방법들을 또다시 발달시켰다. 식물의 사회생활의 이런 면은 다른 나라의 위협에 대비해야 한다고 자꾸만 경쟁적으로 무기를 개발하는 현대 국가들의 군비 경쟁과도 유사하다. 이렇게 식물은 다양한 사회생활로 생태계에 변화를 일으키고 생태계를 풍요롭게 만든다.

식물의 사회생활은 사람들에게도 중요하다. 사람들은 식물과 식물이 만든 환경으로부터 양식과 주거지를 얻었다. 그뿐만 아니라 농업과 산업에 필요한 방향으로 식물을 개량하여 작물을 만들었다. 작물이 엄청난 양의 칼로리와 물자를 사람들에게 제공하게 되자 인구가 폭발적으로 증가했고 많은 사람이 더 좋은 것을 더 많이 원하게 되었다. 그 결과, 지구환경은 빠르게 변화해서 산성비, 중금속 오염, 기후변화 등 새로운 환경조건들이 등장했으며 이는 오히려 식물의 사회생활을 혼란스럽게 하고 식물의 생존을 위협하고 있다. 이렇게 빨리 변화하는 환경에서 식물이 계속 살아남아서 인간에게 필요한 것들을 이전처럼 값싸게 제공할 것이라고 막연하게 기대하거나 안심하고 있는 것은 매우 위험하다. 지금은 미래 환경을 결정할 중요한 시점이고, 따라서 우리는 식물에 관해 더 깊게 공부하고 이해할 필요가 있다. 식물의 사회생활에 관한 여러 면을 더 잘 이해하면, 우리는 식물이 안정적으로 사회생활을 지속할 수 있도록 환경을 보호해야 할 필요성과 그 방법을 알 수 있을 것이고, 식물의 사회생활을 보호해야만 이 지구상에서 사람들은 지속 가능하게 삶을 영위할 수 있을 것이다.

이 책의 1부부터 3부까지는 식물과 식물, 식물과 미생물, 식물과 동물의 사회생활을 다루었다. 이미 이에 관해 상당히 많은 논문들이 있어서 그것들을 참고했고, 관심이 있는 분들이 더 찾아볼 수 있도록 참고 문헌을 표시하였다. 4부에서는 식물과 사람의 관계를 다루었다. 이 주제에 관해서도 논문들이 있었으나, 충분하지 않았고, 특히나 미래에 어떻게 될지에 관해서는 참고 문헌을 찾기 쉽지 않았다. 물론 미래에 일어날 일을 자연과학적으로 연구하거나 정확하게 말하기란 어려운 일이다. 그러나 용기를 내어 이 주제에 도전했는데, 근거가 조금이라도 있는 미래 예견이 우리 사회에 도움이 될 것으로 믿었기 때문이다.

이 책에서는 과학적 사실을 설명하는 것과 더불어 질문을 많이 넣었다. 과학자들이 어떤 질문을 해서 어떤 사실을 밝히게 되었던 것인지, 또 앞으로는 어떤 연구가 필요한지를 질문의 형식으로 표현한 것이다. 그렇게 한 이유는 우리가 수동적으로 배운 것을 받아들이는 것에는 익숙한 반면 질문하기는 꺼리는 경향이 있기 때문에, 더 적극적으로 질문을 만들어 보자는 뜻이다. 질문을 하면 어디까지가 확실하고 어디서부터는 모르는지가 명확해진다. 중요한 질문은 위대한 발견으로 이어질 수 있다. 내 질문이 중요한 것이 아니고 너무 사소한 것이 아닌가 하여 질문을 못 하는 경우도 많은데, 중요한 질문도 사소한 질문에서 시작될 수 있다.

이 책에서는 결론적으로 나온 사실뿐만 아니라 결론을 도출하게 된 실험방법도 최대한 설명하고자 했다. 비전공 독자들이 읽기에 너무 복잡하고 어려워질 위험이 있어서 매우 자세하게 설명을 할 수는 없었지만, 실험방법을 이해하면 과학자가 어떻게 문제를 풀어나가는지를 알 수 있어 이 또한 내용을 이해하는 데 도움이 될 것으로 생각된다. 또 종래에 사용하던 생태학적, 생리학적 방법뿐만 아니라, 최근에 발달한 생화학, 유전학, 계통학 분야 기술에 관해서도 설명하고자 노력했다. 특히 최근에는 DNA 시퀀싱DNA sequencing 기술이 눈부시게 발달했고, 메타볼로믹스metabolomics 기술도 발전하여 식물과 식물, 식물과 다른 생명체 간의 관계를 규명하는 데 크게 기여했다. 이전에는 생명체들의 상호관계를 관찰하여 자세하게 쓰고 그들의 관계를 추측하는 데 그치는 경우가 많았지만, 이제는 그런 관계가 어떤 생화학 물질과 관련하여 이루어지는지, 어떤 유전자들이 관여하는지, 진화적으로는 어떤 단계에 있는지를 훨씬 더 깊게 이해할 수 있게 되었다. 우리는 생태계에서 복잡한 모습을 보이는 현상들을 만드는 생화학적, 생리학적 원리를 이해하고 이 책에서 설명하고 싶었다. 최근에 발달한 여러 기술들이 이러한 우리의 목마름을 채워주는 실험들을 조금씩 가능하게 하고 있다. 기술적인 면에 관심이 있는 독자들을 위해서 최근에 발달한 생화학, 유전학, 계통학 분야 기술에 관한 설명을 4부 뒤에 덧붙였다. 생명과학의 전문용어에 관해 설명이 필요한 독자들을 위해서 각주도 충분히 붙이려고도 노력했다.

이 책에서는 식물이 여러 생명체들과 맺고 있는 사회생활을 설명하기 위해서 "식물이 서로 경쟁하거나 협조하거나 이용한다"라고 썼다. 하지만 식물을 의인화해서 "식물이 의도를 가지고 행동한다"라고 말하려 했던 것은 아니고, 사람들이 보통 말하는 방식을 따랐을 뿐이다. 누가 의도를 가졌건 아니건, 사람들은 의도를 가진 것처럼 표현하는 것에 익숙하기 때문이다. 정말 우리가 알고 있는 것만 정확하게 말하려면, "식물은 그렇게 되어 있기 때문에 그렇게 하고 있다"라고 표현해야 할 것이다. 예를 들어 "식물은 서로 경쟁하거나 돕도록 되어 있다" 내지는 "식물의 꽃은 생식을 위해 곤충을 불러들이게 되어 있다" 정도로 서술해야 할 것이다. 그러나 그렇게 말하는 것이 너무 어렵고 부자연스럽게 들리므로 하는 수 없이 간단하고 자연스러운 서술방식을 택했다는 것을 미리 밝혀둔다.

마지막으로 실험실 안에서 식물학을 연구했던 우리로서는 이 책에서 말하려는 생태학적 지식이 많이 부족함을 느꼈다. 이 분야 전문가들의 도움을 구해 글을 집필했지만, 그래도 보완할 부분이 많을 것으로 생각한다. 혹시 부족한 부분이 발견된다면 너그럽게 지적해 주시기를 부탁드린다. 미흡하지만, 이 책이 식물이 살아가는 모습을 독자들께서 이해하는 데 조금이나마 도움이 되기를 바란다.

차례

1부

식물과 이웃 식물의
사회생활

가만히 서 있는 식물들이 어떻게 서로 사회생활을 할까? 식물은 살아가기 위해 빛, 물, 무기영양분이 필요하다. 그런데 이런 것들이 부족한 환경에서는 식물도 이를 얻으려고 경쟁한다. 따라서 경쟁은 당연한 현상으로 보이는데, 최근에는 놀랍게도 경쟁과는 반대의 현상이 발견되었다. 식물들끼리 영양분을 주고받으며 협조한다는 것이다. 동시에 식물들은 박테리아와 곰팡이와 벌레 같은, 유사한 적을 가지고 있기 때문에 이런 적들을 물리치기 위해 서로 긴밀하게 협조하기도 한다. 인간 사회에서도 형제 간 경쟁이 가장 치열하지만 협조도 가장 많이 하는 것처럼, 식물도 다른 식물과 수많은 종류의 사회생활을 하는 것이다. 1부에서는 식물들의 협조에 관해 먼저 알아보고, 다음에 식물들 간의 경쟁에 관해 살펴보고자 한다.

1장
식물들의 협조

식물은 서로 연결되어 돕는다

식물들은 각자 따로 떨어져 서 있는 것처럼 보인다. 그들은 반갑다고 껴안거나, 싫다고 밀어내지 못하는 것처럼 보인다. 그러나 식물들이 정말 따로 떨어져서 각자 살고 있는 것일까? 아니다. 우리가 보지 못하는 땅속 세계에서 식물들은 촘촘하게 연결되어 큰 공동체를 이루고 서로 돕고 있다.

식물들이 서로 연결되어 있고 그 연결이 식물에게 도움이 된다고 하니, 갑자기 나무들이 달리 보인다. 사무실 창을 통해 내려다보이는 가로수들이 지금까지는 따로 떨어져 각자 서 있다고 생각했는데, 이제는 그들이 땅속에서 연결되어 있는 모습이 상상된

그림 1 균근을 통해 서로 연결된 식물들이다. 같은 종의 균근과 공생하는 식물들은 균사로 뿌리가 연결되어서 영양분과 정보를 서로 주고받는다.

다. 우리 동네에 있는 거의 모든 나무들도 흙 속에서는 서로 손잡고 있을 것이다. 우리 집 나무와 이웃집 나무도 연결되어 있을 것이다. 이웃집 할아버지께서는 날마다 정원의 나무를 참 정성스럽게 돌보시는데, 그분 덕택에 우리 집 나무들까지 잘 자라는 것일까? 내가 좀 소홀했어도 우리 나무들이 잘 자란 것은 부지런한 내 이웃의 덕택일 가능성이 있다.

대체 식물이 어떻게 다른 식물과 연결되어 있다는 것일까? 식물은 균근균과의 공생을 통해서 다른 식물과 물리적으로 접촉하고 있다. 육상식물의 80~90퍼센트가 뿌리에서 곰팡이와 공생관계를 맺고 있는데, 이렇게 식물 뿌리에 곰팡이가 들어와서 살고 있는 구조를 '균근'이라고 부르고, 식물의 뿌리에서 공생하는 곰팡이들을 '균근균'이라고 부른다.

자연의 거의 모든 식물들은 균근균의 도움을 받아야 잘 자랄 수 있는데 이유는 식물이 살기에 좋은 물과 무기영양분이 충분한 환경이 그리 많지 않기 때문이다. 그런데 곰팡이는 식물에게 어떤 도움을 줄까? 곰팡이는 가느다란 균사를 많이 만들어서 자라

그림 2 식물 뿌리를 덮어서 여러 식물의 뿌리를 연결하는 균사이다. 노란색은 식물의 뿌리, 하얀색은 식물과 공생하는 균근의 균사이다.

그림 3 사진은 어린 헛개나무 묘목을 큰 화분으로 옮겨 심으면서 주변의 흙까지 모두 옮겨주는 것을 보여준다. 나무를 옮겨 심을 때에 주변의 흙까지 같이 옮겨주는 것은 그 나무가 공생하고 있는 균근균들도 함께 옮겨주어야 나무가 잘 살 수 있기 때문이다.

는데, 균사는 표면적이 무척 넓어서 땅속 곳곳에서 물과 물에 녹아 있는 질소염, 칼리, 인산 등의 무기영양분을 흡수할 수 있다. 균은 이렇게 얻은 물과 무기영양분을 식물에게 제공하고, 식물은 균이 먹고 자랄 수 있도록 탄수화물과 지방을 균에게 제공한다. 큰 소나무를 옮겨 심을 때 그 나무 뿌리 주변의 흙까지 파서 뿌리와 함께 묶어서 옮겨주는 것은, 그 흙 속에 나무가 협조하며 살던 균들이 있고, 그 균들까지 같이 옮겨주어야 나무가 새 환경에 적응하기 쉽기 때문이다.

　여기까지는 20세기에 나온 생명과학 책에도 있는 내용이다. 그러나 20세기가 끝날 무렵에 균근균이 하는 일이 거기에 그치지 않고, 그림 1에서 본 것처럼 균근균의 균사가 여러 식물들의 뿌리를 감싸고 그 식물들의 뿌리를 연결해서 식물 공동체를 만든다는 것이 밝혀졌다. 그 식물 공동체가 균근균의 균사를 통해 전달되는 식물의 상처 신호나 병원균 신호를 공유해서, 여러 식물이 함께 적을 방어하거나 광합성[1]을 잘하는 나무가 광합성을 못하는 나무에게로 당을 보내준다는 사실을 보고하는 논문들도 나왔다.

그러면 어떤 실험으로 식물들이 서로 도와준다는 사실을 발견했는지 알아보자. 실험실이 아닌 자연환경에서 이 주제를 처음 연구한 사람들은 캐나다의 시마드Simard 박사 팀이었다(Simard 등, 1997). 그들은 일곱 가지의 공통된 균근균들이 종이자작나무Betula papyrifera와 개솔송나무Pseudotsuga menziesii의 뿌리 끝을 덮고 있음을 발견하고, 이 균근균들이 두 나무를 연결해서 그들이 영양분을 공유하고 있을 것으로 추측했다. 시마드 박사 팀은 이를 실험적으로 확인하기 위해서 동위원소[2]를 이용한 실험을 진행했다. 종이자작나무에는 ^{13}C로 표지한 이산화탄소를 먹이고, 개솔송나무에는 ^{14}C로 표지한 이산화탄소를 먹여서, 광합성을 진행하도록 두었다. 그 결과 종이자작나무는 ^{13}C로 표지된 탄수화물을 만들었

---

1 빛에너지를 이용해서 대기 중의 이산화탄소와 물을 당으로 전환하는 과정이다. 이 과정은 빛에너지를 화학에너지로 바꾼다. 이 화학에너지는 생명체의 활동에 필요한 에너지를 공급하기 위해 방출된다.

2 원자의 질량(원자량)은 핵 내의 양성자와 중성자 수의 합으로 결정되는데, 동위원소의 경우 양성자의 수는 같으나 중성자의 수가 달라 질량이 다르다. 예를 들어 자연에 존재하는 98퍼센트 이상의 탄소는 양성자 6개와 중성자 6개를 가지고 있어 12의 원자량을 가지고 있지만(이러한 탄소는 ^{12}C로 표시한다), 탄소의 동위 원소인 ^{13}C는 양성자가 6개와 중성자가 7개인 탄소 원자로 원자량이 13이다. 동위원소는 자연에 존재하는 비율이 매우 적기 때문에 이를 이용하여 특정 물질을 표지한다면 그 물질의 이동과 변화를 추적하기에 용이하다.

고 개솔송나무는 ^{14}C로 표지된 탄수화물을 만들었다.

그런데 이들이 서로 연결되어 영양분을 나누며 산다면 상대편 나무에서도 이쪽 나무에서 만든 탄수화물이 검출되지 않겠는가? 그렇다. 실험자들은 이것을 염두에 두고 이 실험을 진행한 것이다. 이들이 기대한 대로 종이자작나무에서도 ^{14}C으로 표지된 탄수화물이 소량 검출되었고, 개솔송나무에서도 ^{13}C으로 표지된

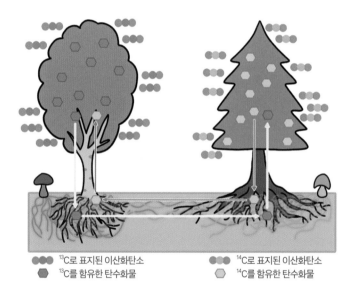

●●● ^{13}C로 표지된 이산화탄소　　　●●● ^{14}C로 표지된 이산화탄소
⬡ ^{13}C를 함유한 탄수화물　　　⬡ ^{14}C를 함유한 탄수화물

그림 4 종이자작나무와 개솔송나무가 탄수화물을 서로 교환하는 것을 보인 실험의 모식도.
종이자작나무에는 ^{13}C로 표지한 이산화탄소를 먹이고, 개솔송나무에는 ^{14}C로 표지한 이산화탄소를 먹여서, 광합성에 사용하도록 했다. 그 결과 종이자작나무는 ^{13}C로 표지된 탄수화물을 만들었고 개솔송나무는 ^{14}C로 표지된 탄수화물을 만들었다. 그런데 종이자작나무에서도 소량이지만 ^{14}C로 표지된 탄수화물이 검출되었고, 개솔송나무에서도 ^{13}C로 표지된 탄수화물이 검출되었다. 이것은 두 나무가 광합성 산물을 서로 교환했음을 보여준다. 실험자들은 두 나무를 연결하고 있는 균사를 통해 이러한 교환이 일어난 것으로 추측했다.

탄수화물이 소량 검출되었다. 쌍방향으로 광합성 산물이 움직인 것이다. 전체 광합성한 양의 3퍼센트에서 10퍼센트가 움직였다고 한다.

한 걸음 더 나아가서, 실험자들은 한 나무가 광합성을 못하는 경우 다른 나무가 탄수화물을 제공해 주는지도 알아보았다. 그들이 그늘을 만들어 개솔송나무가 받는 햇빛을 가렸을 때 훨씬 더 많은 양의 탄수화물이 종이자작나무에서 개솔송나무로 움직이는 것을 볼 수 있었다. 그 탄수화물의 양은 척박한 환경조건에서 식물이 살아남는 데 큰 도움이 될 정도였다. 이 연구팀은 또 다른 실험들을 통해서, 균근균으로 연결된 서로 다른 종의 나무들이 영양분을 나누어 쓰며, 그 결과로 가뭄이나 영양분 부족 같은 어려운 환경조건이 닥쳤을 때도 잘 견딜 수 있다고 보고했다.

그렇다면 환경조건이 변할 때 나무들 간의 연결도 변하는 걸까? 시마드 연구팀을 포함해 여러 연구결과에 따르면 식물과 식물을 연결하는 균근망은 식물이 처한 환경이나 발달단계에 따라서 다양하게 바뀐다고 한다(Simard 등, 2012). 예를 들어 나무들은 환경조건이 나빠지면 주변 나무와의 근균 연결을 강화해서 환경적 스트레스를 이겨낸다. 흙에 수분이 아주 적은 스트레스 조건에서는 가뭄 내성 식물과 민감성 식물 사이에 균근망이 강화되는데, 이 균근망을 통해서 영양분이 내성 식물에서 민감성 식물로 이동되어 가뭄에 취약한 식물의 생존을 돕는다. 또 다른 예로, 성장한 나무 주변에서 성장하는 어린 식물의 경우, 초기 근균을 형성할 때 이미 성장한 나무가 형성하고 있는 근균에 자신의 근균을 촘촘하게 연결한다. 성장한 나무의 근균에 잘 연결된 어린 식물은 초기 성장에 필요한 많은 영양분을 성장한 나무의 균근망으로부터 수월하게 얻을 수 있다.

죽어가는 나무가 어린 나무에게 영양분을 전달한다는 실험결과도 있었다. 과학자들이 2015년에 행한 실험에서는 잎이 제거되는 심각한 스트레스를 입은 개솔송나무가 어린 폰데로사소나무에게 균근균의 균사를 통해서 탄수화물과 스트레스 신호를 전달한다는 결과가 나왔다(Song 등, 2015). 그런데 두 나무 사이에 균사가 연결될 수 없도록 아주 촘촘한 그물을 쳐서 분리했을 때에는 탄수화물과 스트레스 신호가 전달되는 현상을 발견할 수 없었다. 이는 균근균의 균사가 두 나무 사이에서 탄수화물과 스트레스 신호의 전달을 매개한다는 것을 의미한다. 당시 실험지역에서는 지구온난화로 인해 일어난 가뭄과 해충으로 많은 개솔송나무가 피해를 입었던 반면, 폰데로사소나무는 변화된 기후 환경에서 잘 자라는 종이어서, 개솔송나무 숲이 점차 폰데로사소나무 숲으로 바뀌어 가는 과정에 있었다.

이러한 연구 결과를 '죽어가는 개솔송나무가 자기가 가진 것을 어린 폰데로사소나무에게 물려주어서 어린 나무가 빨리 자랄 수 있도록 했다. 식물도 유산을 물려준다'라고 상상할 수도 있겠지만, 저자들은 더 조심스럽게, "빨리 자라고 있는 폰데로사소나무가 필요한 영양분을 많이 빨아들이기 때문에 토양의 무기영양분의 농도를 낮추게 되고, 그 결과 무기영양분의 농도 차이가 생겨서 균근균이라는 통로를 통해 물리적인 확산현상이 일어나서 영양물질들이 개솔송나무로부터 폰데로사소나무로 움직였다. 더위와 해충에 약한 개솔송나무 숲이 폰데로사소나무 숲으로 변하는 과정에 균근균류가 작용할 가능성이 있다"라고 논문에서 밝혔다.

여러 실험결과들을 통해 사람들은 식물들이 뿌리가 서로 연결되어서 마치 커다란 한 생명체처럼 물질을 나누며 살고 있다는 것을 알게 되었다. 많은 사람이 경탄한 놀라운 결과였지만, 필자는 여기서 우리가 감탄하는 데 그치지 말고 과학적 태도로 돌아가서, 반대로도 생각해 보고, 의문을 제기하고, 앞으로 무엇을 더 연구해야 할지 제안하자고 말하고 싶다. 그래야 우리가 이 신기한 현상을 더 잘 이해하게 될 것이기 때문이다. 가까이 있는 식물들은 모두가, 늘, 연결되어 있을까? 서로 더 잘 연결하는 친한 식물 그룹이 있지는 않을까? 외톨이로 지내는 식물은 없을까? 벌레를 잡아서 영양을 취하는 식충식물은 다른 식물과의 연결이 약하지 않을까? 균근망은 서로 돕는 목적으로만 이용될까? 이것이 오히려 곁에서 자라는 식물의 성장을 억제하는 데 사용되지는 않을까? 다른 식물의 영양분을 빼앗는 목적으로 이러한 연결망을 이용하는 식물은 없을까? 이런 주제를 다룬 논문이 아직까지는 많지 않지만 식물의 사회생활에 관해 사람들이 더 관심을 가지게 되면 이런 연구가 많아질 것이고, 그래서 이런 현상에 관한 이해도도 높아질 것이다.

식물은 모두가 병충해의 보초를 선다

식물은 병충해에 대항할 때에도 서로 협조한다. 식물은 평소에는 성장에 집중하다가, 외부에서 병균이나 곤충의 공격을 받을 때는 방어모드로 전환한다. 병균이 왔는데 방어모드로 재빨리 전환하지 못한 식물은 병충해를 당해 죽고 만다. 그렇다면 식물은 어떻게 병충해가 온 것을 재빨리 알아차릴 수 있을까? 만약 이웃에 있는 식물이 병충해를 당하고 있다는 것을 알아차린다면 자신이 직접 공격을 받기도 전에 미리 방어태세를 갖출 수 있어서 병충해에 더 효과적으로 대응할 수 있지 않을까?

1997년 미국 럿거스대학교의 래스킨[Raskin] 교수 실험실에서는 이웃 식물이 공격당하는 사실을 식물이 미리 알아차려서 방어를 준비한다는 실험적 증거를 보고하였다(Shulaev 등, 1997). 그들은 담뱃잎에 담배모자이크바이러스를 감염시키고, 식물의 방어반응에 중요한 역할을 한다고 추측되던 살리실산이 어떻게 움직이는지를 관찰하던 중에, 살리실산메틸[MeSA]이 공기 중으로 방출되는 것을 발견하였다(살리실산메틸은 민트 향이 나는 휘발성화합물로 우리가 평소에 사용하는 윈터그린 오일의 성분이며 향료로 자주 사용되는데, 살리실산으로부터 합성된다).

바이러스에 감염된 잎에서 나오는 살리실산메틸이 식물의 바이러스 내성에 어떤 역할을 하는지 알아보기 위해서, 그들은 담배 식물을 기체가 빠져나가지 않게 밀봉한 용기에 넣고 용기에 살리실산메틸을 넣어주었다. 살리실산메틸을 주입한 지 6일 후에 담배 식물의 변화를 살펴보니, 담뱃잎에 들어 있는 살리실산 농도가 수백 배까지 증가하였고, 병저항성에 관여하는 유전자[3]의 발현도 높아졌다. 병해에 대한 내성이 달라졌는지 알아보기 위해서 살리실산메틸을 처리한 담뱃잎에 바이러스를 감염시켰더니, 바이러스에 의해 감염된 잎 면적이 현저하게 줄었다. 이러한 변화는 넣어준 살리실산메틸의 농도가 높을수록 더욱더 컸다. 이 결과는 살리실산메틸이 식물의 바이러스 방어기작을 활성화시키는 신호 물질로 작용할 가능성이 있다는 것을 보여주었다.

다음 단계에서 그들은 바이러스에 공격당한 식물이 방출한 살리실산메틸의 농도가 정말로 건강한 이웃 식물에게 영향을 줄 만큼 높은지 알아보는 실험을 했다. 따라서 그림 5에서처럼 바이러스를 감염시킨 담배 식물을 한 용기에 넣고 그 안의 공기가 건

---

3 세포가 가지고 있는 유전물질 중에서 단백질을 암호화하고 있는 부분을 말한다. 유전자는 생물이 가지는 특성에 대한 정보를 보관하고 있고, 이 정보는 유전자를 통해 다음 세대로 전달된다. 유전자는 데옥시리보 핵산(deoxyribonucleic acid, DNA)으로 구성되어 있다.

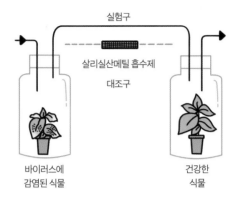

실험구

살리실산메틸 흡수제

대조구

바이러스에
감염된 식물

건강한
식물

그림 5 건강한 식물이 바이러스에 감염된 식물이 내는 휘발성물질을 감지하여 방어반응을 시작하는지를 조사한 실험의 모식도.
바이러스에 감염된 식물이 내는 휘발성물질을 건강한 식물이 흡수할 수 있도록 2개의 유리병을 관으로 연결하고 압력을 가해서 기체가 왼쪽 병에서 오른쪽 병으로 이동하도록 하였을 때, 6일 후에 건강한 식물이 방어유전자를 발현하였고, 건강한 식물 잎에 바이러스를 인위적으로 감염시켰을 때 바이러스 내성이 향상되었다. 그러나 중간에 살리실산메틸을 흡수하는 물질을 넣어서 살리실산메틸을 포집하여 건강한 식물에 가지 못하게 한 경우(대조구)에는 그 건강한 식물은 바이러스 내성이 향상되지 않았다. 이 그림은 래스킨 교수 그룹이 발표한 1997년 『네이처』 385권 718쪽에서 721쪽까지 논문의 'Figure 3A'를 설명하기 쉽게 수정한 것이다.

강한 담배 식물에 전달되도록 관으로 연결했다. 이 실험구와 비교할 대조구[4]로는 실험구 식물과 동일하게 처리한 담배 식물이지만 살리실산메틸을 중간에 포집해서 없앤 것으로 준비했다. 6일 후에 건강한 이웃 식물을 분석하였을 때, 대조구에 비해 실험구

4 대조구는 실험 조건을 실험 전 상태에서 변화시키지 않은 집단으로, 실험의 행위가 아닌 자연조건의 상태에서 변화하는 차이를 보기 위해 만드는 것이고, 실험구는 실험을 수행하는 대상 집단이다. 이 실험은 식물이 방출한 살리실산메틸이 병충해 저항성에 어떤 영향을 주는지를 알아보는 것이 목적이므로, 실험구는 담배 식물이 방출하는 살리실산메틸이 다른 식물에게 전달될 수 있는 조건이고 대조구는 방출된 살리실산메틸이 다른 식물로 전달되지 못하게 차단한 조건이다.

식물의 잎에서는 방어반응에 중요한 *PR-1*이라는 유전자가 훨씬 더 높게 발현되었다. 또 이웃 식물에 바이러스를 접종해 보았을 때 감염된 면적이 실험구의 식물에서 대조구에 비해 훨씬 작다는 것을 관찰했다. 그들은 또한 살리실산메틸을 식물에 처리하면 살리실산으로 전환된다는 것도 밝혀냈다. 이 결과에 근거하여 그들은 병충해를 입은 식물이 공기 중으로 방출한 살리실산메틸을 이웃 식물이 흡수하여 방어유전자를 활성화시켜 자신의 병충해 내성을 향상시킨다고 추정했다. 그 후로 많은 과학자가 식물이 발산하는 휘발성물질이 어떻게 식물의 병충해 내성을 향상시키는지에 관한 연구를 수행했다.

그러한 실험들의 결과로 이제 우리는 한 식물이 병에 걸리거나 곤충에게 먹히는 경우 그 식물이 주변의 식물들에게 경계경보를 보낸다는 것을 알게 되었다. 그 경계경보의 화학적 정체는 식물이 병충해로부터 공격을 받아 상처가 났을 때 발산하는 여러 가지 방향족 화합물들이다. 이 방향족 화합물들이 공기 중에 퍼지면, 주변에 아직 공격을 받지 않은 식물도 냄새를 맡고, 성장모드에서 방어모드로 전환하여 병충해 피해를 줄인다. 식물 사회에서는 보초가 따로 없고, 모두가 보초의 역할을 수행한다고 볼 수 있다. 이런 이유로 식물 실험을 하는 사람들은 향수 뿌리는 것을 조심하기도 하는데, 향수에 들어 있는 방향족 화합물을 식물이 이웃의 상처 신호로 잘못 인식해서 방어반응을 일으킨다면 실험에 영향을 줄 수 있기 때문이다.

식물이 곁에 있는 식물에게 정보를 보낸다는 이야기는 신기하고 재미있다. 물론 이 현상을 상처받은 식물이 적극적으로 신호를 보내는 것이 아니라, 상처받은 식물에서 일어난 일을 곁에 있는 식물이 알아차리는 것, 또는 엿듣는 것이라고 말할 수도 있다. 그러나 한 가지 확실한 것은 식물 간에 정보가 공유된다는 점이다. 식물들이 공유하는 경계신호는 위에서 말한 방향족 화합물처럼 기체 형태로 공기 중에 퍼지는 것들이어서 같은 종의 식물뿐만 아니라 다른 종의 식물에게로도 모두 전해진다. 기체신호 외에 다른 신호들도 공유되고 있는 것으로 추측되는데, 이는 기체신호가 빠르기는 하지만 금방 퍼져버리고 머물러 있지 않기 때문이다. 균근균의 균사가 식물의 뿌리를 연결하고 있는 경우에는

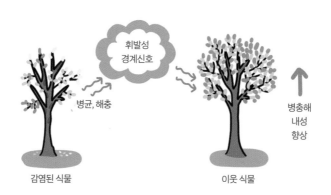

그림 6 아직 병충해를 입지 않은 식물이라도 병충해를 당한 식물에서 나오는 휘발성물질들을 인식하면 성장모드에서 방어모드로 전환된다.

방어호르몬이 병충해의 공격을 받은 개체에서 다른 개체로 균사를 통해서 직접 전달될 가능성도 있다.

이렇게 이웃 식물이 공격받은 것을 알아차리는 방법을 마련한 것은 식물의 입장에서는 대단한 발전이라고 볼 수 있는데, 병원균도 이에 맞서 여러 가지 방법을 만들어 내어 식물을 계속 침범하고 있다. 식물과 병원균은 군비 경쟁을 하듯이 서로 자꾸만 상대방이 새로 만든 방어 및 침범기작을 이겨내는 방법을 만들면서 진화해 나가고 있다.

유모 역할을 하는 식물

미국에서 가장 큰 선인장인 사와로$^{Carnegiea \, gigantean}$는 키가 10미터가 넘고 직경이 75센티미터 정도까지 자라며, 많은 야생동물에게 먹잇감을 제공해 주는 거대한 식물이다. 사와로는 이렇게 큰 식물이지만 어릴 적에는 유모 나무가 필요하다. 사와로 씨앗은 쉽게 싹이 트지만 물이 없으면 말라 죽어버리기 때문에 어린 사와로는 땅속 깊은 곳의 물을 흡수할 수 있는 큰 나무 아래에서만 자랄 수 있다. 팔로 베르데$^{Parkinsonia \, microphylla}$를 비롯한 여러 가지 콩과에 속하는 큰 나무들이 사와로의 유모 역할을 한다. 큰 유모 나무의 그늘 아래에서 사와로는 여름의 열, 가뭄, 과다한 빛과 겨울의 추위를 피하고 질소와 물을 얻는다.

사와로는 20~50년간 자라야 1미터 높이가 될 정도로 아주 천천히 자란다. 나중에 사와로가 유모 역할을 하는 콩과식물보다 더 커지면, 물과 영양분을 많이 흡수해 버려서 유모 식물은 영양 부족으로 죽는 경우도 많다. 그래서 어린 사와로 선인장은 큰 나무 밑에 있지만, 큰 사와로 옆에는 다른 큰 식물이 별로 없다. 또 독일가문비나무와 낙엽송이 활엽수들의 유모 역할을 한다고 주

그림 7 거인 선인장 사와로가 유모 나무 팔로 베르데 아래에서 자라는 모습이다. 어린 사와로는 유모 나무 그늘에서 열과 강한 빛을 피하고, 유모 나무가 질소고정균과 공생해서 만든 질소염과 땅속 깊은 곳에서 빨아 올린 물을 얻어 잘 자랄 수 있다.

장하는 학자들도 있다.

과학자들은 유모 식물이 의도적으로 어린 식물들을 키우고 스스로를 희생했다고는 말하지 않는다. 과학자들은 아마도 어린 선인장이나 어린 활엽수 들이 유모 나무가 있는 좋은 환경에 우연히 살게 되어 그 환경을 잘 이용한 것이며, 이러한 현상은 한 나무가 자라남으로써 그 환경이 바뀌고, 그래서 새로운 나무가 살 수 있는 환경이 되어서 숲을 이루는 나무의 종류가 자연적으로 바뀌는 생태계 천이[5] 현상의 일종이라고 말할 것이다.

식물도 친족을 알아본다?

식물이 서로 돕는다는 개념에서 한 발짝 더 나아가서 식물이 친족을 알아보고 서로 협조하고 자원을 나눈다고 주장하는 과학자들이 있다. 사람들이 여러 사람들 중에서도 특히 친족을 가깝게 느끼고 서로 돕는 경우가 많은 것과 유사하다는 것이다. 식물의 친족 인식에 관해서는 아직 충분히 많은 실험이 이루어지지 않아서 정말 그런지 확실하지 않고 학계에서 크게 주목을 받고 있는 주제는 아니지만, 우리는 여기서 과학자들이 어떤 실험으로 그런 주장을 하게 되었는지를 알아보려 한다.

---

5 생물의 군집(community)이 환경 변화, 영양분의 변화, 경쟁 등 다양한 생태적 원인에 의해 시간이 지나면서 군집구성원이 변화하는 과정을 말한다. 환경이 안정적이고 변화가 없으면 안정적인 군집이 계속 유지된다.

2007년에 캐나다의 더들리^{Dudley} 교수는 서양갯냉이$^{Cakile\ edentula}$ 라는 해변에서 자라는 다육식물이 뿌리를 내릴 때, 동종의 식물에게는 공간을 나누어 주었고, 다른 종이 옆에 있을 때는 치열하게 경쟁을 했다고 보고했다. 이는 식물도 자기와 유전체가 같은 개체와 다른 개체를 구분할 줄 안다는 것을 시사한 것인데, 많은 학자들은 실험이 잘못되었다고 문제를 제기하였다. 이후에 다른 학자들도 유사한 현상이 있는지를 조사하였다(Dudley 등, 2007).

스페인의 토리스^{Torices} 박사는 모리칸디아 모리칸디오이데스 $Moricandia\ moricandioides$라는 향료 식물의 꽃 피는 습성에서 친족을 알아보는 증거를 발견했다(Torices 등, 2018). 이 실험은 온실에서 화분에 종자를 심은 뒤 꽃의 크기와 개수를 세는 방식으로 진행했는데, 친족을 알아보기 위해 한 화분에는 한 개체에서 받은 형제 종자들을 심었고, 다른 화분에는 모리칸디아 군락에서 무작위로 받은 종자를 섞어서 심었다. 화분 가운데에 실험대상 종자를 심고, 그 주위에 친족 종자를 심은 경우를 친족이 아닌 종자를 심은 대조구와 비교한 것이다. 종자에서 싹이 나서 자라 꽃이 피었을 때 조사해 보니, 친족을 가까이 심은 경우가 대조구에 비해서 꽃잎의 크기가 더 크고 꽃의 숫자도 더 많았다.

토리스 박사는 이 실험결과를 어떻게 해석했을까? 기본적으로 꽃이 크고 많으면 꽃가루를 나르는 곤충들을 더 끌어들이는 자석효과가 있다. 그러므로 모리칸디아가 친족 곁에서 함께 꽃을 더 크고 더 많이 만들면 더 많은 벌을 유인해서 꽃가루받이에 성공할 확률이 높아질 것이다. 반면, 혼자 있으면서 화려하고 큰 꽃을 만들면 거기에 자원을 소모해 버리고 정작 종자를 만들 재료는 모자라게 된다. 그러면 종자를 많이 퍼뜨릴 수 없어서 오히려 번식에 손해가 될 수 있다. 그래서 토리스 박사는 모리칸디아가 친족을 알아보고 친족이 곁에 있을 때에만 꽃을 크게 그리고 많이 만들어 광고효과를 높임으로써 친족과 함께 생식에 성공하는 방향으로 진화한 것이라고 보았다.

아르헨티나의 페레이라Pereira 박사는 줄기가 하나만 생기고 곁가지가 나지 않는 해바라기들을 줄을 맞춘 후 빽빽하게 여러 줄로 심어서 관찰하였다. 그 해바라기 줄기는 옆으로 비스듬하게 각도를 잡아 자라면서 인접한 줄의 해바라기들도 빛을 볼 수 있도록 서로 조금씩 양보하는 것처럼 보였다(Pereira 등, 2017). 이런 현상을 이용해서 해바라기를 아주 조밀하게 심자 단위 면적당 해바라기기름 생산량을 47퍼센트나 증가시킬 수 있었다. 어떤 원리로 이런 현상이 일어나는지를 연구한 결과, 해바라기들이 이웃 해바라기에서 반사되어 오는 빛을 인식해서 성장하는 줄기의 각도를 조절한 것이며, 이웃에서 오는 반사광을 인식하는 색소단백질은 파이토크롬인 것을 알아내었다.

균근균류에 의해 서로 촘촘하게 연결되어 있는 나무들 중에서도 같은 종의 나무에게는 영양분과 화학물질 들을 더 많이 보낸다고 한다. 영국의 피클스^{Pickles} 박사는 큰 미송^{Pseudotsuga menziesii} 나무들이 다른 종의 어린 나무보다는 어린 미송에게 더 많은 영양분을 보내고, 곤충이 공격한다는 신호도 더 강하게 보낸다는 실험결과를 얻었다(Pickles 등, 2017). 다른 나무들이 고루 섞이지 않고 거의 한 종의 나무들로만 되어 있는 숲은 미송처럼 친족을 알아보고 서로 도왔기 때문에 생긴 것일까? 광릉수목원과 월정사와 내소사에는 아름다운 전나무숲이 있는데, 전나무들도 친족을 알아보고 도와서 전나무숲을 이루게 된 것인지 조사해 볼 만하겠다.

에스토니아의 셈첸코^{Semchenko} 박사 팀은 식물이 곁에서 자라는 이웃 식물의 뿌리에서 분비된 물질들을 감지해서 친족을 구분하는지를 연구했다(Semchenko 등, 2014). 연구에서는 좀새풀 *Deschampsia cespitosa*이라는 키 큰 잔디과 식물을 이용하였다. 좀새풀을 다른 좀새풀 옆에 직접 심어서 분석한다면 옆에서 자라는 식물이 성장하는 속도에 따라 토양의 영양분이 고갈되는 것이 달라져서 그 영향을 받을 수 있기 때문에, 이를 방지하고자 좀새풀들을 따로 재배한 뒤 뿌리에서 분비하는 분비물만을 추출해서 다른 좀새풀의 뿌리에 처리하는 방식으로 실험했다. 그 결과, 엄마가 다른 좀새풀의 뿌리 분비물을 뿌리에 처리하면 엄마가 같은 형제-좀새풀의 뿌리 분비물을 뿌리에 처리한 경우보다 뿌리가 더 길게 자랐다. 이 결과에 관하여 셈첸코 박사는 "좀새풀이 주변에 형제가 아닌 좀새풀의 뿌리 분비물이 존재하는 경우, 토양 내의 한정된 자원을 경쟁적으로 획득하기 위해 뿌리를 더 길게 발달시켰고, 반면 주변에 형제 식물이 있으면 뿌리 발달을 억제하여 지나친 경쟁을 피한 것을 보여준다"라고 했다. 나눠야 할 자원의 양은 같은데 형제끼리 서로 경쟁적으로 뿌리를 많이 만들면서 자원을 낭비할 필요는 없다는 것이다. 이 실험결과가 맞는다면, 식물의 뿌리에서 분비되는 화학물질의 종류가 같은 종의 개체들 사이에서도 차이가 나며, 식물이 이러한 미세한 차이를 인식해서 친족을 구분한다는 것을 의미한다. 그러나 셈첸코 박사팀은 어떤 화학물질이 형제 식물을 구분하는 데 이용되는지는 밝히지 못했다. 그 화학물질의 정체까지 밝힌다면 그들의 주장이 더 설득력을 갖게 될 것이다.

이 실험을 한 과학자들은 식물이 친족을 알아보고 협조한다고 주장하였다. 물론 그럴 가능성이 높지만, 우리가 이것을 정말 옳다고 믿으려면 해결되어야 할 문제들이 많다. 다른 사람이 같은 실험을 했을 때에도 같은 결과를 얻을 수 있는지, 이것이 일반적 현상인지, 특별한 경우는 아닐지, 이러한 현상을 달리 설명할 방법은 없는지, 이런 문제들이 우선 밝혀져야 할 것이다. 이런 문제들이 확인이 된다면 그다음으로는 어떻게 그렇게 하는지, 그 기작을 알아내야 할 것이다. 식물은 이웃 식물이 자기 형제인지, 같은 종의 다른 식물인지, 또는 다른 종의 식물인지 어떻게 알아보는가? 뿌리에서 분비되는 물질이나 휘발성화합물들을 어떻게 알아보나? 인간의 코에 있는 후각수용체 같은 수용체 단백질들을 식물도 가지고 있나? 형제를 알아본 후에는 어떤 방법으로 돕는가? 그 방법의 물리적, 화학적 기작은 무엇인가? 이런 질문에 답할 수 있는 확실한 실험결과들이 반복적으로 많이 나온다면, 우리는 정말 식물이 친족을 알아보고 협조한다고 믿을 수 있을 것이다. 과학자들은 진실을 가려낼 의무를 가지고 있다. 진실을 가려내기 위해서는, 어떤 설명이 그럴듯해 보이더라도 끝까지 의심하면서 증거가 확실한지를 따져야 한다.

식물이 친족과 남을 구별한다는 분자적 증거

식물이 친족과 남을 구분한다는 증거를 뿌리와 잎에서 확인하는 일은 아직 불충분하지만, 암술머리에 떨어진 꽃가루가 친족의 것인지 완전히 남의 것인지를 알아내는 과정에서는 확실한 증거가 발견됐다. 꽃가루 인식이라는 주제가 농업 생산량을 높이기 위해 매우 중요했기 때문에, 많은 과학자가 오랫동안 연구해서 실험결과가 축적되며 확실한 증거를 얻게 된 것이다.

　꽃 피는 식물의 40퍼센트 정도는 자가수분[6]을 방지하는 시스템을 가지고 있다. 인간 사회에서 근친결혼이 관습이나 법률로

6　식물이 자신의 꽃가루가 자신의 암술머리에서 싹 트며 자라는 것을 허용하여, 한 식물 안에 있는 꽃가루 속의 웅성생식세포와 같은 식물의 암술 속 자성생식세포가 융합하여 자손을 만드는 것을 말한다.

금지되어 가까운 친척 사이에는 자손을 갖지 못하도록 되어 있는 것과 유사한 시스템이다. 그 시스템은 자신의 꽃가루나 자기와 매우 비슷한 개체의 꽃가루는 난세포와 만나 수정하지 못하도록 하고 유전적으로 다른 꽃가루만을 받아들여서 다양한 자손이 생기도록 한다. 그러지 않고 자기의 꽃가루로 난세포를 수정시켜 생식을 한다면 자손은 모두 같거나 매우 비슷할 것이고 유전적 다양성은 줄어들 것이다. 유전적 다양성이 줄어들면 환경이 크게 변할 때 살아남을 가능성도 줄어든다. 그래서 꽃 피는 식물 중에서 많은 것들이 자가수분을 방지하는 쪽으로 진화했고, 그 기작은 꽃가루가 자기를 포함한 친족의 것인지, 아니면 남의 것인지를 알아내는 것이며, 이것은 유전자 수준에서 결정된다. 꽃 피는 식물들의 자가수분의 진화를 분석해 보면 이들은 자가수분을 방지하는 방법을 최소 35번이나 독립적으로 발전시켰다고 한다.

반면 농업에서는 농작물의 자가수분 방지기작을 없애는 것이 유리한데, 이는 자가수분을 하는 농작물이어야 좋은 형질을 변화 없이 안정적으로 다음 세대로 전달할 수 있고, 농부는 계속해서 질 좋은 농산물을 얻을 수 있기 때문이다. 이러한 이유로 인해 자가수분방지의 기작을 이해하기 위한 연구가 매우 활발하게 진행되었고, 그 결과 식물이 암술머리에 앉은 꽃가루가 자기 것인지 다른 개체의 것인지를 알아내는 여러 방법이 분자 수준까지 밝혀졌다.

암술머리에서 일어나는 꽃가루 인식 기작을 설명하기 위해서는 먼저 'S-locus'를 소개해야 한다. 자가수분 방지는 유전체 안에 S-locus라는 자리에 있는 한 세트의 유전자들에 의해 일어난다. 이 한 세트의 유전자는 꽃가루에 있는 S-locus 표지 단백질과, 암술에서 그것을 알아보는 짝꿍 수용체 단백질로 이루어져 있다. 이 두 유전자들은 염색체상에서 같은 위치에 있기 때문에 생식과정에서 따로 분리되지 않고 늘 함께 자손에게 유전된다. S-locus 유전자 세트는 다양해서, 친족은 같은 세트를 가지고 있고, 가족 관계가 없는 것들은 서로 다른 세트를 가지고 있다.

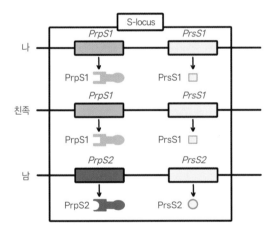

그림 8 양귀비과 식물들에서 S-locus에 위치하는 자가수분방지 유전자들의 세트를 설명하기 위한 모식도.
S-locus는 암술과 꽃가루에서 발현되어 서로를 알아보는 단백질 세트를 코드한다. *PrpS* 유전자는 꽃가루에서 발현되고 *PrpS* 유전자는 암술에서 발현되어 각각 PrpS와 PrsS라는 단백질을 만든다. *PrpS* 유전자와 *PrpS* 유전자 세트는 염색체상에서 같은 위치에 있기 때문에 늘 함께 유전되어서, 나를 포함한 친족과 남을 구분할 수 있게 한다.

그렇다면 S-locus 자리에 있는 유전자들에 의한 자가수분 방지는 어떻게 일어나게 되는 것일까? 양귀비과 식물들의 경우 S-locus 자리에 있는 유전자 중에서 암술머리에는 PrsS라는 단백질이, 꽃가루에는 PrpS라는 수용체 단백질이 발현된다. 자기 꽃가루나 또는 같은 S-locus 유전자를 가진 친족 식물의 꽃가루가 암술머리에 앉으면, PrpS가 PrsS와 결합하게 되고 꽃가루 내에서 신호전달 과정[7]이 일어나서 활성산소[8]를 많이 만들도록 유도하며, 이로 인해 꽃가루가 죽게 된다. 반면 다른 S-locus 유전자를 가진 식물의 꽃가루가 암술머리에 앉으면 꽃가루의 PrpS 수용체 단백질은 암술머리에 있는 PrsS 단백질과 결합할 수 없다. 이 경우 세포 사멸이 발생하지 않아서 꽃가루는 정상적으로 꽃가루관을 성장시켜 생식이 일어나고 자손이 생긴다.

애기장대 식물은 원래 자가수분 방지를 하지 않아서 자기 꽃가루의 정자세포가 자기 암술의 난세포와 만나 수정을 할 수 있다. 하지만 애기장대의 암술에 *PrsS*를 인위적으로 발현시키고 꽃

---

7 외부의 화학적 및 물리적 변화를 세포가 인식해서 세포 내부로 전달하여 세포가 일련의 반응을 일으키는 과정이다. 대표적인 예로 세포의 수분량이 감소하면 세포는 이를 인식하고 여러 가지 신호전달 과정을 일으켜서 수분량을 회복하려 한다. 신호전달 과정 중에는 2차신호전달물질이 생성되고 유전자 발현의 변화가 수반되는 경우가 많다.

8 반응성이 큰 산소의 화합물을 말하는 것으로, 대표적인 예로 과산화수소가 있다. 생물체 내에서 활성산소의 역할은 이중적이다. 적절한 양의 활성산소는 생물체의 항상성을 유지하는 데 도움이 되고 여러 세포에서 신호 매개체로 작용하는 반면, 활성산소의 농도가 높아지면 DNA, 단백질, 지질과 같은 세포 내의 중요한 물질에 손상을 일으키며, 활성산소에 의해 손상이 누적된 세포는 사멸하게 된다.

가루에는 *PrpS*를 발현시켰을 때, 애기장대가 자기의 꽃가루를 받아들이지 않았다(Lin 등, 2015). 두 유전자만 발현시켜도 자가수분을 방지할 수 있었던 것이다. 작물을 개량하는 작업을 할 때는 자가수분을 없애고 잡종을 많이 만들어서 그중에서 좋은 것을 고를 수 있는데, 자가수분을 하는 작물에 이 두 유전자를 사용해서 자가수분을 없앨 수 있다면, 작물개량 과정이 훨씬 더 용이해질 것이다.

다음 그림과 같이 양귀비과는 자기와 같은 S-locus 단백질을 가진 꽃가루를 알아봐서 그것을 죽이는 방식으로 자가수분을 방

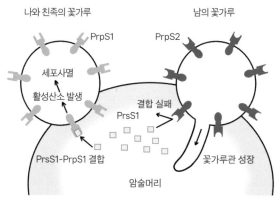

그림 9 양귀비꽃의 암술에서 자기 자신의 꽃가루나 친족의 꽃가루는 생존할 수 없고, 남의 꽃가루는 자라나서 난세포를 수정하여 잡종 종자를 만드는 기작을 설명한 그림이다. 내 꽃가루나 내 친족의 꽃가루가 암술머리에 앉은 경우에는 꽃가루와 암술에서 발현하는 S-locus 유전자 세트가 같아서, 암술머리에 있는 PrpS1 단백질과 꽃가루에 있는 PrsS1 단백질이 서로 결합하여 꽃가루가 사멸한다. 반면 남의 꽃가루가 내 암술머리에 앉은 경우에는 S-locus 유전자 세트가 달라서 PrpS2와 PrsS1이 서로 결합할 수 없으며, 따라서 꽃가루는 생존하여 꽃가루관을 길게 만들어 난세포를 수정시킬 수 있다.

지하는데, 가짓과 식물들(가지, 토마토, 감자 등)은 이와는 다르게, 자기 것이 아닌 꽃가루만 인식해서 그 꽃가루를 살리는 방식으로 자가수분을 방지하고 있다. 이런 증거들이 있으니, 아무리 회의적인 과학자라도 식물이 최소한 생식기관에서는 친족과 남을 구분한다는 것을 더 이상 의심할 수는 없을 것이다. 생식기관에서 자기를 알아보는 것이 종의 생존과 번영에 특별히 더 중요하겠지만, 생식기관에서 일어날 수 있는 일이라면 다른 기관에서도 일어날 수 있지 않을까?

2장
식물들의 경쟁

빛을 얻기 위한 경쟁

식물은 빛을 먹고 산다. 빛을 받아서 그 에너지로 광합성을 해야 탄수화물이 생기고, 탄수화물과 탄수화물에 들어 있는 에너지로 여러 화학물질들을 만들어야 자기 몸을 성장시킬 수 있다. 식물은 빛이 없는 곳에서는 살 수 없고, 빛이 모자라는 곳에서는 빛을 받기 위해서 다른 식물과 경쟁을 한다. 그늘에서 자란 식물은 햇빛 아래에서 자란 같은 종의 식물에 비해 키가 크다. 가지고 있는 양분이 다 고갈되기 전에 빨리 빛이 있는 곳으로 가서 광합성을 해야 살아남을 수 있기 때문이다.

자연에서 식물이 빛을 못 받는 가장 큰 이유는 옆이나 위에

| 전 | 후 |

그림 10 밝은 빛에서 자란 보리와 그늘에서 자란 보리를 비교한 사진.
두 화분의 보리를 나란히 빛에서 발아시킨 후, 왼쪽 화분은 그대로 빛에 두고, 오른쪽 화분은 그늘로
옮긴 다음, 이틀이 지난 후에 촬영하였다. 오른쪽 화분의 그늘에서 자란 어린 보리는 빛에서 자란 것들
에 비해 잎면적이 좁고, 연한 색이고, 키가 조금 더 컸다. 물론 두 화분이 있었던 환경이 빛 이외에 습도
와 온도, 공기의 움직임도 약간 달라서 그런 차이도 이들의 모습에 영향을 끼쳤을 가능성도 있다. 실험
하는 과학자들은 대조구와 실험구의 조건을 최대한 같게 하고, 같은 실험을 여러 번 반복하고, 결과를
정량화하고, 차이의 통계적 유의성을 조사하여, 잘못된 결론에 이르지 않도록 노력하고 있다.

있는 다른 식물들이 빛을 흡수하기 때문이다. 그런데 식물들은
다른 식물이 위에 있다는 것을 어떻게 알아차릴까? 식물들에게
도 눈이 있는 건 아닐까? 우리 눈이 빛을 감지하는 것은 눈에 빛
을 흡수하는 색소가 있기 때문인데, 식물의 잎에도 빛을 인식하
는 여러 가지 색소가 골고루 퍼져 있다. 그렇다면 식물들은 어떤
색을 흡수하는지에 따라 자신이 그늘에 있는지 아니면 햇빛을 바
로 받고 있는지 알 수 있는 걸까? 식물의 잎은 광합성을 하기 위
해서 적색광을 많이 흡수하기 때문에, 위에 있는 잎이 적색광을
흡수해 버리면 아래에 있는 잎은 적색광을 상대적으로 적게 받게
된다. 적색광이 얼마나 있는지를 알아내면 그늘인지를 알 수 있
고, 적색광을 흡수하는 색소가 그런 일을 담당한다. 즉, 파이토크

롬이라는 푸르스름한 색의 단백질이 적색광을 흡수해서 식물이 그늘을 인식하는 데 중요한 역할을 하는 것이다.

파이토크롬은 식물체 내에서 처음 만들어질 때에는 활성이 없는 Pr-파이토크롬 형태인데, 이 Pr-파이토크롬이 적색광을 흡수하면 Pfr-파이토크롬으로 변해서 식물체에 여러 변화를 일으킨다. 그림 11을 보면, 적색광이 충분한 곳에서는 Pfr-파이토크롬이 많고, 그늘에서는 Pr-파이토크롬이 많다. Pfr-파이토크롬은 세포 안의 핵[1]으로 들어가서 여러 유전자들의 발현을 조절하고, 광반응을 억제하고 있던 단백질들을 분해해서, 갖가지 빛에 대한 반응을 일으킨다. 전체 유전자의 10퍼센트 정도가 파이토크롬의 상태에 따라서 발현이 변화한다고 하니, 이 색소 단백질이 하는 일이 얼마나 광범위한지를 짐작할 수 있다. 파이토크롬이 조절하는 현상에는 그늘을 피하는 것 이외에도 빛이 없을 때 씨앗이 싹트지 않게 하는 현상, 빛이 있을 때 잎면적이 넓어지는 현상, 변화하는 계절을 인식해서 꽃 피는 시기를 조절, 광합성을 하는 엽록소 합성 등 여러 가지가 있다.

파이토크롬이 조절하는 그늘회피 현상에 관해 더 알아보자. 옆에 다른 식물이 있으면 그 식물이 광합성에 좋은 적색광을 흡수하기 때문에, 식물이 받을 수 있는 전체 빛의 양은 감소하고 광

---

1 세포 내부에 있는 소기관이며, 지질막으로 둘러싸여 있고 유전물질을 포함하고 있다.

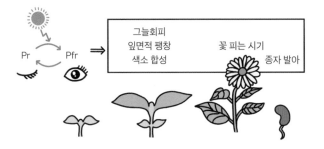

그림 11 식물이 빛을 인식해서 반응하는 기작을 설명한 그림.
식물에 있는 파이토크롬이라는 색소는 적색광이나 원적색광을 흡수하여 식물이 어떤 빛 환경에 처해 있는지를 인식한다. 파이토크롬이 적색광(660나노미터 부근)을 흡수하면 Pfr-파이토크롬 형태가 되고, 원적색광(가시광선 영역의 적색광 말단에 있는 700~800나노미터 파장의 빛)을 흡수하면 활성이 없는 Pr-파이토크롬 형태가 된다. 활성화된 형태인 Pfr-파이토크롬은 그늘회피, 발아, 개화 등 여러 가지 빛 관련 발달 과정을 조절한다.

합성에 사용될 수 없는 원적색광의 양이 적색광에 비해 상대적으로 많아진다. 파이토크롬이 이런 빛 환경을 인식하면 그 식물의 줄기는 길게 자라서 그 상황을 피하려고 한다. 식물에 원적색광을 인위적으로 비춰주면 10분 정도만 지나도 벌써 줄기가 길게 자라기 시작한다. 그래도 그늘을 벗어날 수 없으면 그 식물은 꽃을 일찍 피운다. 그러나 그늘에서 자라 광합성을 충분히 못한 식물은 만들어 둔 자원이 모자라서 종자를 많이 만들지 못하고, 그나마 만든 종자도 영양분이 부족하여 발아하지 못하는 것들이 많다.

반면, 아예 그늘에서 사는 생활에 적응한 식물도 있다. 이런 음지식물들은 그늘에서도 줄기가 길게 자라지 않고, 대신 잎을 얇고 넓게 만들고 곁가지를 많이 만들어서 빛을 최대한 많이 받으려고 한다. 키가 아주 큰 나무와는 경쟁을 해도 이길 수가 없으므로 이렇게 적응하는 편이 생존에 유리할 것이다.

식물이 처해 있는 빛의 조건은 성장뿐만 아니라 병균과 해충에 대한 식물의 저항성에도 큰 영향을 준다. 높은 밀도로 빽빽하게 자라는 식물의 경우, 적색광은 주변 식물들이 흡수해 버려서 받을 수 없고 원적색광을 상대적으로 더 많이 흡수하게 된다. 원적색광을 많이 받은 식물에서 대부분의 파이토크롬은 비활성화 상태로 존재한다. 파이토크롬이 비활성화된 식물은 병균과 해충에 대한 방어기작을 활성화하지 못해 병충해를 잘 견디지 못한다 (Ballaré, 2014). 이렇게 식물의 밀도가 식물의 병충해 내성에 영향을 주는 대표적인 예로는 농작물이 병충해에 취약한 것을 들 수 있다. 농부는 한정된 농지에서 최대한 많은 농작물을 재배하기 위해 농작물을 촘촘하게 심는다. 밀식한 농작물은 적색광보다 원적색광을 더 많이 받게 되며, 그 결과 병충해 저항성이 낮아지고 농부는 농약을 사용하게 된다. 이러한 문제를 해결하기 위해 최근에는 빛의 파장을 조절할 수 있는 LED를 이용하여 빽빽하게 심은 농작물에 부족한 적색광을 인공적으로 보충해서 농작물의 병충해 저항성을 높이려는 연구가 진행되고 있다(Gallé 등, 2021).

제주대학교에서는 2006년, 파이토크롬을 연구한 학자들이 파이토크롬 유전자를 변형시켜서, 천천히 자라는 잔디 품종을 개발했다. 파이토크롬이 있어서 일어나는 그늘회피 반응, 즉 잔디가 서로를 가리면서 빠르게 키가 자라는 현상을 없앤 것이다. 잔디가 빨리 자라면 이것을 자주 깎아주어야 하는데, 파이토크롬이 변형된 이 잔디는 그늘회피 현상이 없어져서 천천히 자라기 때문에 자주 깎아주지 않아도 되어서 관리가 쉽다. 발명자 측에서는 이 잔디를 심으면 아내가 남편에게 잔디 깎으라는 잔소리를 덜 하게 되어 부부싸움이 줄어들 것이라고 설명했다. 집집마다 잔디를 가꾸는 유럽과 북미 사람들에게는 잔디 깎는 일이 상당히 힘든 일인데, 여기에 소요되는 시간을 줄일 수 있다면 그들은 이 잔디를 환영하지 않을까? 그러나 유전자변형생명체^{GMO}[2] 안전성에 관한 우려 때문에 아직 상용화 인가를 받지 못했다고 한다.

빛을 가려서 토착종을 밀어낸 외래침범종

미코니아 칼벤스켄스$^{Miconia\ calvescens}$라는 식물은 잎의 길이가 1미터나 되는 큰 잎으로 빛을 가려서 옆에 있는 다른 식물이 자라지 못하게 한다. 미코니아는 원래 멕시코와 중남미 지역에서 자라던 식물인데, 정원수로 다른 나라에 도입되었다. 그림 12에서처럼 미코니아 잎은 보라색과 녹색이며 잎맥은 하얀색으로 꽤 아름다

---

2 생명공학 기술을 이용하여 특정 생명체에 존재하지 않던 외래 유전자를 인위적으로 도입하여 생명체가 기존에 가지고 있던 유전체에 변화가 일어난 생물체를 말한다. 더 자세한 내용은 4부를 참고하기 바란다.

운 모습이어서, 처음에는 관상용으로 수입하여 정원에 심었다고 한다. 그런데 달콤한 미코니아 열매를 먹은 새들이 열매 안에 있는 종자를 여기저기 배설해서 자연 속에서 자라나게 된 미코니아는 토착 식물들을 못 자라게 하고 스스로 그 자리를 차지하였다.

미코니아 한 개체는 1,000만 개의 종자를 만들 수 있는데, 이것들이 싹이 터서 자라나면, 근처의 다른 식물은 빛을 못 받아 자랄 수가 없다. 그 결과 실제로 타히티 숲의 25퍼센트 정도가 미코니아로 뒤덮인 미코니아숲을 이루게 되었으며 스리랑카와 하와이에서도 미코니아가 너무 넓게 퍼져서 문제가 되고 있다. 미코

그림 12 타히티에서 '초록색 암'이라고 불리는 외래침범종 미코니아. 미코니아는 커다란 잎으로 빛을 차단해서 그 아래에 다른 식물이 살 수 없게 한다.

니아가 새로운 곳에 가서 빛을 가리는 경쟁 방법으로 다른 식물들을 제압한 데 비해서, 토착종들은 이런 식물과 함께 살아본 적이 없어서 대응하는 방법이 없었고, 그래서 경쟁에서 지고 자리를 내주게 된 것이다.

그런데 이렇게 막강한 미코니아에게도 약점이 있다. 미코니아는 잎을 크게 만들어 다른 식물을 밀어내는 데 치중하다 보니 뿌리를 토양에 깊게 내리지 못한다. 얕게 퍼진 미코니아 뿌리는 주변의 흙을 꼭 붙잡아 주지 못하기 때문에 비가 많이 오면 미코니아숲에서는 흙이 쓸려 나가는 산사태가 일어난다. 빠르게 번식하고 산사태의 원인이 되기 때문에 타히티 사람들은 미코니아를 '초록색 암'이라고 부르고, 하와이 사람들은 '자주색 전염병'이라고 부른다. 하와이에서는 미코니아를 억제하려고 여러 가지 방법을 써봤지만 큰 효과를 보지 못했고, 천연자원을 보호하려는 자원봉사자들이 팀을 꾸려 산에 가서 미코니아를 일일이 하나씩 제거하는 작업을 한다.

식물은 이웃 식물보다 키가 커야 유리한가?

사람들은 대부분 가능하다면 키가 남들보다 조금 더 컸으면 좋겠다고 생각한다. 키 큰 사람은 눈에 더 잘 띄어 선호하는 경향이 있다. 혹시 식물도 키가 크기를 원할까? 키가 크면 빛을 받기 좋고, 이 외의 다른 장점도 있을 것 같다. 꽃가루를 퍼뜨리는 벌과

나비와 새들이 왔을 때에 키 큰 식물에 먼저 앉을 가능성이 있지 않을까? 그렇다면 이 세상의 식물들은 서로 더 크게 자라려고 한없이 경쟁하고 있을까?

그렇지만 키가 작아서 오히려 유리한 점은 없을까? 바람이 세게 불거나 비가 많이 올 때는 키가 큰 식물보다 줄기와 뿌리가 튼튼한 식물이 더 잘 버티고 서 있을 수 있다. 키가 크지만 줄기가 단단하지 못한 식물은 비바람이 불면 서 있지 못하고 넘어져서 물속에 잠길 것이다. 벼에 기생하는 곰팡이 중 하나인 퓨지코쿰 _Fusicoccum amygdali_ 은 푸시콕신 fusicoccin 이라는 곰팡이 독소를 분비해서 벼의 키가 커지게 하고 쉽게 넘어지게 한다. 벼가 넘어져 물속에 잠기면 곰팡이는 마음껏 잎을 먹을 수 있다. 일본의 농부들은 이런 벼를 '어리석은 묘목'이라고 불렀다. 키만 크고 수확할 볍씨를 만들지 못하는 실속 없는 벼라는 뜻이다. 식물 잎을 먹는 초식동물과 벌레가 공격할 때에도 키가 작은 식물은 키가 큰 식물보다 나중에 공격을 당할 가능성이 있지 않을까? 아마도 키 작은 식물은 공격에 미리 대비할 시간을 벌 수 있을 것 같다.

그렇다면, 살아남기에 가장 좋은 키는 이웃 개체보다 너무 크지도, 너무 작지도 않은 키가 아닐까? 실제로 우리 집 부추 밭의 부추들은 키가 많이 다르지 않았다. 그렇지만 이게 옳은 생각인지, 달리 설명할 수 있는 것인지 알 수 없었다. 혹시 이들은 충분히 빛을 받아서 서로 경쟁할 필요가 없었던 것일까? 개체의 키는 유전

적으로 정해지는데, 유전적으로 거의 같은 개체이므로 키가 거의
같았던 걸까? 어쩌면 이웃에 있는 개체가 자신과 거의 같은 유전
자를 가졌다는 것을 알아보고 경쟁하지 않았는지도 모르겠다.

　생태학을 전공하신 강원대학교 정연숙 교수님께 여쭈어 보
았더니, 다음과 같이 가르쳐 주셨다. 보리나 부추, 배추, 무 같은
작물은 처음에 심은 종자의 크기가 서로 비슷하고 자라는 환경
인 밭의 조건도 비슷해서, 키가 서로 많이 다를 수가 없다. 그러
므로 작물이 자라는 모습을 보고 자연 상태에서의 식물 생태를
유추하는 것은 맞지 않다. 키는 환경조건에 따라서 형질[3]의 변화
가 무척 크며, 빛이 키를 결정하는 가장 중요한 원인이다. 빛이
충분하면 식물은 키가 크는 데 자원을 투자하지 않고 잎과 뿌리
를 만들어 광합성을 하고 양분을 흡수하는 데 치중한다. 자연상
태에서 동시에 발아해서 자라는 동년배 그룹의 식물 중에는 키
가 작은 것이 개체 수가 많고, 큰 것은 적다. 그들 중에서 누가 살
아남을 가능성이 높은지를 예측하자면, 높이보다는 무게가 더 나
은 지표가 된다. 키가 큰 개체는 가늘고 연한 경향이 있으며, 키
가 작은 개체는 더 단단하게 자라는데, 경우에 따라 키가 큰 것이
생존에 더 유리하기도 하고 단단한 줄기와 뿌리가 더 유리하기도
하다. 갑자기 그늘이 심하게 진다면 키가 큰 개체가 살아남지만,

3　생물체가 가지고 있는 고유한 형태적, 생화학적, 생리학적 또는 심리학적인 특징을 말한다.

바람이 많이 부는 고산지대에서는 키가 작은 개체가 살아남을 것이다. 그러한 극단적인 경우를 제외한다면 무게가 더 나가며 키도 어느 정도 크고, 줄기와 뿌리도 실한 것이 살아남을 확률이 높을 것이다.

식물이 빛 환경에 따라 성장이 달라지는 이치는 숲을 가꾸는 조림에도 적용된다. 나무를 조림하여 숲을 조성할 때, 처음에는 많은 나무를 조밀하게 심는데 그러면 나무들이 빛을 받으려고 빨리 자란다. 그러나 줄기가 연하고 키만 큰 나무들은 강풍이 불면 넘어져서 다 죽을 수도 있다. 그래서 일정 정도 키가 커지면 사람들은 더 이상 높이 경쟁을 하지 않도록 나무를 솎아주어서 나무가 건강하게 자라도록 한다.

빛을 얻기 위해 걸어 다니는 야자나무?

중앙아메리카와 남아메리카 열대우림에 서식하고 있는 소크라테아 엑소르히자*Socratea exorrhiza*라는 야자나무는 걸어 다니는 나무로 유명하다. '걷는 야자'라는 별명을 가진 이 야자나무는 둥치로부터 1미터 정도 높이에서 뿌리가 자라나서 땅속으로 박히는 스틸트 뿌리stilt root를 형성한다. 야자나무가 걷는다는 주장을 하는 사람들에 따르면, 나무가 빽빽이 우거진 열대우림에는 빛이 모자라기 때문에 빛이 있는 쪽으로 가기 위해, 야자나무가 햇빛이 잘 드는 곳으로 스틸트 뿌리를 내리고 그 반대 방향에 있는 뿌리는 죽게 하여 조금씩 이동한다고 한다. 이들의 설명에 따르면 이 야자나무는 1년 동안에 수 미터를 움직일 수 있다고 한다. 야자나무가 움직이는 원리에 대한 이런 설명은 매우 그럴듯하게 들리며, 이 내용은 여러 매체에도 나와 있다. 그렇다면 걷는 야자나무는 정말 빛을 따라 움직이는 것일까?

그러나 소크라테아 엑소르히자를 연구하는 과학자들에 따르면 이 야자나무는 움직이지 않는다고 한다. 이 야자나무가 만들어 내는 스틸트 뿌리가 주변의 땅으로 넓게 박히는 것은 확실하지만, 특정 방향의 뿌리를 죽여 나무 전체가 한쪽으로 움직이는 현상은 관찰하지 못했다고 한다. '걷는 야자'라는 별명은 나무의 몸통에서 지상으로 뻗어 나오는 스틸트 뿌리가 걸어 다니는 동물의 다리처럼 보여서 사람들이 붙인 이름으로 보인다. 이러한 추측에 그럴듯한 과학적 추론이 덧붙여져서 아직도 많은 사람들이 빛 있는 쪽으로 움직여 가는 야자나무가 있다고 믿고 있다.

그렇다면 소크라테아 엑소르히자가 만들어 내는 스틸트 뿌리는 어떤 역할을 할까? 스틸트 뿌리는 땅속 뿌리보다 나무 구조를 안정화시키는 효과가 더 좋다. 나무를 지탱하기 위해 땅속 뿌리와 굵은 줄기를 만드느라고 많은 양분을 사용하는 다른 나무들과는 달리, 소크라테아 엑소르히자는 스틸트 뿌리를 만들어 내어 안정성을 쉽게 확보하고, 남은 양분을 잎과 줄기의 생장에 활용하여 더 높이, 더 빠르게 자랄 수 있다. 이 나무는 빛을 얻기 위해서 땅

그림 13 걸어 다니는 야자나무라고 불리는 소크라테아 엑소르히자의 스틸트 뿌리. 이 뿌리는 둥치로부터 1미터 정도 높이에서 자라 나와서 땅속으로 박힌다. 나무를 지탱하는 데 매우 효과적인 구조이다.

위를 걷는 것이 아니라 하늘 쪽으로 높게 자라는 것이다. 이런 방법으로 이 야자나무는 식물이 빽빽하게 우거진 열대우림에서 빛을 놓고 벌어지는 식물들 간의 경쟁에서 우위를 점하고 있다.

식물도 공간을 더 많이 차지하려고 경쟁한다

많은 사람이 적어도 내 집은 마련해야 한다는 생각에 열심히 일한다. 나와 내 가족들이 편하게 쉬고 성장할 공간을 마련하려는 의지는 당연할 것이다. 문제는 좋은 공간이 충분하지 않고 그래서 경쟁해야 한다는 것이다. 물론 식물도 사람처럼 몸을 가진 생명체이기에 살 공간이 필요하다. 그렇다면 식물도 공간을 차지하기 위해 경쟁하지는 않을까?

식물도 공간을 차지하고 자신이 사용할 공간을 더 넓히기 위해 다른 식물들과 끝없이 경쟁하고 있다. 나무들은 위로 솟아서 공간을 차지하려고 경쟁하고, 풀들은 옆으로 퍼져서 땅을 차지하려고 애쓴다. 100미터에 이르는 키 큰 나무들이 모여 사는 미국 레드우드내셔널파크 숲의 세쿼이아^{Sequoia} 나무들은 수직으로 줄기를 높이 뻗고 높은 곳에 잎을 만든다. 키가 작아서 다른 나무 아래에 있게 되면 광합성을 해야 하는 잎이 빛을 받을 수 없어서 생장에 매우 불리하다. 그래서 이들은 줄기를 두껍게 해서 무게를 지탱하면서 위로 자란다. 하늘을 차지하려고 애쓰는 것이다. 이들의 키는 대략 33층 빌딩 정도로, 자유의 여신상, 엠파이어 스테이트 빌딩만큼이나 크다.

이렇게 키가 크면 불리한 점은 없을까? 키가 큰 나무들이 가진 문제는 흙에서 흡수한 물과 영양분을 제일 꼭대기에 있는 잎까지 운반하는 것이다. 이 나무들의 굵은 줄기에는 물관[4]과 체관[5]이라는 가느다란 파이프들이 엄청 많아서 물과 영양분을 수송할 수 있지만, 중력 방향을 거슬러서 높은 곳까지 물을 수송하는 것은 어려운 일이다. 그래서 나무의 꼭대기에는 물을 많이 소비하

---

4 식물의 뿌리에서 흡수된 물을 식물체 전체로 운반하는 관 모양의 통로이다.
5 식물의 잎에서 광합성으로 만든 영양분이 줄기나 뿌리로 이동하는 관 모양의 통로이다.

그림 14 수직 공간을 차지하기 위해 경쟁하는 식물들. 숲속 세쿼이아 나무들은 빛을 더 받기 위해 수직으로 성장 경쟁을 한다.

는 큰 잎을 만들 수 없고, 작은 잎은 만들 수 있지만, 작은 잎도 물이 충분하지 않으면 광합성을 활발하게 할 수 없어서 그 나무의 생존에 별 도움이 되지 않는다(Koch 등, 2004). 더 이상 자라도 소용없는 한계까지 키가 커버린 것이다.

그러나 여전히 어려운 질문이 남아 있다. 이 종들은 왜 이렇게까지 키가 크도록 진화한 걸까? 이 종이 살아가는 곳의 여러 환경 조건들이 다 좋아서, 빛을 받는 것만이 한계 조건이었기 때문에 이렇게까지 키가 크게 된 것일까? 왜 이 식물들은 경쟁을 이전 단계에서 중지하지 않았을까? 혹시 이 식물들이 키 크는 경쟁을 중지할 수 없도록 유전적으로 프로그램되어 있었나? 과학자들이 이 식물 종의 유전자 서열을 모두 읽었기 때문에, 곧 이런 질문에 관한 설득력 있는 설명이 나올 것으로 기대된다.

위로 자라며 경쟁하는 것뿐만 아니라, 옆으로 넓게 퍼져서 땅을 차지하려고 경쟁하는 식물도 있다. 특히 다년생 초본 중에는 클론을 만들어서 땅을 넓게 확보하는 것들이 많다. 갈대, 대나무, 잔디, 쑥, 고사리 같은 종들처럼 땅속에서 뿌리나 줄기를 뻗어서 널리 퍼지는 식물들이 주로 클론 생장을 한다. 클론 생장을 하는 식물들은 조그만 틈새라도 있으면 그곳으로 뿌리나 줄기를 성장시켜서 그 땅을 자기 것으로 만드는 게릴라식 전쟁을 하고 있다. 클론 식물의 수평생장은 수직생장에 비해 물자와 에너지가 적게 든다. 식물이 퍼져 나가는 동시에 현지에서 물과 영양분을 조달하기 때문이다. 그러나 이런 식물도 이미 다른 식물이 있는 곳을 뚫고 들어가기는 쉽지 않다. 하지만 산불이 나거나 나무가 벌채되는 등의 생태계[6] 교란이 있을 때에는 클론 생장을 하는 식물들이 들어가서 왕성하게 자란다. 실제로 우리나라에서 산불이 난 곳에는 고사리들이 클론을 만들어서 엄청나게 많이 퍼지는 경우도 흔하다.

클론이란 클론 생장의 결과로 생긴 유전적으로 똑같은 개체

---

6 탄소와 수소의 결합으로 구성된 물질을 포함하고 있는 유기 생명체들과 이와 상호작용하는 무생물 환경을 말한다.

들을 말하는데, 이들은 아무리 넓게 퍼졌더라도 모두 하나의 개체라고 볼 수 있다. 그래서 유전자 분석 결과 나이가 1,000년이 넘는 고사리가 발견되기도 했다고 한다. 결국 공간을 차지하려고 애쓰는 식물의 모습은 우리와 다르지 않다. 살아 있는 것들은 누구나 자기가 살 공간을 찾고 더 넓히기 위해 애쓰고 있다고 봐도 될 것 같다.

만약 같은 곳에서 큰 나무와 작은 풀이 뿌리를 내리고 같이 살게 되었을 때는 어떤 일이 일어날까? 큰 나무가 얕게 퍼지는 잔뿌리를 많이 만들어서 물과 영양분을 거의 다 흡수해 버리면 그 곁에서는 작은 식물이 자라기 어렵다. 그러나 큰 나무가 깊은 뿌리를 만들어 땅속 깊이 들어가면, 오히려 작은 식물들이 자라는 것을 돕게 된다. 깊은 곳까지 자란 뿌리가 그곳에 있는 수분을 흡수하면, 그 수분은 전체 뿌리에 전달되어 뿌리의 물 농도가 높아진다. 그 결과, 건조한 표면 가까이에 있는 뿌리는 그곳 토양에 비해 물 농도가 높아지고 확산현상이 일어나서 나무 뿌리에서 토양으로 물이 나가게 된다. 이렇게 큰 나무가 깊은 땅속의 물을 건조한 토양 표면으로 옮기면 그 물을 작은 식물들이 이용할 수 있게 되는 것이다. 우리 눈에는 그 식물들이 같은 곳에서 사는 것처럼 보이지만, 땅속에서 이 식물들은 모두 각각 다른 곳에 위치하며 큰 나무가 자원을 구해 와서 작은 풀에게 도움을 주는 것이다.

그림 15 수평 공간을 차지하기 위해 옆으로 퍼져 나가는 갈대(왼쪽)와 잔디(오른쪽). 갈대는 땅속에서 뿌리줄기를 뻗고 잔디는 지표 위에 포복경을 뻗은 후 그곳에서 줄기와 잎을 만드는 클론 생장을 한다. 클론 생장은 공간을 차지하는 효과적인 방법이다.

내 옆에 오지 마: 타감작용

앞서 보았듯 지상에서 식물은 빛을 더 많이 받기 위해 다른 식물과 경쟁한다. 그렇다면 지하에서도 이런 경쟁이 일어나고 있을까? 그렇다. 우리가 직접 볼 수 없는 지하에서도 식물은 물과 무기영양분(질소, 황, 인, 칼륨, 칼슘, 마그네슘)을 얻기 위해 다른 식물과 경쟁한다. 물과 무기영양분은 흙에서 흡수해야 하며, 무기영양분이 늘 충분하게 있는 것이 아니고, 다른 식물도 같은 것을 필요로 하기 때문에, 경쟁을 피할 수 없다. 그렇다면 식물은 지하에서는 다른 식물과 어떻게 경쟁을 할까?

　지하에서 경쟁할 때 식물은 화학물질들을 사용한다. 식물이 뿌리에서 분비하는 많은 종류의 화학물질들이 이런 화학전쟁의 무기이다. 식물이 광합성으로 만든 물질의 20~40퍼센트까지 뿌리에서 분비할 화학물질을 만드는 데 투자하는데(Badri & Vivanco, 2009), 이 뿌리에서 분비하는 물질 중에서 많은 것이 다른 식물의 생존이나 성장을 방해하는 타감작용물질[allelochemical]이다. 식물의 뿌리에서 분비된 타감작용물질들은 주변에서 다른 식물들이 자라지 못하도록 하는 타감작용[allelopathy] 현상을 일으킨다. 다른 식물이 자라지 못하면 흙에 있는 물과 무기영양분이 없어지지 않아서, 타감작용물질을 분비한 식물이 생존하기 쉬워지기 때문이다.

실험실에서 이에 관한 실험을 한 경우에는 타감작용물질들의 효과가 뚜렷하게 보였다. 소나무의 바늘잎에 있는 화학물질들이 들깨, 개망초, 큰다닥냉이와 바랭이, 그 밖의 여러 초본식물[7]의 발아와 성장을 억제한다는 실험결과가 있다(Kil, 1992; Kimura 등, 2015). 탄닌이나 쿠마린산 같은 페놀 계통 화학물질들이 타감작용을 한다고 알려져 있다. 이런 화합물들은 토양에 존재하는 가용성 질소 함량을 감소시키고, 철, 아연, 마그네슘 등 양이온의 함량을 높여서 직접적으로 식물의 생장을 억제하기도 하며, 간접적으로는 식물과 공생하는 곰팡이들의 생장을 억제하기도 한다 (Mallik, 2008). 호두나무는 주글론이라는 휘발성물질을 분비해서 다른 종의 식물이 근처에 자라지 못하게 한다. 반대로 고사리와 같은 키 작은 식물들도 큰 나무 종의 생장에 영향을 미치는데, 특히 큰 나무들이 어린 묘 시기일 때 더 큰 피해를 입힌다.

실험실에서 하는 실험에서는 타감작용의 효과가 잘 보이지

---

7 식물의 지상부인 줄기가 목질화되지 않는 식물을 말하며, 이들은 겨울에 지상부가 죽어서 말라버린다.

만, 실제 숲에서 타감작용물질의 효과가 얼마나 큰지는 알아내기가 상당히 어렵다. 어떤 식물이 어떤 숲에서 다른 곳보다 잘 못 자란다고 하더라도, 그 원인이 다른 식물이 분비하는 타감작용물질 때문인지를 확실히 알기 어렵다는 말이다. 이미 거기 있던 식물이 물과 다른 양분들을 다 흡수해 버려서 잘 못 자라는 것일 수도 있고, 또는 소나무의 바늘잎 같은 것들이 쌓이고 쌓여서 땅을 두껍게 덮고 있어서 그 나무 아래에서 씨가 터서 자라는 것이 물리적으로 어려웠을 수도 있다. 혹은 산불이 난 후에 식물들이 잘 자라는 것을 타감작용물질들이 불에 변성되어서 다른 식물이 살기 좋아졌다고 설명할 수도 있겠지만, 이와는 다르게 산불로 인해 기존에 자리를 차지하던 나무들이 없어져서 빛이 더 잘 들게 되었고, 불에 탄 재에 있는 영양분이 식물의 생장에 도움을 주었다고 설명할 수도 있다. 그래서 실험실이 아니라, 숲에서 자라는 식물들에게 타감작용이 정말 중요한지를 확인하는 것은 어렵다.

타감작용으로 토착종을 밀어낸 외래종

이제 타감작용에 관한 연구사례 하나를 자세히 알아보자. 점박이나물*Centaurea stoebe*은 원래 유럽에 살던 작은 풀인데, 미국으로 들어와 널리 퍼져서 골치 아픈 잡초가 되었다. 점박이나물은 다년생 국화과이며, 원래 서식지였던 유럽에서는 별문제를 일으키지 않는데, 미국과 캐나다에 들어온 뒤 척박하고 황폐화된 환경에서도 잘 번식하여 목초지와 초원에서 토착 식물종들을 몰아내고 빽빽하게 자라났다. 미국의 몬태나주에는 450만 에이커가 점박이나물로 뒤덮여서, 식물 다양성이 감소하였고, 이로 인해 야생 동물의 서식지가 파괴되고 목장의 가축 사육에도 큰 지장을 초래하였다.

이에 과학자들은 어떻게 이 식물이 다른 식물들이 자라는 것을 억제하고 혼자서 이토록 넓게 퍼질 수 있는지를 연구하였다. 먼저 그들은 이 식물이 잎과 뿌리에서 다른 식물의 성장에 독이 되는 물질을 분비하는 것으로 추측하였다. 이를 시험하고자, 점박이나물 뿌리에서 분비하는 물질들을 채취하여 식물 배양 배지에 섞어주었더니 실제로 다른 식물이 잘 자라지 못했다. 식물 배양 배지에 활성탄소를 넣어 점박이나물이 뿌리에서 분비하는 물질들을 흡수해서 제거했을 때는 점박이나물이 다른 식물의 성장을 저해하는 능력이 줄어들었다. 이것은 점박이나물의 뿌리에서 나온 어떤 화학물질이 다른 식물의 생장을 억제하였음을 말해준다. 이처럼 점박이나물이 타감작용을 하는 것은 분명해 보이는데, 그렇다면 과연 어떤 화학물질을 써서 타감작용을 만들어 내는 것일까?

타감작용을 하는 화학물질의 정체가 무엇인지를 알아내기 위해, 과학자들은 점박이나물이 분비하는 물질들을 채취한 뒤 화학적으로 순수분리해서 하나씩 따로 식물 배양 배지에 넣어주고 거기에서 자라는 식물의 성장을 확인하였다. 그 결과, 뿌리에서 분비하는 수많은 물질 중에서 카테킨이라는 물질 하나가 다른 식물의 성장을 막는 것을 발견했다. 폴리페놀의 일종인 카테킨은 녹차에 함유되어 떫은맛을 내기도 하며 항산화효과와 다른 여러 약효가 있는 것으로 알려져 있다. 이런 실험결과가 나왔지만, 그래도 점박이나물의 타감작용이 카테킨 때문이라고 깨끗하게 결론이 나지는 않았다. 어떤 학자들은 카테킨이 식물의 성장을 저해한다는 결과는 실험실에서 얻은 것이며, 실제 자연 환경에서는 또 다른 화학물질이 더 중요한 기능을 담당할 수도 있다고 주장했다. 게다가 정말 다른 식물의 생장을 저해할 정도로 높은 농도의 카테킨이 토양에 있는지에 관해서도 의문이 제기되었다. 사람마다 측정한 토양 속 카테킨 농도가 많이 달랐기 때문에 이런 논란이 생겼는데, 그 원인은 여러 가지가 있다. 어떤 곳에서는 카테킨이 토양에서 분해되어 버렸을 수도 있고, 또는 과학자들이 토양으로부터 카테킨을 추출할 때 효율이 달랐을 수 있고, 또는 식물이 분비하는 카테킨의 양이 환경적 영향에 따라 달라졌을 수도 있다.

그렇다면 카테킨이 정말 타감작용을 일으킨다는 것을 확실하게 확인하려면 어떤 실험을 해야 할까? 브로즈Broz 연구팀은 카테킨을 못 만들도록 유전적으로 점박이나물을 변형시켜서, 이 변형된 점박이나물이 다른 식물의 성장을 저해하지 못한다면, 점박이나물에서 분비된 카테킨이 토착종을 밀어내는 타감작용의 주요 원인 물질이라고 확신할 수 있다고 제안했다(Broz 등, 2006).

점박이나물의 타감작용에 관해서는 카테킨 이외에도 남은 의문들이 있다. 유럽에서는 왜 점박이나물이 우세하게 자라지 못했을까? 몇 가지 가능성을 생각해 볼 수 있다. 첫째로 유럽의 식물들은 이미 점박이나물과 오랜 시간 공존하면서 점박이나물이 분비하는 타감작용 화합물에 내성을 갖추게 된 반면, 북아메리카에 살고 있던 식물 종들은 점박이나물이 분비하는 타감작용 화합물에 유럽 식물보다 더 취약했을 가능성이 있다. 두 번째로는 점박이나물이 북아메리카로 옮겨 오면서 새로운 환경에 적응하기 위해 타감작용 화합물을 유럽에서보다 더 많이 만들어서 토착 식물 종을 쫓아냈을 수도 있다. 생태계의 변화에 대한 원인 규명은 한 종만을 연구해서 단기간에 풀 수 있는 것이 아니기 때문에, 이 질문에 대한 명확한 답을 얻기 위해서는 많은 후속 연구가 필요하다. 그러나 이러한 예와 같이 외래종이 새로운 곳에 들어와서 갑자기 토착종을 밀어내는 경우에는 타감작용이 관여되어 있을 가능성이 상당히 높다고 한다.

타감작용의 응용

식물의 타감작용을 응용해 인간의 생활에 활용할 수도 있다. 그 예가 농약의 문제를 극복하기 위해 타감작용물질을 농약으로 이용하는 경우이다. 자연에서 잘 분해되지 않는 합성농약의 경우,

농작물에 잔류하여 사람에게 흡수되어서 여러 질환을 유발할 수도 있을 뿐만 아니라 잔류 농약이 농지에서 주변환경으로 퍼지는 경우에는 생태계를 파괴할 수도 있다. 반면 식물이 만들어서 분비하는 타감작용물질은 특이적으로 어떤 식물의 생장만 방해하고, 다른 식물에는 효과가 없는 것들이 있으며, 자연에서 분해될 가능성이 높기 때문에 유용하다. 한 걸음 더 나아가서 농작물이 스스로 타감작용물질을 생산하도록 만들 수 있다면 농약을 뿌리지 않아도 잡초가 살 수 없어서 잡초를 제거할 필요가 없어질 것이다. 그러나 아직도 이러한 종류의 농약으로 농업에 널리 이용되고 있는 것은 없다. 타감작용물질의 잡초 생장 저해 효과가 지금 사용되고 있는 농약의 효과에 비해 너무나 약하고, 또한 타감작용물질이 동물과 사람과 환경에 정말 안전한 것인지도 확실하지 않기 때문이다. 인위적으로 합성한 약보다는 자생하는 식물이 만드는 화합물이 더 안전할 것이라는 생각은 위험하다. 식물이 만드는 물질의 종류는 지금까지 알려진 것만 해도 수십만 가지이며, 실제로는 더 많을 것이고, 그중에는 포유류에 독성이 매우 높은 것과 발암물질들도 상당히 많다. 자연에서 나온 것은 다 안전하고, 반면 인위적인 것은 모두 위험하다는 생각을 가진 분들이 의외로 많은데, 이것은 과학적인 생각이 아니다.

3장
식물들의 기생

남의 영양분을 빨아 먹는 기생식물

식물은 거의 모두 광합성을 해서 스스로 에너지를 만들지만 어떤 식물은 광합성을 하지 않고 다른 식물로부터 물과 영양분을 얻는다. 이런 식물을 기생식물이라고 부른다. 꽃 피는 식물 중에서 약 1퍼센트 정도가 다른 식물에 기생하는 능력을 가지고 있다. 기생식물은 흡수근^{haustorium}이라는 기관을 만들어서 숙주식물에 붙고, 그다음 단계에서는 숙주식물의 관다발에 자기의 관다발을 연결시켜서 숙주의 관다발을 통해 수송되는 물과 영양분을 흡수한다. 기생식물은 숙주가 체내 영양분과 물을 순환시키는 혈관과 같은 구조인 관다발에 빨대를 꽂아서 영양분과 물을 먹으

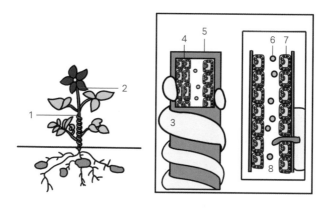

그림 16 기생식물 새삼이 숙주의 체관으로부터 당과 영양분을 얻는 방법이다. 식물 몸의 곳곳에 영양분과 물을 공급하는 파이프가 관다발인데, 새삼은 숙주의 관다발에 자기의 흡수근을 연결해서 영양분을 훔친다. 1. 새삼 2. 숙주식물 3. 새삼잎 4. 숙주의 세포들 5. 숙주의 체관 6. 당과 영양분 7. 숙주의 표피층 8. 새삼의 흡수근이 숙주식물의 체관 쪽으로 자라서 체관으로 침투하는 모습이다.

면서 생활하는 것이다. 숙주식물에 전적으로 의존하는 기생식물은 광합성을 하지 않고 엽록체[1]도 없다. 반기생식물은 스스로 광합성을 하지만 물과 영양분의 일부를 숙주식물로부터 얻는다. 우리가 흔히 볼 수 있는 반기생식물로는 겨우살이*Viscum album var. lutescens*가 있다.

새삼*Centaurea stoebe*이라는 기생식물은 잎과 뿌리가 없고, 줄기가 숙주식물의 줄기를 감으며 자라면서 숙주 식물체로부터 물과 영양을 흡수하는데, 특히 콩 농사에 피해를 준다. 하나의 새삼 식물

---

1   식물세포 안에서 광합성이 일어나는 장소이며, 식물의 세포 내 소기관 중의 하나이다.

그림 17 미국실새삼(*Cuscuta pentagona*)이 겟매꽃(*Calystegia soldanella*)을 감싸고 있는 모습이다. 새삼은 잎과 뿌리가 없고 줄기만 있는 기생식물이며, 새삼이 관다발을 숙주식물의 관다발에 연결시켜서 영양분을 흡수하는 형태는 마치 자연적인 접목[2]처럼 보인다.

이 여러 이웃하는 숙주식물들의 줄기를 감아서 한 군집 같은 형태를 이루는 경우도 흔하다.

이렇게 새삼은 숙주식물에게서 영양분을 앗아 가는 해로운 기생식물이지만, 숙주식물들 간에 정보를 보내는 통로의 역할을 한다는 보고도 있었다(Hettenhausen 등, 2017). 이 논문에서는 콩 식물 한 개체가 곤충에게 먹혔을 때, 이 콩과 새삼으로 연결된 다

---

2 식물의 일부분을 떼어내어 다른 식물에 붙여서 자라도록 하는 것을 말한다. 농업에서는 씨앗이 없는 귤처럼 상품성이 뛰어난 특징을 가지는 작물을 증식하는 데 이용된다.

른 콩 식물들도 방어반응을 일으킨다고 밝혔다. 공격받은 개체가 방어를 위해 만든 자스몬산이나 유사한 물질들이 새삼을 타고 다른 개체로 전달되어서 직접 공격받지 않은 개체에서도 방어반응 유전자들이 발현되고, 방어물질들이 만들어졌으며, 결과적으로 곤충의 침입을 더 잘 막을 수 있게 된 것이다. 이 연구 결과에 따르면 새삼은 숙주식물의 영양분을 가로채는 해로운 기생식물임과 동시에 숙주식물의 생존에 중요한 정보를 전달하는 이로운 역할도 담당하고 있는 것이다. 숙주식물을 보호해야 새삼 자신도 생존할 수 있으므로, 새삼이 숙주식물을 위해 어떤 적극적인 역할을 하는 것은 아닌지에 대해서도 상상해 볼 수 있으나, 연구자들은 숙주식물들의 관다발이 모두 새삼을 통해 연결되어 있기 때문에, 여러 물질들이 한 숙주식물에서 다른 숙주식물로 이동할 수 있으며, 곤충에 먹혔다는 경계 경보도 관다발을 통해 다른 숙주로 퍼지는 현상으로 해석하였다.

또 한 가지 재미있는 현상은 숙주식물이 꽃 필 때에만 새삼도 꽃이 핀다는 것이다. 최근 논문에서는 새삼의 유전체에는 꽃 피는 시기를 조절하는 유전자가 없고, 숙주식물이 만든 꽃을 피우는 단백질이 새삼으로 전달되어 새삼의 꽃이 피게 된다는 것이 밝혀졌다(Shen 등, 2020). 이런 기작으로 꽃 피는 시기를 숙주식물과 맞추는 것이 이 기생식물의 생식에 더 유리한 것으로 추측할 수 있다. 새삼이 숙주식물보다 너무 일찍 꽃을 피운다면 자신의 생장기간은 짧아지고 모아둔 재료가 충분하지 않아 종자를 많이 만들지 못할 것이며, 만일 새삼이 숙주식물보다 훨씬 더 늦게 꽃이 핀다면, 숙주식물이 이미 꽃을 만들고 종자를 맺느라고 영양분을 다 써버려서, 새삼이 종자를 만들 때 필요한 영양분을 확보하기 어려울 것이다. 그러므로 숙주식물이 언제 꽃이 필 것인지를 엿봐서 동시에 꽃을 피우는 것이, 새삼에게는 자신의 종자를 가장 많이 만들 방법이었던 것이다. 숙주와 꽃 피는 시기를 맞추기 위해서 기생식물은 꽃 피는 시기와 관련된 유전자 및 개화 조절 기작을 포기하는 퇴행진화[3]를 한 것으로 보인다.

농업에 큰 피해를 주는 기생식물 스트리가

스트리가*Striga*라는 현삼과의 기생식물은 아프리카와 아시아 일부 지역의 농업에 큰 손해를 끼치고 있는 기생식물이다. 스트리가는 특히 옥수수, 수수, 사탕수수, 벼에 기생해서 숙주식물을 시들게 하고 성장을 감소시켜서, 농작물 생산성을 40퍼센트 이상 감소시킨다. 스트리가로 인해 농작물을 전혀 수확하지 못하는 경우도 흔하다. 약 3억 명의 아프리카 사람들이 이 기생식물 때문에 피해를 입고 있는데, 특히 겨우 최저생활을 하는 농부들의 농사마저

---

3 오랜 시간에 걸쳐 특정 생물체에게 필요 없는 특징을 잃어버리는 방향으로 진화하는 것을 말한다. 예를 들어 현생 인류의 경우 다른 영장류와 같은 조상으로부터 진화하였는데, 이 과정에서 조상이 가지고 있던 불필요한 기관인 꼬리가 퇴행진화하여 꼬리뼈라는 흔적기관으로 남아 있다.

그림 18 분홍색 꽃을 피우고 있는 식물들이 농업에 큰 피해를 주는 스트리가이다.

망치고 있다.

스트리가는 숙주식물이 없으면 스스로는 살 수 없는 완전-기생식물이다. 스트리가 한 개체는 10만 개가 넘는, 아주 작은 검은 먼지 같은 종자를 퍼뜨리는데, 이 종자들은 숙주식물이 있다는 신호를 받을 때까지 발아하지 않고 토양 속에서 휴면한다. 길게는 10년이 넘도록 휴면하고 있다가도 근처에서 숙주식물이 자란다는 화학신호를 받으면 발아해서 숙주식물에 침입한다. 그러고는 숙주식물의 관다발에 자신의 관다발을 연결하는 방법으로 물과 영양분을 흡수한다.

숙주식물이 자란다는 화학신호는 스트리고락톤이라는 화학

물질로 받는데, 이것은 식물이 곰팡이들과 공생을 하기 위해 분비하는 물질이다. 식물의 입장에서는 친구를 부르려고 문을 열었는데, 적이 그 문으로 들어오는 상황이다. 육상식물의 80~90퍼센트 정도가 곰팡이들과 공생하는데, 곰팡이들은 균사를 만들어서 물과 인산염 같은 영양물질을 흡수하여 식물에게 제공한다. 식물은 곰팡이들의 도움 없이는 척박한 땅에서 자라기 어렵기 때문에 그런 환경에서는 스트리고락톤을 분비해서 곰팡이를 유도한다. 스트리가는 식물에게 이렇게나 중요한 물질을 인식하는 방법을 통해 숙주식물이 있다는 것을 알아차리는 것이다. 그러나 토양에 영양분이 충분한 경우 식물은 곰팡이와 공생할 필요가 없기 때문에 스트리고락톤 분비를 줄인다. 이렇게 식물의 스트리고락톤이 줄어들면 스트리가는 발아하지 못한다. 따라서 농업에 비료를 많이 사용하는 부유한 나라에서는 스트리가가 그리 큰 문제가 아니지만, 토양이 척박하고 비료 구매력이 없는 아프리카에서는 무척 심각한 문제가 되고 있다.

이런 이야기들을 학회에서 듣고 필자도 이 식물을 연구하려고 어떻게 종자를 구하는지 알아보았으나, 스트리가는 너무나 위험한 식물이어서 국내로 수입이 금지되어 있으며, 이것을 몰래 들여온다면 법에 의해 처벌을 받는다고 하였다. 그렇다면 스트리고락톤을 구해서 이것을 분비하는 수송체 단백질을 찾아보는 방법을 떠올리고 그 약품을 찾아보았으나, 스트리고락톤은 미량으로 작용하는 물질이라 식물이 많이 만들지 않으며 합성하는 것도 매우 어려워서 21세기 초반까지도 값이 무척 비싼 편이었다. 결국 연구에 필요한 양의 스트리고락톤을 구하는 것이 매우 어려워 우리나라에서는 이 기생식물을 퇴치하는 방법에 관해 국제 경쟁력이 있는 연구를 수행할 수 없었다.

스트리가의 피해를 줄이기 위한 연구

스트리가로부터 아프리카의 농작물을 보호할 수 있다면 아프리카 사람들에게는 큰 도움이 될 것이다. 그래서 과학자들은 여러 가지 아이디어를 내서 이 문제를 꾸준하게 연구하고 있다. 우선 과학자들은 검은 먼지처럼 밭에 흩어져 있어서 도저히 골라내 제거할 수 없는 스트리가 종자를 없애는 방법을 생각했다. 가장 간단한 것은 스트리가는 스트리고락톤이 있을 때 발아하므로, 농작물을 심기 전에 밭에 스트리고락톤을 뿌려서 스트리가 종자가 발아하도록 유도한다는 아이디어였다. 종자는 일단 발아를 하면 다시 휴면 상태로 돌아갈 수는 없으므로, 발아한 스트리가가 숙주를 찾지 못한다면 물과 영양분을 얻지 못하고 죽게 될 것이다. 그 후에 농작물을 심는다면 그 농작물들은 기생식물로부터 안전할 것이다. 그러나 앞서 말했듯 스트리고락톤은 값이 비싼 화학물질이어서 이 방법은 현실성이 없었다. 대신 스트리가가 스트리고락톤이라고 오해해서 발아를 할 만큼 구조적으로 유사하고 값은 훨씬 더 싼 물질을 발견하려는 시도가 있었으나, 그런 화합물은 오랫동안 발견되지 않았다. 따라서 스트리가에 내성이 비교적 높은 변종 작물들을 골라서 심는 방법을 사용해 왔다.

그러던 중 최근에 사우디 압둘라왕과학기술대학교의 알-바빌리Al-Babili 교수팀은 스트리가가 스트리고락톤이라고 오해할 만큼 화학적 구조가 유사하고 값이 싼 세 가지 물질들을 찾았다고 보고했다(Kountche 등, 2019). 이 약들을 화분에서 실험했을 때 스트리가 종자의 발아를 촉진시켰으며, 아프리카 서쪽에 위치한 나라 부르키나파소의 밭에서 실험했을 때에도 유의미한 효과를 보였다. 비가 온 후에 이 약들을 밭에 2회 뿌리고, 10일 후에 작물의 종자를 심었는데, 이 약을 처리한 밭과 물만 처리한 밭을 비교했을 때, 작물에 기생하는 스트리가의 숫자는 기장밭에서는 65퍼센트, 수수밭에서는 55퍼센트까지로 줄어든 효과를 보였다고 한다. 다만 이 약으로 스트리가를 완전히 없애지 못한 이유는, 스트리가가 동시에 다 발아하지 않고 1년 내내 조금씩 산발적으로 발아하기 때문이라고 한다. 그렇다면 밭에 작물을 심지 않은 채 이 약을 여러 차례 뿌리면, 종국에는 스트리가 종자가 다 발아해서 죽을 것이다. 그러나 가난한 농부들이 밭에 작물을 심지 않고 스트리가를 없애는 데에만 몰두할 수 없다는 현실적 문제가 있다. 스트리가 종자를 더 효과적으로 발아시키되 저렴한 화학물질들을 아프리카 농민들에게 공급할 수 있다면, 아프리카 사람들의 식량

문제 해결에 청신호가 될 수 있을 것이다.

기생식물이 붙지 못하게 하려는 숙주식물의 작전

그렇다면 기생식물이 제 몸에 붙어 양분을 훔쳐 가는데 옥수수는 왜 당하고만 있을까? 기생식물이 붙지 못하도록 방어하는 식물은 없을까? 물론 식물 중에는 기생식물이 자신의 몸에 붙지 못하게 하는 방법을 개발한 것들이 있다.

먼저 기생식물의 눈에 띄지 않도록 숨는 방법도 있고, 기생식물에게 해로운 화합물을 만들어서 분비하는 방법도 있으며, 기생식물이 몸에 붙는 과정을 저해하는 방법도 있다. 기생식물에 내성이 있는 수수는 숨는 방법을 선택하는데, 이들은 뿌리에서 분비하는 스트리고락톤을 입체화학적으로 살짝 바꿔서 스트리가가 인식하지 못하는 종류로 만든다. 이 새로운 종류의 스트리고락톤을 수수 식물이 분비하면 공생 곰팡이는 수수 식물이 있음을 알아차리지만, 기생식물은 알아차리지 못해서 싹이 트지 않는다. 수수의 입장에서는 스트리가가 보지 못하게 숨어버린 것이다.

기생식물에게 해로운 화합물을 만들어서 분비하는 식물로는 해바라기가 있다. 기생식물에게 당하지 않는 해바라기 종은 쿠마린이라는 독성 화학물질을 뿌리에서 분비해서 기생식물의 생장을 억제한다.

기생식물이 몸에 붙는 과정을 저해하는 방법을 쓰는 식물로

그림 19 오로벤촐(orobanchol)과 5-디옥시스트리골(5-deoxystrigol)의 화학 구조.
오로벤촐(왼쪽)과 5-디옥시스트리골(오른쪽)은 구조는 입체화학적으로만 다른데, 기생식물 스트리가 종자는 5-디옥시스트리골을 숙주식물이 분비하는 화합물이라고 알아보고 발아하지만, 오로벤촐은 알아보지 못한다. 식물에 도움을 주는 곰팡이는 오로벤촐과 5-디옥시스트리골 두 가지를 다 인식하여 식물의 뿌리에서 공생을 시작한다. 스트리가에 내성이 있는 수수는 오로벤촐을 5-디옥시스트리골보다 더 많이 분비해서 스트리가 종자가 발아해서 기생하는 건수를 줄인다.

는 야생 수수가 있다. 야생 수수는 기생식물이 몸에 붙을 때 필요한 흡수근 형성을 억제하는 화합물을 뿌리에서 분비하는 것으로 보인다.

식물이 기생식물의 침입을 인식하여 방어반응을 일으키는 기작도 일부 밝혀졌다. 숙주식물의 세포막에는 기생식물의 존재를 알아차리는 수용체가 있는데, 이것이 기생식물에서 분비된 물질을 인식하면 과민반응 hypersensitive response 을 일으킨다. 과민반응은 과산화수소를 많이 발생시켜서 기생식물이 침투하는 경로에 있는 세포들을 죽이고, 방어호르몬 합성과 분비, 세포벽 강화, 독성물질 합성과 분비를 유도한다. 이런 반응들은 기생식물이 흡수근을 관다발에 연결해서 양분을 빨아 먹는 빨대 같은 구조를 만들지 못하도록 저지한다. 이런 기작은 전반적으로 식물이 박테리아나 곰팡이 같은 병원균을 막는 기작과 유사하다.

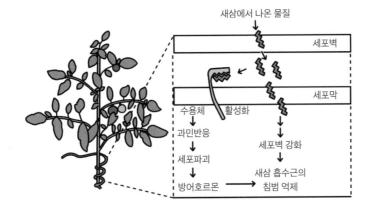

새삼에서 나온 물질

세포벽

세포막

수용체　활성화

과민반응

↓

세포파괴

↓

방어호르몬 ──→

세포벽 강화

새삼 흡수근의
침범 억제

그림 20 기생하려는 새삼을 저지하는 토마토의 방어기작.
토마토는 세포막에 수용체를 가지고 있어서 새삼에서 나온 물질을 인식하면 그것을 활성화시킨다. 활
성화된 수용체는 과민반응을 일으켜서 새삼이 붙으려는 부위의 토마토 세포들을 죽인다. 방어호르몬
생성과 세포벽을 단단하게 만들어서 새삼이 뚫고 들어오지 못하게 하는 것도 새삼의 침입을 막는 방법
이다. 이 그림은 2022년에 발표한 Ballaré, C. L. 논문의 그림을 참고해 다시 그린 것이다.

　1부에서는 식물이 다른 식물들과 어떠한 관계를 맺고 생태계
에서 살아가는지를 알아보았다. 빛과 무기영양분과 공간, 꽃가루
를 나르는 곤충까지, 식물에게 필요한 자원이 무한정 있는 것은
아니기 때문에, 그것을 얻기 위해서 식물들 사이에 치열한 경쟁
이 일어난다. 경쟁에서 그치지 않고 다른 식물이 얻은 것을 빼앗
아서 사는 기생식물도 있다.

　그러나 오직 경쟁만이 식물과 식물 사이의 사회생활이라고
볼 수는 없다. 자연계에 사는 대부분의 식물이 다른 식물들과 뿌
리를 통해 서로 물리적으로 연결되어 있어서 정보와 영양분을 공

유한다는 것이 비교적 최근에야 밝혀졌다. 그뿐만 아니라 곰팡이나 해충이 침입하면 식물은 이를 막기 위해 서로 협조하기도 한다. 그러므로 식물과 식물 간에 일어나는 사회생활에서는 경쟁도 중요하고 협조도 중요하다. 그 어떤 생존 방법도 오랫동안 완벽할 수 없으며, 한 개체 혼자만 떨어져서 살 수 있는 방법도 없다. 자연은 무엇이든 혼자서 살도록 내버려 두지 않는다. 지금 우리가 보는 식물들은 이렇게 사회생활을 할 수밖에 없는 공간 속에서 자기 자리를 찾고 나름의 방법으로 살아남은 대단히 훌륭한 생명체들이다.

2부

식물과
미생물

사람의 몸에는 사람의 세포 수만큼 많은 수의 다양한 미생물이 같이 살아가고 있으며, 그 미생물들이 어떤 종류인지에 따라 사람의 건강 상태가 달라진다고 한다. 특히 장에 있는 미생물들은 영양분 흡수뿐만 아니라 면역과 신경에도 큰 영향을 미치기 때문에 장내 미생물을 조절하는 것만으로도 알레르기, 비만, 우울증 치료에 도움을 줄 수 있다고 하며, 그래서 유산균이나 유산균을 함유한 식품을 먹는 것이 크게 유행하고 있다.

식물의 몸과 주변에도 많은 미생물이 있다. 그 미생물 중에는 식물의 표면에 붙어서 사는 것들도 있고, 잎이나 뿌리 안에 있는 빈 곳에 들어와서 사는 것도 있고, 아예 식물세포 안에까지 들어와서 사는 것도 있으며, 식물이 살고 있는 곳의 공기와 흙, 물에서 사는 것들도 많다. 식물과 함께 살고 있는 미생물로는 박테리아와 곰팡이들이 주로 알려져 있지만, 그 이외에 원생생물[1], 선충류[2], 바이러스, 미세조류도 있다. 이들을 전부 합해서 식물-미생물총이라고 부른다. 식물-미생물총 중에는 식물에게 이로운 미생물도 있고, 식물에게는 영향을 주지 않는 것도 있고, 해로운 것도 있다. 사람의 장에 이로운 미생물도 있고 해로운 미생물도 있는 것과 마찬가지이다.

식물과 사회생활을 하는 미생물에 관한 연구는 작물에 병을 일으키는 병균으로부터 어떻게 작물을 보호할 것인가에 초점을 맞춰 오랫동안 이루어져 왔다. 식물 병균은 식물 중에서도 특히 농작물에 더 잘 침입하며, 작물이 병에 걸리면 농업 생산량이 엄청나게 감소하기 때문이다. 반면 식물과 같이 사는 이로운 미생물에 관해서는 21세기 초까지도 그다지 많이 연구되지 않았으나, 최근에 미생물총이 식물의 생존에 얼마나 중요한지가 알려지면서 이 분야의 연구가 급격하게 발전하고 있다. 각자의 역할은 다르지만, 식물-미생물총은 식물의 생장, 영양분 흡수, 병충해 내성, 환경 적응에 전반적으로 도움을 주는 것으로 알려져 있다(Trivedi 등, 2020). 2부에서는 먼저 식물과 미생물이 서로 도와가며 함께 살아가는 공생관계를 알아보고, 그다음으로 식물에 병을 일으키는 미생물들과 식물이 각자의 생존을 위해서 싸우는 치열한 전쟁에 관해 알아보려고 한다.

---

1 세포 안에 핵이 있는 진핵생물 중에서 동물, 식물, 균계에 속하지 않는 여러 종류의 생명체들을 말한다.
2 몸이 실과 같이 원통형이어서 지렁이와 비슷한 모양의 선형동물이다.

4장
미생물과 공생하는 식물

식물과 미생물의 공생의 기원

식물은 언제부터 미생물과 공생했던 걸까? 지금으로부터 4억 5,000만 년 전 내생균근균[endomycorrhizal fungi3]이라고 불리는 곰팡이들이 초기 육상식물과 서로 돕기 시작하면서 식물과 미생물과의 공생이 시작된 것으로 추측된다(Delaux & Schornack, 2021). 초기 육상식물은 물속에서 살던 광합성 생명체가 서식지를 육지로 넓히면서 생겨났다. 육상식물이 생겨난 시기에 육지에서는 영양분을 쉽게 구할 수 없어서, 영양분을 공급해 줄 수 있는 미생물과의 공

---

3 식물의 뿌리와 공생하는 곰팡이의 한 종류이며, 곰팡이의 균사가 식물세포 안으로 들어가서 공생관계를 형성한다.

미생물총의 구성

박테리아

곰팡이

바이러스

원생동물

미세조류

선충류

미생물총의 역할

식물 생장 촉진

병균과 해충으로부터
식물 보호

환경 스트레스로부터
식물 보호

물과 영양분 흡수를
도움

그림 21 식물 미생물총의 구성과 역할.
식물은 박테리아, 곰팡이, 원생생물, 선충류, 바이러스, 미세조류 등 미생물과 같이 살고 있으며, 식물과 함께 사는 미생물들을 '식물-미생물총'이라고 부른다. 식물-미생물총은 식물의 생장, 영양분 흡수, 병충해 내성, 환경 적응에 대체로 도움을 준다.

생이 육상식물의 생존에 절실하게 필요했을 것으로 추측된다. 식물과 질소고정박테리아의 공생은 좀 더 늦은 1억 년 전부터 시작되어 여러 차례 독립적으로 발달했다고 한다. 미생물의 입장에서 식물은 아주 편리하고 안전한 집을 제공해 주었으며 식물의 입장에서는 식물 안에 미생물을 넣음으로써 미생물 관리가 더 용이해졌던 것이다.

프랑스의 드로^{Delaux} 박사는 미생물과의 공생이 식물이 육상에 적응하고 크게 번창하는 데 핵심적인 역할을 했다고 주장한다(Puginier 등, 2022). 그 증거로 그가 네 가지 근거를 제시한다. 첫째, 가장 오래된 육상식물 화석은 4억 700년 전 것인데, 여기에도 곰팡이가 내생균[4]으로 있던 흔적이 남아 있다는 점. 둘째, 내생균 근과의 공생이 꽃 피는 식물에만 국한되지 않고 모든 육상식물에서 다 발견된다는 점. 셋째, 공생에 필요한 유전자들을 찾아보면, 꽃 피는 식물뿐만 아니라 고사리, 우산이끼, 솔이끼처럼 구조가 간단한 육상식물에도 유사한 유전자가 있다는 점이다. 이렇게 다양한 육상식물에 공생을 매개하는 유전자들이 있다는 것은 이들의 공통 조상이었던 초기 육상식물에서부터 그 유전자들이 유전되어 내려왔음을 암시한다. 마지막으로, 내생균근이 들어와서 식물과 함께 살기 시작하면 식물에서 여러 유전자들의 발현이 변화하는데, 그 양상이 꽃 피는 식물에서나 우산이끼에서나 유사하다는 점이 그 근거이다.

식물이 미생물과 공생하는 것은 식물에게 큰 도움을 주지만, 부작용도 있다. 병을 일으키는 미생물들도 식물과 미생물이 공생하려고 만드는 경로를 이용하기 때문이다. 예를 들어, 식물은 미생물과 공생을 시작하기 위해서 미생물이 들어올 수 있도록 세포벽을 소화시키는 효소를 분비하여 세포벽을 유연하게 만드는데, 유연해진 세포벽은 병균이 식물에 침입할 기회도 제공한다. 식물이 친구를 초대하려고 문을 열었더니 도둑이 함께 들어오는 것이다. 이처럼 식물과 공생균과 병균이 오랫동안 육상에서 함께 진

---

4 식물체 안에서 식물과 같이 살아가는 박테리아와 곰팡이 등의 생물을 말하며, 이들은 식물과 공생 또는 기생의 관계를 맺고 있다.

화하면서, 매우 다양한 형태의 사회생활이 생겼다.

식물의 생장에 도움을 주는 미생물

미생물총은 일반적으로 식물의 생존에 도움이 된다. 특히 영양분을 흡수할 때 미생물의 역할이 중요한데, 많은 미생물이 흙 속에 있는 복잡한 물질을 분해해서 식물이 흡수하기 좋은 간단한 물질로 만들기 때문이다. 예를 들어 어떤 미생물들은 유기물[5]을 분해해서 암모니아를 만들고, 질산화 박테리아들은 암모니아를 질산염으로 변화시켜서 식물이 사용하기 더 쉽게 만든다. 인산염, 암모니아, 칼리 같은 것들의 흡수도 미생물들이 도와준다. 4장에서 자세히 살펴볼 질소고정박테리아와 균근균들도 식물의 영양분 흡수에 큰 도움을 준다. 미생물들은 식물의 스트레스 내성에도 도움을 주는데, 활성산소 무독화 효소와 식물호르몬 등 미생물이 만들어 내는 물질들 덕분에 식물이 스트레스를 더 잘 견딜 수 있기 때문이다. 미생물들은 또한 직접 병원균과 경쟁해서 병원균의 숫자가 크게 늘어나지 못하도록 하거나, 병을 일으키는 박테리아나 곰팡이를 죽이는 항생제를 합성하고 분비함으로써 식물의 병원균 방어에도 도움을 준다.

　콩과 토마토의 여러 변종 중에서 병에 잘 걸리지 않는 것들은

5　탄소를 포함하는 화합물을 일컫는 말로, 자연적으로 생성된 물질뿐만 아니라 공학적으로 합성된 물질도 포함한다.

병에 잘 걸리는 것들과는 다른 미생물총을 가지고 있다(Kwak 등, 2018; Mendes 등, 2018). 식물 주변의 미생물총은 식물의 병 민감성에 영향을 주는 것일까? 연세대학교의 김지현 교수팀은 이 주제에 관해 매우 중요한 사실을 발견하였다. 토마토 품종 하와이 7996$^{\text{Hawaii 7996}}$은 랄스토니아 솔라나세아룸$^{\textit{Ralstonia solanacearum}}$이라는 토양 박테리아가 일으키는 풋마름병에 잘 걸리지 않는데, 김 교수팀은 그 이유가 하와이 7996이 뿌리 주변 토양에 TRM1 박테리아를 많이 포함하고 있는 특별한 미생물총을 가지고 있기 때

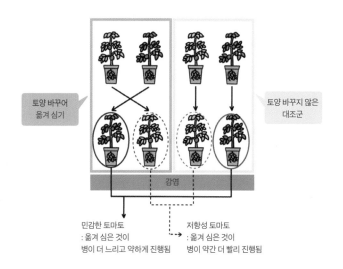

토양 바꾸어
옮겨 심기

토양 바꾸지 않은
대조군

감염

민감한 토마토
: 옮겨 심은 것이
병이 더 느리고 약하게 진행됨

저항성 토마토
: 옮겨 심은 것이
병이 약간 더 빨리 진행됨

그림 22 미생물을 이식하여 병저항성을 향상시킬 수 있다. 풋마름병에 저항성이 있는 토마토 품종을 키운 토양에 풋마름병에 잘 걸리는 민감성 품종의 토마토를 옮겨 심고 병원균을 접종하였을 때, 민감한 토마토의 풋마름병이 상당히 억제되어 병이 느리고 약하게 진행되었다. 반대로 민감성 품종 토마토를 키운 토양에 옮겨 심은 병저항성이 있는 품종 토마토는 병이 약간 더 빨리 진행되었다. 그림은 2018년 Kwak 등의 논문을 참조해 다시 그린 것이다.

문임을 밝혔다. 여기서 놀라운 점은, 병을 억제하는 토양미생물이 포함된 이 흙을 다른 곳에 옮김으로써 병에 대한 저항성 효과도 옮겨줄 수 있다는 것이다. 예를 들어 하와이 7996 토마토 품종을 재배했던 토양을, 풋마름병에 잘 걸리는 품종인 머니메이커Moneymaker라는 토마토를 재배하는 토양에 넣어주면, 머니메이커 품종도 풋마름병에 대한 내성이 향상된다. 이는 하와이 7996를 재배한 토양에 있는 TRM1을 비롯한 미생물총이 머니메이커가 자라는 토양에서 풋마름병을 일으키는 병균의 성장을 억제하기 때문이다. 농사를 지을 때에 이러한 원리를 이용하면 작물의 질병을 많이 줄일 수 있을 것으로 기대된다.

오랫동안 농사를 지은 땅의 식물-미생물총은 자연적으로 내버려 둔 땅의 미생물총과는 확연히 다르다. 농업을 할 때는 한 가지 식물만을 밀집해서 심기 때문에 토양미생물의 다양성과 안정성이 감소되고, 따라서 식물을 방어해 주는 미생물의 종류와 수가 적어서 작물이 병에 걸리기 쉽다. 사람들이 유산균을 먹어서 위장을 안정화하는 것처럼, 농토에도 미생물을 넣어주면 농사가 잘 될 것으로 기대했으나, 그 효과는 경우에 따라 많이 달랐다. 환경조건과 그곳에 이미 있던 미생물들에 따라 결과가 달라진 것이다. 이 문제는 농토에 한 종의 미생물만 넣은 경우에 더 심각하였다. 그렇다면 여러 미생물들을 복합해서 미생물총을 넣어주어야 할 터인데, 어떤 미생물총을 만들어야 농업에 좋은 효과를 줄 수 있을까? 많은 농업 연구가들이 이 주제를 연구하고 있다. 이러한 연구가 진전되면 미래에는 농약을 덜 치는 농법이 가능해질 것이다.

식물-미생물총의 형성

식물-미생물총은 어떻게 형성되는 걸까? 식물-미생물총은 여러 미생물이 아무렇게나 우연히 모여 있는 것이 아니다. 식물-미생물총은 숙주식물, 미생물, 그리고 환경이라는 세 요소가 상호작용한 결과로 형성된다. 특히 숙주식물은 식물-미생물총의 구성에 크게 영향을 미치는데, 식물마다 선호하는 특정 미생물들이 있다. 환경도 미생물총의 형성에 중요한 요소여서 식물은 스트레스를 받으면 미생물총을 바꾸게 된다. 가령 가뭄, 고온, 저온 등 물리적인 스트레스가 있을 때와 병균이나 벌레가 침범하는 생물학적인 스트레스가 있을 때에 식물-미생물총이 크게 바뀌는 것이다. 즉, 물리적 환경이나 생태학적 환경이 바뀌면 식물은 미생물총을 바꿔서 상황에 대응한다고 말할 수 있다.

그렇다면 식물은 어떻게 미생물총을 선택하는 걸까? 친구를 초대해서 함께 오랫동안 지내려면 맛있는 음식과 편안한 잠자리를 마련해 줘야 하는 것처럼, 식물도 원하는 미생물총과 가까이 하기 위해 미생물이 좋아하는 먹을 것과 서식처를 제공한다고 추측할 수 있다. 식물은 광합성 산물의 20~30퍼센트 정도를 뿌리에서 물질을 분비하는 데 사용하는데, 이것은 주로 미생물과의 공생을 유도하기 위한 것이다. 미생물과의 공생이 식물의 생존에 엄청나게 중요하지 않다면 그렇게 많은 영양분을 뿌리 분비물에 투자하지 않을 것이다.

이렇게 식물이 물질을 분비하는 토양에는 미생물들이 엄청나게 많은데, 1그램의 식물뿌리당 최대 1,000억 마리까지 있는 것으로 추정된다(Berendsen 등, 2012). 우리가 맨눈으로 볼 수 없는 복잡한 세계를 식물은 토양 안에서 또 다른 우주처럼 만들고 있는 것이다. 이렇게 식물은 토양과 자신의 몸과 주변에 있는 미생물총을 잘 선택하고 관리해서 자신의 생장에 유리한 환경을 만든다. 과학자들은 어떤 실험을 해서 이런 것들을 알아냈을까? 이제 그 실험 각각의 내용을 알아보자.

2019년에 영국의 오스본Osbourn 박사팀과 중국의 바이Bai 박사팀이 공동 연구한 결과를 보면, 애기장대 식물은 뿌리에서 트리테르페노이드를 합성하고 분비하여 애기장대에 특이적인 뿌리 주변 미생물총을 조성한다(Huang 등, 2019). 트리테르페노이드는 주로 나무들이 많이 만드는 화합물인데 스쿠알렌, 스테로이드, 사포닌 등이 여기에 속하고, 그중 많은 화합물들이 식물의 방어 반응에서 작용하여 미생물을 죽이는 효과가 있다. 애기장대 유전체에는 트리테르페노이드를 합성하는 유전자들이 많이 있는데 그중 4개가 염색체[6]상에서 모여 있고 뿌리에서 발현된다. 염색체의 한 곳에 유사한 기능을 하는 유전자들이 여러 개가 모여 있는 것은 대부분 진화상에서 도태압$^{selection\ pressure7}$을 많이 받은 결과이며, 그것은 이 식물이 살아남는 데에 그 유전자들이 중요했다는 것을 뜻한다. 그래서 연구팀은 이 트리테르페노이드를 합성하는 유전자들이 오랜 세월 동안 식물의 생존에 중요한 역할을 했을 것으로 생각하였고, 트리테르페노이드가 미생물 증식에 영향을 미친다는 사실에 착안하여, '애기장대가 이 유전자들을 이용하여 뿌리 주변 미생물총을 결정한다'는 가설을 세웠다.

이 가설이 옳은지를 알아보기 위해서, 연구팀은 이 유전자가 결손 상태여서 트리테르페노이드를 정상적으로 합성하지 못하는 돌연변이 식물의 미생물총과 야생종의 뿌리 주변에 있는 미생물총의 종류와 다양성을 비교하였다. 그들이 발견한 것은 첫째, 돌연변이종의 미생물총이 야생종의 것과는 상당히 달랐고, 둘째, 뿌리 근처에서 분리한 19종의 박테리아에 트리테르페노이드를 직접 처리하였을 때 트리테르페노이드가 몇몇 박테리아의 증식을 돕지만 다른 박테리아의 증식은 억제하였으며, 마지막으로 트리테르페노이드가 증식을 돕는 박테리아의 비율이 야생종에 비해 돌연변이체에서는 줄어들었다는 것이었다. 이 실험결과들에

---

6   유전자를 구성하는 DNA가 뉴클레오솜이라는 단백질에 엉켜져 실 같은 구조를 형성한 것을 말한다. 세포는 분열할 때 DNA를 자손 세포에 효율적으로 전달하기 위해 염색체를 형성한다.

7   진화 과정 중에서 생존에 바람직하지 못한 유전형이나 표현형이 줄어들어 없어지는 정도를 말한다.

근거해서 저자들은 "애기장대가 특수한 트리테르페노이드들을 합성해서 자기만의 특별한 미생물총을 뿌리 주위에 조성"하며, 더 넓게는 "식물마다 다른 화학물질들을 만들어 분비하는 이유가 아마도 자신에게 필요한 미생물총을 유인하고 유지하기 위한 것"이라고 추측했다.

쿠마린이라는 달콤하면서 약간 쓴맛이 나는 페닐프로판 계통의 2차대사산물[8]들은 칡뿌리에 많이 들어 있는데, 이것도 애기장대 식물의 뿌리에 붙어사는 박테리아종의 집합에 영향을 준다(Stringlis 등, 2018). 이 논문의 저자들은 쿠마린 계열 화합물이 토양 곰팡이 병균인 후사리움 옥시스포*Fusarium oxysporum*와 반쪽시들음 병균인 버티실리움 달리애*Verticillium dahliae*의 증식을 억제하는 반면, 식물 생장을 촉진하고 방어에 기여하는 슈도모나스 P417과 슈도모나스 capeferrum의 증식은 방해하지 않는 것을 관찰하였다. 이렇게 식물은 쿠마린을 분비해서 뿌리 곁에 좋은 박테리아가 증식하도록 하며, 박테리아도 식물의 물질 분비에 영향을 준다. 슈도모나스 P417은 애기장대 뿌리가 쿠마린을 더 많이 분비하도록 자극해서 스스로 살기 적합한 환경을 만들고, 식물이 후사리움이나 버티실리움과 같은 병균의 침입을 받아 병에 걸리지 않도록 보호한다.

---

8 생명체가 합성하는 유기화합물 중에서 성장, 발달, 생식에 직접 관여하지 않는 물질을 말한다. 2차대사산물에는 주로 방어 역할을 하는 독성물질들이 많다.

인디카 벼[9]는 자포니카 벼[10]보다 질소 부족 환경에서 훨씬 더 잘 성장하는데, 2019년에 중국의 바이[Bai] 교수 실험실에서 발표한 논문에 의하면 이것은 인디카 벼에 붙어사는 박테리아 종류들 중에 질소대사를 잘하는 것들이 훨씬 더 많기 때문이라고 한다(Zhang 등, 2019). 이 벼들이 어떻게 서로 다른 미생물총을 유인하는지를 알아보기 위해서 저자들은 이전부터 질소이용효율의 차이를 내는 원인 유전자로 주목되었던 *NRT1.1B*라는 질소수송체 유전자에 주목하였다. 인디카 벼에 있는 *NRT1.1B* 유전자는 자포니카 벼에 있는 것과 염기서열[11] 하나가 다르며 그 결과 아미노산 하나가 다르다.

이들이 실험한 방법은 자포니카 벼 품종에 인디카 벼에 있는 *NRT1.1B* 유전자를 인위적으로 발현시키고 미생물군이 달라지는지를 알아보는 것이었다. 그 결과 7개의 미생물 분류군이 달라졌는데, 그중 6개가 인디카 벼에서 특이적으로 발견되는 미생물 분류군이었다. 이 실험결과에 근거해서 그들은 *NRT1.1B* 유

9　연중 온도가 높고 강수량이 많은 열대 지역에서 주로 재배되는 벼 품종이며, 쌀의 녹말 중에 아밀로오스 함량이 높고 아밀로펙틴 함량이 낮아서, 밥을 지었을 때 윤기와 찰기가 별로 없다. 쌀알이 자포니카 벼에 비해 긴 편이다. 안남미라고도 부른다.

10　온대 지역에서 재배되는 벼 품종이며, 쌀의 녹말 중에서 아밀로오스 함량이 낮고 아밀로펙틴의 함량이 높아 밥을 지었을 때 윤기와 찰기가 있다. 쌀알이 인디카 벼에 비해 둥글고 짧은 편이다. 우리나라 사람들이 먹는 쌀은 자포니카 벼의 종자이다.

11　유전자를 구성하는 DNA의 기본 단위인 뉴클레오타이드의 네 가지 염기인 아데닌(A), 구아닌(G), 시토신(C), 티민(T)의 염기들이 나열된 순서를 말한다. 염기서열에 따라 그 유전자가 암호화하는 단백질의 아미노산 서열이 결정된다.

전자에 있는 작은 차이가 인디카 벼와 자포니카 벼가 서로 다른 미생물들을 유인하는 원인이 된다고 결론을 내릴 수 있었다. NRT1.1B는 질산염 수송체로 알려져 있는데, 이것이 어떤 일을

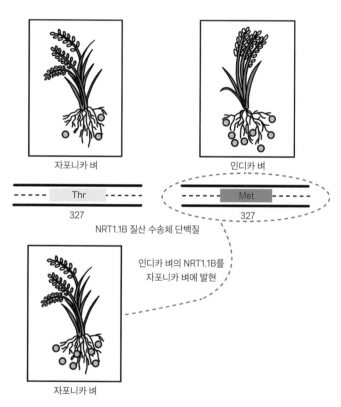

그림 23 식물 질산염 수송 단백질이 뿌리에 붙어사는 미생물총의 구성을 바꾼다. 인디카 벼는 자포니카 벼에 비해 질소대사를 하는 미생물들을 더 많이 유인할 수 있어서 질소가 부족해도 잘 자란다. 인디카 벼와 자포니카 벼에 있는 NRT1.1B 질소수송체 단백질은 327번째 아미노산 하나가 다른데, 인디카 벼의 NRT1.1B를 자포니카 벼에 발현시켰더니, 주변에 질소대사를 하는 미생물이 더 많아졌다. 이 결과는 식물의 질소 수송체 단백질 NRT1.1B가 같이 사는 미생물의 종류를 결정하는 데 중요하다는 것을 암시한다.

해서 미생물총의 구성에까지 영향을 미치는지는 확실하게 알려져 있지 않다. 그들은 벼가 토양에서 질소화합물을 충분히 얻지 못할 때 NRT1.1B이 활성화되어서 아직 밝혀지지 않은 어떤 과정들을 일으키고 뿌리 분비물들의 종류와 양을 변화시켜 질소대사 관련 미생물들을 유도할 것이라고 추측하였다.

이런 결과를 농업에 응용하려고, 그 연구진들은 1,079가지 박테리아를 인디카 벼와 자포니카 벼의 뿌리에서 분리해서 합성미생물총을 만들었다. 인디카 벼의 미생물총으로 재구성한 합성미생물총을, 분자량이 큰 유기질소만 질소원으로 주고 암모늄이나 질산염을 주지 않은 조건에서 자라는 벼에 넣어주었더니, 자포니카 벼에서 분리해서 재구성한 합성미생물총에 비해, 벼가 더 잘 성장했다. 인디카 벼의 합성미생물총 속 박테리아들이 유기질소를 벼의 뿌리가 흡수하기 편한 암모늄과 질산염으로 변화시키면서 생장이 더 촉진된 것이다. 이렇게 합성미생물총을 잘 만들어 쓰면 질소비료의 양을 줄여도 작물이 잘 성장할 수 있을 것이므로, 비료에 의한 환경오염을 줄이고 농업을 더 효율적으로 수행할 수 있을 것으로 기대된다.

식물과 곰팡이의 공생: 균근의 형성

이제 4억 5,000만 년 전 식물이 물에서 육지로 서식지를 넓힐 때부터 시작되어 지금까지도 육상식물의 생존에 중요한 역할을 하

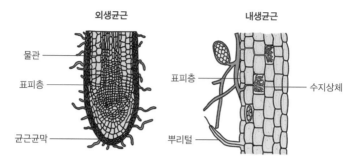

그림 24 외생균근과 내생균근의 구조.
외생균근은 곰팡이의 균사가 식물 뿌리의 밖 표면을 막과 같은 모양으로 덮은 구조이다. 내생균근의 일종인 수지상 균근(arbuscular mycorrhiza)의 경우에는 곰팡이의 균사가 식물세포 안으로 들어와서 수지상체(arbuscule)라는 가지가 많고 표면적이 넓은 구조를 만들고, 수지상체에서 식물과 균근균이 물질교환을 한다.

고 있는 곰팡이와의 공생에 관해 알아보자.

관다발을 가진 식물의 80퍼센트가 곰팡이들과 공생하기 위해 균근이라는 구조를 만든다. 특히 영양분이 부족한 자연환경에서 곰팡이와의 공생은 식물의 생존에 필수적이다.

균근에는 곰팡이의 균사가 식물 뿌리 표면을 막과 같은 모양으로 덮고 있는 외생균근ectomycorrhiza과 균사가 식물세포 안으로 들어오는 내생균근endomycorrhiza이 있다. 식물과 내생균근균과의 공생은 식물세포의 안까지 들어오는 곰팡이와 식물 사이에서 매우 밀접한 관계를 만든다.

이런 밀접한 관계는 어떻게 만들어지는 것일까? 식물과 곰팡이가 균근을 이루는 가장 첫 단계에서는 식물이 먼저 뿌리에서 신호물질들을 내면서 공생하려는 의사를 표현한다. 이 신호물질의 정체를 알아내기란 쉽지 않았다. 그래서 과학자들은 일단 그 물질이 아마도 뿌리가 분비하는 물질 중에서 농도가 매우 낮고 불안정한 것이리라고 추측했다. 그 후 이 물질을 찾아내기 위해서 과학자들이 취한 방법은 우선 식물의 뿌리에서 분비하는 물질 중에서 곰팡이 균사의 생장을 촉진하는 물질이 있는지 탐색하는 것이었다. 곰팡이가 식물과 공생관계를 맺기 위해서는 식물의 뿌리 근처에서 균사가 잘 자라는 과정이 반드시 필요하기 때문에, 공생을 매개하는 신호물질들은 곰팡이 균사의 생장을 촉진할 것이라고 추측한 것이었다.

과학자들은 뿌리 분비물을 지용성과 수용성으로 나누고, 지용성 분비물을 또다시 여러 가지 다른 용매에 녹여서 추출하여, 각각을 곰팡이에 처리하고 균사의 생장을 관찰했다. 그 결과 아세트산에틸^{ethyl acetate}이라는 유기용매에 녹는 어떤 물질이 곰팡이 균사의 성장을 촉진한다는 것을 알아냈다. 그 후에 일본 과학자들이 도초^{Lotus japonicas}라는 야생콩과 식물을 인 영양소가 부족한 물에서 수경재배를 했다. 이들은 그 식물의 뿌리 분비물 중에서 아세트산에틸에 녹는 물질만 분리하고, 그렇게 추출한 물질들을 더 세세하게 순수분리해서 실험한 결과, 스트리고락톤이라는 물질이 공생 곰팡이 균사의 성장을 촉진한다는 것을 발견하였다 (Akiyama 등, 2005).

이러한 생화학적인 실험 이후에 곰팡이와의 공생에서 스트리고락톤의 역할을 증명하는 실험결과들이 여러 가지 나왔다. 스트리고락톤을 생합성하는 중요한 유전자인 *CCD8*이 돌연변이되어서 정상적으로 발현되지 못하면 쌍떡잎식물이나 외떡잎식물이나 모두 내생균근균과의 공생이 어려워진다. 그런 식물이라도 외부에서 스트리고락톤을 넣어주면 곰팡이와의 공생이 복원된다. 선태류 식물 중에서 내생균근균과 공생하는 것들은 스트리고락톤을 만들고, 공생하지 않는 것들은 만들지 않는다. 내생균근균과 공생하는 우산이끼에서 스트리고락톤을 만드는 유전자들의 발현을 인위적으로 없애면 그들은 더 이상 공생을 하지 못했고, 그 우산이끼에 외부에서 스트리고락톤을 처리해 주면 곰팡이와의 공생이 복원되었다(Kodama 등, 2022).

스트리고락톤은 이전부터 이미 식물학자들에게 잘 알려진 물질로, 아프리카에서 큰 문제가 되는 스트리가라는 기생식물이 숙주를 찾기 위해 인식하는 물질이었다. 스트리고락톤이 곰팡이와의 공생과 기생식물의 기생에 모두 신호물질로 작용하는 것이다. 앞서 말한 대로 식물이 친구를 초대하려고 스트리고락톤을 분비하다 보니, 도둑도 그 냄새를 맡고 들어오는 것이다.

식물이 스트리고락톤을 분비한 다음에는 어떤 일이 일어날까? 먼저, 곰팡이의 포자[12]가 발아하여 그 균사가 식물 뿌리에서 분비한 스트리고락톤을 감지하면, 곰팡이 균사는 식물이 있는 쪽

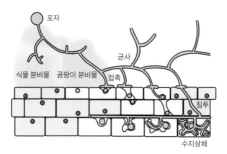

포자

균사

식물 분비물 곰팡이 분비물 접촉

침투

수지상체

그림 25 내생균근의 형성 과정을 그린 그림.
곰팡이의 균사가 식물에서 분비하는 스트리고락톤을 인지하면 활발하게 자라서 식물 곁으로 접근한
다. 성장한 균사와 식물의 뿌리 표면이 접촉하면 식물세포의 세포질이 응축되어 곰팡이가 들어가 자
랄 수 있는 길을 만들어 준다. 그 길을 따라서 균사가 자라나서 식물세포 안으로 들어가서, 가지가 많
은 수지상체를 형성하여 넓은 표면적에서 영양분 교환을 활발하게 할 수 있게 된다.

으로 활발하게 자라난다. 이어 식물에 접근한 곰팡이가 신호물질
을 분비하면 식물이 그것을 인식하여 유전자 발현을 변화시킨다.
마침내 균사와 식물의 뿌리 표면이 접촉하면, 식물세포의 세포질
이 응축되고 곰팡이가 들어가 자랄 수 있는 길이 생긴다. 곰팡이
의 균사는 그 길로 활발하게 자라나서 식물세포 안으로 들어오
고 가지가 많은 수지상체를 형성하여 정착하게 된다.

모든 식물이 균근균과 공생을 하지는 않는다. 특히 기생식물
이나 곤충을 잡아먹는 파리지옥 같은 식충식물들은 내생균근균
과 공생하지 않는다. 기생식물이 숙주식물의 관다발에 침투하는

12   세균, 원생동물, 조류, 선태식물 등의 생식세포를 말한다.

장치나 식충식물이 곤충을 소화하는 장치는 특이하고 복잡하며, 그것을 만들고 사용하려면 상당한 자원이 필요하다. 기생식물이나 식충식물 같은 식물은 독특한 방법 한 가지를 집중 개발해서 정밀한 작전으로 소수의 생명체와 관계를 이루는 쪽으로 발전하였고, 다른 식물들은 여러 가지 방법을 고루 갖추고 주위의 여러 다른 생명체들과 소통하면서 살아간다. 자연에서 식물이 살아가는 방법은 이렇게 다양하다.

식물이 곰팡이와 공생하며 잃는 것과 얻는 것?

공생이란 내가 쉽게 만들 수 있는 것을 남에게 주고 나에게 모자라는 것을 상대로부터 받아서 상호 혜택을 보는 관계이다. 그렇다면 식물이 만들기 쉬운 것은 무엇일까? 식물에게는 당과 지질을 만드는 것이 쉬운 일이다. 당과 지질은 탄소, 수소, 산소로 이루어진 것이라서 그것을 만들기 위해서는 이산화탄소를 공기 중에서 받아들이고 흙에서 물을 흡수하면 된다. 반면 단백질과 핵산 같은 화합물을 만들려면 질소(N), 인(P), 황(S)이 포함된 영양분이 필요한데, 이런 영양분들이 늘 환경에 존재하는 것이 아니어서 얻기가 어렵다. 철(Fe)도 식물의 성장에 매우 중요하지만 식물이 얻기 어려운 무기질이다. 식물은 만들기 쉬운 당과 지질을 균근 곰팡이에게 주고, 그 대신 인, 질소화합물, 황, 철, 그 외 무기 영양분을 곰팡이로부터 받는다.

식물세포와 공생 미생물이 만나는 지점에 여러 수송체 단백질들이 있어서 그 단백질들을 통해서 당과 지질이 식물에서 공생 미생물에게로 가고, 무기영양분들이 식물에게로 온다. 식물의 인산염 수송체 중에서 PHT1 계열의 수송체단백질이 내생균근균으로부터 인산염을 받는 통로라는 것이 밝혀졌다. *PHT1* 계열 유전자가 결손된 메디카고 트룬카툴라*Medicago truncatula*에서는 수지상체 구조 형성이 중간에 중단되고 내생균근균은 더 이상 식물체 내에서 자라지 못한다(Javot 등, 2007). 인산염이 식물세포로 들어오지 않으면 이로운 곰팡이가 자라고 있다는 사실을 식물이 알지 못해서 당과 지질을 주지 않게 되고 이로 인해 수지상체 형성이 중지되는 것으로 보인다.

식물이 당을 공생균에게 준다는 것은 일찍부터 알려져 있었으나, 지질도 제공한다는 사실은 비교적 뒤늦게 발견되었다. 메디카고 트룬카툴라에 지질을 수송하는 수송체인 STR1과 STR2가 숙주식물과 균근균과의 공생에 중요하다는 사실은 2010년도에 밝혀졌으나(Zhang 등, 2010), 이것이 숙주식물이 공생균에게 지방산을 전달하는 주요 경로라는 것은 2017년에 중국 상하이 식물연구소의 왕 박사팀이 발견하였다(Jiang 등, 2017). 그들은 라이조파거스 이레귤러리스*rhizophagus irregularis*라는, 농업과 원예에서 토양 접종제로 널리 사용되는 내생균근균이 지방산 합성유전자를 가지고 있지 않은 것에 착안하여, 이 미생물이 당뿐만 아니라 지질을 식물에서 얻는 것이 아닐까 하는 가설을 세우고 이것을 실험했다. 그들은 동위원소를 공급한 후에 새로 합성된 지방산과 당을 분석해 보았는데, 예상대로 라이조파거스 이레규러리스 균근균은 지방산을 합성할 수 없었으며, 숙주식물 메디카고 트룬카툴라가 합성한 지방산이 그 균근균에서 발견되었다. 결국 숙주로부터 지방산을 얻어서 그 균근균이 살아간다는 것을 밝힌 것이다.

이 발견 후에 식물과 공생하는 미생물의 대부분이 지방산을 합성하는 유전자들을 포기하고 식물에게 의존해서 지방을 얻는다는 것이 밝혀졌다. 곰팡이와 공생을 시작하면 식물에서 지방산 합성이 증가하는데, 이것은 곰팡이들에게 줄 지질을 생산하기 위한 것으로 보이며(Rich 등, 2021), 이때 WRINKLED1 계통의 식물 전사조절인자[13]가 지질을 합성하는 효소를 만드는 유전자들의 발현을 촉진한다. *WRINKLED1* 유전자가 정상적으로 발현되지 않는 식물은 내생균근균과의 공생에 실패하며, 초기 육상식물의 형태를 하고 있는 우산이끼도 공생을 시작할 때 *WRINKLED1* 유전자의 발현을 증가시킨다. 반면 이 유전자를 인위적으로 손실시킨 우산이끼는 곰팡이와 공생하지 못한다.

이런 이야기들을 듣고 필자는 식물이 미생물에게 주는 영양분 중에 지질이 당보다 더 중요한 것은 아닌지 하는 의문을 가지

13　특정 DNA 염기서열에 붙어 그 유전자의 발현량을 증가시키거나 감소시키는 단백질을 말한다.

게 되었다. 식물이 공생하는 내생 균근균들은 대부분 지방산 합성 유전자를 자신의 유전체 안에 가지고 있지 않아서 누군가에게서 지질을 받아야만 살 수 있고, 지질은 에너지가 집약된 물질이어서 당보다도 훨씬 더 많은 칼로리를 함유하고 있기 때문이다. 마침 2023년 3월 말에 대만에서 있었던 식물막생물학회에서 이 분야를 연구하는 미국 코넬대학교의 해리슨^{Harrison} 박사를 만나게 되어 이 것을 물어보았는데, 그 또한 지질이 당보다 더 공생에 중요하다는 의견을 갖고 있었다. 지질 수송체가 잘못된 돌연변이체는 균근균 과 공생을 할 수 없지만, 당 수송체가 잘못된 돌연변이 식물은 공 생이 약간 감소할 뿐이며 공생을 못하지는 않기 때문이다. 그렇다

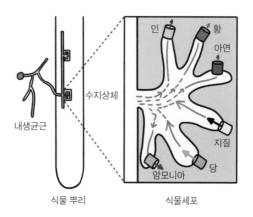

그림 26 공생관계에 있는 식물과 균근균이 주고받는 물질들. 식물세포는 균근균에게 당과 지질을 공급하고, 균근균은 식물세포에게 암모늄과 질산염과 같은 무기성 질소원과 아연, 황, 인산염과 같은 무기영양분을 공급한다.

면 왜 사람들은 식물이 주로 당을 공생균에게 준다고 알고 있었고, 지질의 중요성을 오랫동안 알지 못했을까? 당이나 단백질에 비해 지질을 연구하는 과학자들의 수가 적어서, 그쪽으로는 연구를 하지 않아서 그랬던 것이 아닐까? 보려고 하면 보이지만, 찾지 않으면 안 보일 수밖에 없으니까.

식물과 질소고정박테리아의 공생

다음에는 식물과 질소고정박테리아의 공생에 관해 알아보자. 식물은 1억 년 전부터 질소고정박테리아들과 공생을 시작했는데, 이러한 공생의 과정은 여러 번 독립적으로 발달했기 때문에 그 기작이 다양하다.

생명현상에는 단백질이 필수적이고 단백질을 만들려면 질소원이 있어야 한다. 식물은 무기성 질소원인 질산염(NO_3^-)과 암모늄(NH_4^+)를 사용하여 단백질을 만든다. 질산염과 암모늄을 얻기 위해서 식물은 곰팡이, 뿌리혹박테리아, 프랭키아, 남조류와 협력관계를 구축한다. 식물은 이런 미생물들이 고정한 질소를 받고, 그 대가로 질소고정미생물들에게 당과 유기산과 질소고정에 필요한 특수한 환경, 즉 산소가 없는 환경을 제공한다. 이러한 협력관계 중에서 사람들에게 가장 친숙한 형태는 콩과식물이 질소고정박테리아와 공생관계를 맺는 것이다. 많은 콩과식물들은 질소 영양분을 얻기 위해 자기 몸의 일부를 개조하여 뿌리혹박테리아가 서식하기 좋은 환경인 뿌리혹을 만들고 그 안에서 뿌리혹 박테리아를 키운다.

뿌리혹이라는 매우 특수하고 복잡한 구조에 관해 알아보기 전에 우선 더 간단하고 느슨한 공생관계를 알아보자. 뿌리혹이라는 특별한 조직을 만들지 않고 체내 공간에 질소고정박테리아를 길러서 이용하는 식물들이 있다. 뿔이끼와 우산이끼, 물고사릿과의 일종인 단백풀, 그리고 겉씨식물 중에서 소철류들이 이러한 식물인데 이 식물들은 질소를 고정하는 남조류를 잎 안의 공간에서 살게 하고 그들이 고정하는 질소화합물을 흡수해서 사용한다. 이 식물들은 남조류가 살아가는 데 필요한 당을 제공하면서, 한편으로는 남조류가 질소를 더 많이 고정하도록 자극하는 플라보

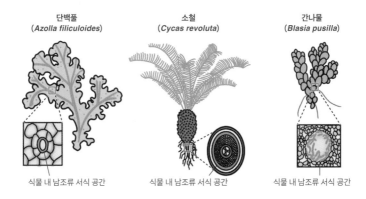

단백풀
(*Azolla filiculoides*)

소철
(*Cycas revoluta*)

간나물
(*Blasia pusilla*)

식물 내 남조류 서식 공간　　식물 내 남조류 서식 공간　　식물 내 남조류 서식 공간

그림 27 질소고정을 할 수 있는 남조류를 자기 몸 안에 키우는 식물들.
단백풀, 소철, 간나물은 체내에 특수한 공간을 형성하여 남조류를 키운다. 이 식물들은 남조류에게 당을 제공하면서 질소를 더 많이 고정하도록 유도한다.

그림 28 콩의 뿌리혹 사진이다.

노이드 계통의 물질을 분비한다. 이런 방식으로 미생물을 잘 관리하고 유도해서 생장에 필요한 무기성 질소를 얻는다.

뿌리혹이라는 특수한 구조를 만들어서 그 안에서 박테리아를 키워서 질소화합물을 얻는 식물로는 여러 가지 콩과식물과 오리나무 종류가 있다. 콩과식물은 뿌리혹박테리아와 공생하고(그림 28), 오리나무 종류들은 방선균^{actinomycetes}과 공생한다.

뿌리혹의 형성과정

그렇다면 식물과 질소고정박테리아는 어떠한 과정을 통해 공생관계를 맺을까? 조금 복잡하지만, 대표적인 예가 될 수 있는 콩과식물과 뿌리혹박테리아가 만드는 뿌리혹의 형성과정을 알아보자.

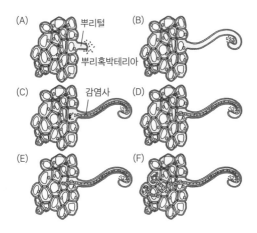

그림 29 콩과식물과 질소고정 뿌리혹박테리아의 공생관계 시작에 필요한 신호전달 과정.
(A) 뿌리혹박테리아가 플라보노이드를 분비하는 콩과식물을 인식해서 뿌리 쪽으로 이동한다. 박테리아는 성장하는 뿌리털에 붙어서 지질이 붙은 키틴을 만든다. (B) 지질이 붙은 키틴을 인식한 식물은 뿌리털을 동그랗게 말린 형태로 성장시키며, 그 안에서 박테리아가 증식한다. (C) 그 뿌리털 세포의 세포벽이 변형되면서 감염사가 만들어지고, 그 안으로 박테리아가 이동한다. (D) 감염사가 그 뿌리털 세포의 세포막과 융합을 하면서 박테리아가 세포벽 사이 공간에 방출된다. (E) 더 안쪽에 위치한 세포에 또다시 감염사가 형성된다. (F) 박테리아가 세포질로 방출되어 식물세포의 일부처럼 살게 된다.

그림 29를 살펴보면, (A)에서처럼 먼저 질소원이 부족한 환경에서 자라는 콩과식물이 '공생 박테리아를 구한다'는 광고에 해당하는 플라보노이드 계통 물질을 뿌리에서 분비한다. 토양에 살고 있는 뿌리혹박테리아는 플라보노이드가 자기 몸에 닿으면, 근처에 공생을 원하는 콩과식물의 뿌리가 있다는 것으로 알아차리고, 그 쪽으로 움직여서 식물의 뿌리털에 붙는다.

뿌리혹박테리아는 신호물질을 만들어서 숙주식물에게 보내

는데, 이것은 지질이 붙은 키틴[14] 계통의 화학물질들이며, 박테리아들 중에서 질소고정박테리아만이 이런 물질을 만들 수 있다. 그래서 질소고정박테리아만이 식물과 질소고정을 하는 공생관계를 맺을 수 있다. 박테리아가 분비한 지질이 붙은 키틴 신호는 숙주식물의 세포막에 있는 특수한 수용체에 붙어서 그 수용체를 활성화시킨다. 활성화된 수용체는 뿌리혹박테리아와의 공생에 필요한 여러 가지 식물 내 변화를 일으킨다. 즉, (B)에서처럼 숙주식물의 뿌리털이 구부러진 모양으로 자라게 하고, 뿌리의 피질 세포들을 탈분화[15]시켜 다시 분열하게 해서 박테리아가 식물세포로 들어갈 수 있게 숙주식물의 뿌리 구조를 변경시킨다. 이렇게 박테리아의 지질이 붙은 키틴은 식물세포로 박테리아가 들어갈 수 있는 문을 열어주는 열쇠 역할을 한다.

다음 단계인 (C)에서는 구부러진 뿌리털로 박테리아가 들어가면서 감염사infection thread라는 가느다란 실 모양의 구조가 만들어지는데, 이것은 식물의 세포벽과 세포막이 변형되어서 박테리아가 들어올 수 있도록 해주는 구조이다. 감염사 안에서는 (D)와 (E)처럼 박테리아가 성장해서 분열하고, 감염사는 뿌리털 세포와

---

14 당의 아미노 유도체로 이루어진 다당류로 새우, 게 등의 절지동물의 표피와 균류의 세포벽을 이루는 주요 구성 성분이다.

15 특정 조직으로 분화된 식물세포가 그 조직의 특징을 상실하고 분화 이전의 분열 조직 단계로 돌아가는 현상이다.

그 아래에 있는 세포까지 확장하여 박테리아를 그 식물세포들 안으로 방출한다. 이어서 박테리아는 (F)에서처럼 식물세포 안에서 계속 자라고 분열하면서 질소고정에 필요한 유전자들을 발현하고 질소를 효율적으로 많이 고정하는 공생 형태로 분화한다. 이러한 과정을 거쳐서 수많은 박테리아들을 수용하는 뿌리혹이라는 특수한 구조가 만들어진다.

뿌리혹은 이렇게 식물과 박테리아가 긴밀하게 연락을 주고받으면서 만들어지며, 질소고정박테리아는 식물세포의 내부까지 들어온다. 식물세포 내부로 들어와서 식물과 밀접한 공생을 하는 미생물은 대부분 곰팡이류이고, 박테리아는 내부까지 들어오지는 않는 경우가 대부분인데, 예외적으로 질소고정박테리아만이 식물세포 안으로 들어와서 엄청나게 증식하며 공생하는 특징을 보인다.

식물이 뿌리혹을 관리하는 방법

콩과식물이 이렇게 복잡한 구조를 만들어서 박테리아들을 자기 세포 안에 살게 하려면 많은 에너지원을 써야 한다. 토양에 질산염이나 암모늄이나 아미노산이 있다면 그것을 뿌리에서 흡수하는 편이 뿌리혹박테리아와 공생을 하는 것보다 자원이 훨씬 덜 든다. 그래서 비료를 준 토양에서는 콩과식물도 뿌리혹을 별로 형성하지 않으며, 비료가 없는 상황에서 뿌리혹이 형성되기 시작했더라도 질소비료를 갑자기 더해주면 식물은 질소고정박테리아에게 더 이상 당을 제공하지 않아서 뿌리혹이 고사하게 된다.

뿌리혹박테리아는 식물과 공생을 해야만 생존하는 것이 아니고 흙 속에서 독립적으로도 살 수 있다. 이들이 식물과 공생할 때는 질소고정을 하는 변종이 더 번창하고, 그렇지 않은 토양 환경에서는 질소고정을 하지 않는 변종이 더 우세하게 번식한다.

식물의 입장에서 보면 뿌리혹은 박테리아를 집중적으로 길러서 질소를 고정하는 공장과 유사하다. 뿌리혹을 만드는 첫 단계에서 식물은 질소고정을 잘하는 박테리아와 그렇지 않은 박테리아를 잘 구별하지 못하고 다 받아들이는 것으로 보인다. 그러나 그다음 단계에서 식물은 질소고정을 잘하지 못해서 별로 도움이 되지 않는 박테리아에 대해서는 제재를 가한다. 질소를 잘 고정하지 못하는 박테리아가 많이 침투한 뿌리 세포에서는 활성산소를 발생시켜 박테리아를 죽이는 경우도 보고되었다. 그래서 뿌리혹을 잘 유도했지만 질소를 잘 고정하지 못하는 박테리아는 뿌리혹에서 활발하게 번식하지 못한다. 그러나 식물이 이들을 철저히 가려내서 질소고정을 제일 잘하는 박테리아만 살리는 것은 아니어서 여러 가지 변종의 질소고정박테리아가 섞인 채 식물 안에 살고 있다.

식물이 질소고정을 제일 잘하는 박테리아만 철저하게 가려내지 않는 이유는 무엇일까? 환경이 바뀌면 다른 변종이 더 효율적으로 질소를 고정할 가능성도 있기 때문일까? 각각 다른 박테리아의 질소고정 효율을 자세하게 평가하려면 자원이 너무 많이 들기 때문일까?

뿌리혹에서 일어나는 물질교환

뿌리혹에서도 그림 26에서 본 균근과 유사하게 식물과 미생물 간에 물질교환이 일어난다. 필자의 실험실에서 이전에 뿌리혹의 물질교환에 중요한 수송체 단백질을 연구한 적이 있다(Jeong 등, 2004). 우리는 수송체 단백질을 찾기 위해 먼저 뿌리혹에서만 발현되고 다른 조직에서는 발현되지 않는 유전자를 찾았다. 뿌리혹에서만 발현되는 것이어야 식물과 뿌리혹박테리아 사이의 물질교환에 관여할 가능성이 높다고 생각했기 때문이다. 그래서 찾은 것이 AgDCAT1인데, AgDCAT1의 아미노산 서열을 보니 AgDCAT1 단백질은 세포막을 여러 차례 왔다 갔다 하며 통과하는 구조일 것으로 예측되었다. 그래서 우리는 이것이 우리가 찾는, 뿌리혹의 물질교환에 관여하는 수송체 단백질일 가능성이 매우 높다고 생각하였다.

그렇다면 AgDCAT1은 뿌리혹 구조 중에서도, 어디에서 어떤 물질을 수송하는 것일까? 이 질문에 답하기 위해서 우리는 AgDCAT1 단백질의 항체를 만들어서 뿌리혹을 가늘게 자른 박편에 붙인 뒤 현미경으로 관찰하였다. 그 결과, 오리나무 뿌리 세포와 방선균 프랭키아의 접촉 지점의 세포막에 AgDCAT1 단백질이 있는 것을 볼 수 있었다. 그다음에는 AgDCAT1이 어떤 물질을 수송하는지를 알아내기 위해서 효모와 대장균에 이 유전자를 발현시켜서 여러 후보 물질들을 조사하였는데, 말산을 비롯한 푸마르산, 숙신산 등 유기산들을 수송하였고, 질산염이나 아미노산은 수송하지 않았다.

이런 실험결과로부터 우리 연구팀은 AgDCAT1이 오리나무에서 프랭키아 박테리아로 말산을 전달하는 수송체라는 것을 유추할 수 있었다. 말산은 광합성 과정에서 생산되며, 쉽게 당으로 전환될 수 있다. 오리나무가 광합성을 해서 만든 말산이 AgDCAT1을 통해서 생체막을 건너 프랭키아 박테리아로 가면, 박테리아는 이것을 에너지로 써서 질소고정을 하는 것으로 해석하였다.

질소고정박테리아를 농업에 이용하기

그렇다면 질소고정박테리아를 활용해 농업에 이용하려는 시도는 없었을까? 콩의 수확량을 늘리기 위해서 질소고정을 가장 잘하는 변종 박테리아를 골라내서 콩밭에 넣어주는 실험을 여러 번 시도하였지만, 얼마 안 있어 질소고정박테리아가 토양에 있던 다른 종의 박테리아로 대체되어 버렸다고 한다.

이를 해결하기 위해 게이츠재단에서는 콩의 종류와 박테리아 종류를 서로 맞춰 콩의 성장을 촉진하고 콩밭 관리도 최적화하는 'N2Africa'라는 이름의 연구 프로젝트를 지원했다. 콩이 아닌 다른 작물이 질소고정박테리아와 공생을 더 잘하도록 개량하려는 시도도 있었다. 또한 2012년, 게이츠재단은 옥수수가 질소고정박테리아와 공생하도록 만드는 연구를 위해 영국 생명공학연구소인 존인스센터에 약 120억 원을 지원했다. 옥수수는 아프리카의 소규모 농업인들에게 가장 중요한 작물이다. 옥수수가 사용할 질소영양분을 인공 질소비료가 아닌 자연에서 얻을 수 있다면 경제적일뿐더러 환경에도 좋은 영향을 끼칠 것이다.

혹시 박테리아와 공생할 필요 없이 작물이 직접 질소를 고정하도록 만들 수는 없을까? 이것은 달성하기에 매우 어려운 과제로 보인다. 공기 중의 질소를 암모니아로 변화시키는 반응을 매개하는 단백질인 질소고정 효소는 산소 농도가 조금만 높으면 활성을 잃어버린다. 광합성을 하면서 부산물로 산소를 많이 발생하는 식물의 특성상 산소 농도가 매우 낮은 환경을 만드는 것은 어려운 일이다. 또한 질소고정에는 많은 에너지가 필요하다. 미래의 생명과학자들은 이 문제를 어떻게 해결할까? 우선 산소 농도를 낮출 수 있는 특수한 조직을 만들어야 할 것인데, 이것은 광합성을 하지 않아 비교적 산소 농도가 낮은 뿌리에 만드는 것이 좋을 것이다. 아마 뿌리혹박테리아와의 공생을 본받아 혹과 같은 구조를 만들고 거기에 산소를 포집하는 유전자를 발현시키는 것이 현실적일 것이다. 그뿐만 아니라 질소를 고정하는 효소도 발현시켜야 할 것이고, 에너지원으로 쓰일 광합성 산물을 잎에서 실어오는 수송체 유전자도 높은 수준으로 발현시켜야 할 것으로 예상된다. 그런 구조는 결국에는 박테리아만 없을 뿐 이미 자연계에 있는 뿌리혹과 유사할 것이다. 생명과학과 생명공학이 엄청나게 발달할 미래에는 이렇게 어려운 일도 구현될 수 있을 것으로 기대해 본다.

5장
식물과 미생물의 전쟁

이제 식물을 침범하는 미생물과 식물의 상호관계를 알아보자. 식물만이 이산화탄소와 물을 원료로 당이나 지방과 같은 맛있고 칼로리가 높은 것들을 만들 수 있기 때문에 수많은 미생물들이 식물을 침범해서 식물이 만든 영양분을 취하려고 한다. 농작물은 자연계에 독립적으로 살아가는 식물보다 더 많은 영양분을 축적하기 때문에 미생물들에게 더 심한 공격을 받고 있다. 사람들이 농작물을 미생물로부터 보호하려고 농약을 치고, 병에 내성을 가진 품종을 만드는 등 여러 노력을 무척 하는데도 불구하고, 전 세계 주요 작물 생산량의 20~30퍼센트는 병충해 때문에 손실된다 (Savary 등, 2019). 이렇게 생존을 위협하는 병충해의 공격으로부터 살아남아 자손을 만들기 위해 식물은 여러 다양한 대응전략을 발전시켜 왔다. 특히 식물은 평소에는 주로 성장에 자원을 집중 투자하고 있다가, 외부에서 병균이나 곤충의 공격이 있을 때에는 성장을 중지하고 방어모드로 전환한다.

미리 준비하는 기본적 방어

병균의 침입을 받기도 전에 식물이 미리 준비하는 방어기작이 있다. 세포벽을 튼튼하게 해서 병균이 뚫고 들어오지 못하게 하는 것은 병균에 대한 기본적 방어기작이다. 그러나 식물은 여러 물질을 밖에서 얻고 또한 여러 물질을 밖으로 분비해야 살 수 있기 때문에 완전히 빈틈없는 방어벽을 만들 수는 없다. 또 다른 기본적 방어방법으로는, 자기 몸에 여러 독성물질을 합성하여 저장함으로써 병균으로부터 자신을 지키는 것이 있다. 식물이 방어용으로 만든 독성물질 중에는 개똥쑥에 들어 있는 아르테미시닌, 양귀비의 모르핀, 주목의 택솔, 담배의 니코틴, 떫은 감의 탄닌, 커피의 카페인, 차나무의 카테킨 등 수십만 가지의 물질들이 있다. 사람들은 이런 식물의 방어물질들 중에 여러 가지를 약으로 사용해 왔다. 개똥쑥의 아르테미시닌은 말라리아 치료제로 사용되었고, 양귀비의 모르핀은 진통제로 널리 사용되었으며, 주목의 택솔은 암 치료에 사용되었다. 재미있는 현상은 식물의 방어물질 중에는 사람들이 즐기는 기호용품들이 상당수 있다는 것이다. 커피나 홍차를 마시면 기분이 좋아지고 각성이 되어 일을 더 잘하게 될 수도 있지만, 지나치면 몸에 해로울 수 있고, 더욱이 담배를 피우는 것은 사람이라는 동물이 식물의 방어반응에 걸려들어서 자기 몸을 망치는 것으로 해석할 수 있다.

그러면 방어물질을 많이 만드는 식물들이 다른 식물에 비해 자연계에서 생존에 늘 유리할까? 그렇지는 않다. 방어물질을 만들고 저장하는 것은 비용이 많이 드는 일이며, 병균이 없는 상황에서 그런 일에 치중하면, 빠르게 성장해서 자손을 많이 만드는 경쟁자에 비해 불리하다. 예를 들어 여러 품종의 무 중에서 병원성 곰팡이가 일으키는 마름병에 내성이 가장 높은 품종은 가장 천천히 자란다(Hoffland 등, 1996). 물론 병균이 침입했을 때는 방어물질을 미리 만든 개체가 살아남을 가능성이 더 높겠지만, 늘 그런 일이 생기는 것은 아니며, 평소에 방어물질을 만들지 않는 식물이라도 병균이 침입하면 빨리 그것을 감지한 뒤 방어기작을 발동시켜서 자신을 지킬 수 있는 경우가 많다.

병균이 침범하였을 때의 식물의 대응

병을 일으키는 미생물이 식물을 공격해 오는 경우를 생각해 보자. 식물을 공격하여 양분을 얻으려는 미생물은 그들의 침입 작전에 따라 크게 세 가지로 나눌 수 있다. 첫째는 식물을 침범하여 식물세포를 죽이고 양분을 얻는 사물영양성 병원체necrotrophic pathogen, 두 번째는 식물세포를 죽이지 않고 식물세포 사이에 침투하여 양분을 오랫동안 빼앗는 활물영양성 병원체biotrophic pathogen, 마지막으로 침투 초기에는 활물영양성 병원체와 같이 식물세포를 죽이지 않고 양분만 빼앗으며 식물에 정착하다가 후기에 식물을 죽이고 양분을 얻는 반활물영양성 병원체hemibiotrophic pathogen가 있다. 또한 식물을 감염하는 병원체는 특정 식물에만 감염하는 기주특이성을 가지는 병원체가 있는 반면, 어떤 병원체는 여러 다양한 식물을 감염할 수 있다.

그렇다면 식물은 이렇게 다양한 병원체의 공격을 어떻게 알아차리고 대처할까? 식물이 병원체가 침입한 것을 인식하고 병원체의 공격으로부터 자신을 보호하는 방법은 매우 복잡하고 다양하다. 이 주제에 관해 알려진 과학적인 사실들을 아주 간단하게 설명하자면, 먼저 식물은 병균이 침입한 것을 알아차리는 여러 방법을 가지고 있고, 병균이 침입했다고 알아차린 후에는 여러 방어기작을 발동한다. 대표적인 것으로는 활성산소를 많이 만들어 병균을 죽이고 병균이 침입한 부위의 식물세포도 죽여서 병균이 다른 곳으로 퍼지지 않도록 하는 방법과 여러 방어용 화학물질을 만드는 방법이 있다. 또한 식물은 병균이 침입한 부위에서 방어를 할 뿐만 아니라 다른 부위로도 신호를 보내서 추가적인 병균의 감염에 대비하는 전신획득저항성systemic acquired resistance을 일으키기도 한다. 이러한 방법을 써서 식물은 침범한 병균을 죽이고 다음에 침범하는 병원균도 훨씬 더 잘 이겨낼 수 있게 된다.

식물이 병균의 침입을 알아차리는 방법

식물은 어떻게 병균이 침입한 것을 빠르게 알아차릴 수 있을까? 수많은 식물학자들이 이 문제를 연구한 결과, 이에 관해서는 상당히 자세한 내용이 알려져 있다. 식물은 병원체에서 나온 분자들인 MAMPs[microbe-associated molecular patterns]나 병원체의 침투를 당해서 손상되거나 죽은 이웃 식물세포에서 나온 물질인 DAMPs[damage-associated molecular patterns]를 감지하여 병원체의 침입을 알아차린다. 식물이 인식하는 MAMPs는 미생물에만 있는 분자들이며, 그 미생물이 살아가는 데나 식물을 감염하는 데 필수적인 것들이다. 대표적인 MAMPs로는 미생물의 편모[16]가 부서져서 나온 플라젤린이라는 펩타이드가 있다. 미생물이 편모를 가지고 있으면 잘 움직일 수 있어서 식물을 감염시키기 쉽기 때문에 식물에 병을 일으키는 많은 미생물들이 편모를 가지고 있다. 그래서 편모 조각은 식물에게는 운동성 있는 병원균의 침입을 의미하는 단서가 된다. 키토올리고당도 MAMPs의 일종인데, 이것은 곰팡이나 박테리아의 세포벽이 부서지면 나올 수 있는 물질이다. 키토올리고당이 있다면, 병균이 침입하는 과정에서 세포벽이 일부 부서졌다는

16 세포에 달린 튀어나온 털 모양의 부속 기관으로, 세포에 운동성을 부여한다.

신호로 볼 수 있다. 그런데 키토올리고당은 이전부터 공생관계 형성에서 중요한 역할을 하는 것으로 알려져 있었다. 키토올리고당이 친구가 있다는 신호도 되고 적이 왔다는 신호로도 사용된다면, 식물은 어떻게 반응해야 할까? 6장의 끝부분에서 식물이 어떻게 공생 곰팡이와 병원성 곰팡이가 내는 키토올리고당을 구분하는지를 다룰 것이다.

그렇다면 식물은 MAMPs나 DAMPs를 어떻게 인식할까? MAMPs나 DAMPs가 나타났는지를 세포막에서 감시하는 단백질은 패턴 인식 수용체^{pattern recognition receptor, PRR}이다. MAMPs나 DAMPs가 패턴 인식 수용체에 붙으면 수용체의 구조가 변해서 세포 안으로 병균이 침입했다는 신호를 보낸다. 세포는 그 신호에 반응해서 여러 가지 연관된 방어반응을 일으킨다. 키토올리고당을 탐지하는 패턴 인식 수용체 유전자는 관다발을 가진 식물뿐만 아니라 이끼류에도 있으며, 이끼들도 키틴을 알아보고 반응한다. 그렇다면 패턴 인식 수용체를 이용하는 병균 인식법은 진화상에서 상당히 오래된 것일 가능성이 있다.

세포 밖에서 병원균 침입의 증거되는 물질들을 인식하는 패턴 인식 수용체와는 달리, 식물세포 안에는 병저항성 단백질^{R-protein}이 있어서, 혹시 미생물 유래의 물질이 세포 안으로 들어왔는지를 감시한다. 패턴 인식 수용체가 집 밖에서 도둑을 지킨다면, 병저항성 단백질은 집 안에 이미 도둑이 들어와 있는지를 순찰하는 것이다. 병저항성 단백질 중에서 대표적인 것이 NLR^{nucleotide-binding leucine} ^{rich repeat} 단백질이며, NLR 단백질은 병균이 분비하는 작동체 단백질^{effector protein}이나 독소를 인식하여 면역반응을 일으킨다. NLR 유전자는 식물 유전자 중에서 변이가 가장 많은 것 중 하나인데, 애기장대라는 모델 식물에는 125가지 이상의 유전자 변이가 존재한다. 이러한 변이는 식물이 오랜 세월에 걸쳐 여러 병균과 싸우면서 진화하는 동안에 축적된 것으로 보인다.

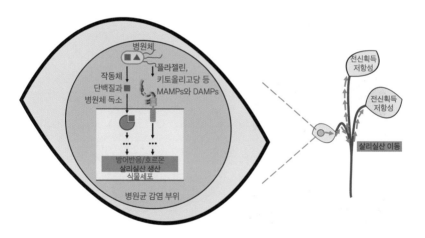

그림 30 병원균 침입에 대응하는 식물의 면역반응을 나타낸 그림.
식물 세포막의 패턴 인식 수용체 단백질은 병원균 유래의 MAMPs와 병원균의 침입과정에서 생성된 식물 유래 DAMPs를 인식하여 병원균이 왔음을 알아차린다. 병저항성 단백질은 세포 안으로 침투한 병원균에서 나온 작동체 단백질과 독소를 인식한다. 병원균의 침입을 인식하여 활성화된 패턴 인식 수용체 단백질과 병저항성 단백질은 신호전달 과정을 시작해서 방어반응을 일으키고 살리실산과 자스몬산 등, 방어호르몬 생산을 촉진한다. 방어호르몬 중에서 살리실산은 병원균 감염부위에서 생산되어 아직 병원균의 침입을 받지 않은 식물조직으로 이동하는데(주홍색 화살표), 이는 전신획득저항성을 일으켜서 식물체 내에서 균에 대한 내성을 향상시킨다.

병균의 침입을 알아차린 후에 시작하는 식물의 방어기작

병원체에 의해 활성화된 패턴 인식 수용체와 병저항성 단백질은 여러 가지 방어반응을 촉발한다.

첫 번째로, 감염된 식물세포와 그 근처의 식물세포에서 활성 산소를 많이 발생시켜서 감염된 식물세포와 병원체를 빠르게 죽이는 과민반응(hypersensitive response)을 일으킨다. 과민반응은 이미 감염된 세포를 없애서 감염되지 않은 다른 세포로 병원체가 퍼지는 것을 막는다. 과민반응으로 죽은 식물세포의 주변에 살아 있는 식물세포에서는 리그닌[17]의 합성이 증가되고 세포벽 단백질이

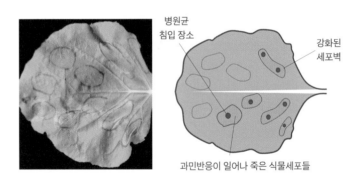

그림 31 병원체에 감염된 식물세포가 일으키는 과민반응.
사진은 다양한 병원균 유래 작동체 단백질(effector protein)을 식물세포에 발현하게 하는 아그로박테리움을 담뱃잎에 접종한 후 담배의 과민반응을 관찰한 것이다. 아그로박테리움을 접종한 부분은 검정색 연필로 동그라미를 그려 표시하였다. 황백화 현상이 일어난 잎 부분은 과민반응이 일어나서 담뱃잎 세포들이 죽은 반면, 잎의 색이 변하지 않은 부분은 과민반응이 일어나지 않은 곳이다. 이런 실험을 통해 어떤 병원균 유래 작동체 단백질이 담뱃잎에 과민반응을 유도하는지를 알아낼 수 있다. 과민반응에 의해 죽은 식물세포 주변으로는 세포벽이 단단해져서 병원균의 확산을 저지한다.

변화되어 세포벽이 단단하게 된다. 세포벽이 강화된 식물세포는 병원체를 죽은 세포 안에 감금하여 병원체는 식물의 다른 부위로 퍼져 나가지 못한다.

두 번째로, 파이토알렉신phytoalexins 합성을 증가시켜서 침입한 병원체를 공격해 사멸시킨다. 파이토알렉신은 앞에서 설명한 방어용 독성 화학물질들에 속하며, 많은 식물들이 공격당했을 때 각각 다른 파이토알렉신을 합성하여 자신을 보호한다.

세 번째로, 질병관련 단백질pathogenesis-related proteins, PR의 합성을 증가시켜서 침입한 병원체를 공격한다. 질병관련 단백질은 병균이 침입했을 때 합성되는 단백질 전체를 포함한다. 질병관련 단백질 중에는 곰팡이의 세포벽 성분인 키틴을 분해하는 가수분해[18] 효소 같은 것들이 있어서, 곰팡이의 세포벽을 분해해서 곰팡이의 성장을 방해함으로써 식물의 병저항성을 향상시킨다.

마지막으로, 식물의 주요 방어호르몬인 살리실산과 자스몬산의 합성을 촉진한다. 식물 방어호르몬이 매개하는 면역반응은 병원체의 특성에 따라 매우 다양해서 간단하게 설명하기 어렵다. 하지만 방어호르몬들이 없으면 식물의 방어반응이 매우 약해지기 때문에 우리는 대략적이나마 이들의 작용을 알아봐야 한다.

---

17 나무의 세포벽을 단단하게 지지해 주는 페놀성 고분자중합체를 뜻한다.
18 큰 분자의 화합물이 물 분자와 반응하여 작은 몇 개의 이온이나 분자로 분해되는 화학반응을 말한다.

살리실산에 의해 활성화되는 면역반응은 특히 활물영양성 병원체의 공격으로부터 식물을 보호하는 데 중요하다. 살리실산은 윈터그린 향이 나는 에센셜 오일이며, 해열제인 아스피린과 매우 유사한 물질이다. 살리실산이 식물체 내에서 합성되면 이것은 병원체에 감염되지 않은 다른 식물조직으로 퍼져서 방어반응을 일으키며, 추가적인 병원체의 감염에 대비하는 전신획득저항성 systemic acquired resistance을 일으킨다. 마치 백신과 비슷한 역할을 살리실산이 식물에서 수행하는 것이다. 이 과정이 끝나면 식물의 방어기작이 완성되어서, 다음에 침범하는 병원균을 훨씬 더 잘 이겨낼 수 있게 된다.

또 다른 방어호르몬인 자스몬산의 경우에는 사물영양성 병원체의 침입으로부터 식물을 보호하는 데 중요한 역할을 한다. 자스몬산은 식물세포에서 안토사이아닌과 다른 여러 항균 플라보노이드[19] 합성을 촉진시켜서 병원체를 공격한다. 이러한 사물영양성 병원체에 대한 식물의 방어반응은 식물이 초식 동물의 공격을 받았을 때 자스몬산을 만들어 일으키는 방어기작과 유사하다.

식물에 침입하는 병균의 작전

식물이 자신을 지키기 위해 여러 방법을 개발한 것에 대응하여,

---

19 폴리페놀 계열의 2차대사산물의 일종이다. 플라보노이드의 한 종류로는 주로 과일의 색을 나타내는 안토사이아닌이 있다.

병원균은 식물에 성공적으로 침입하기 위해 여러 방법을 개발했다. 병균이 개발한 방법은 식물세포의 면역반응을 무력화시키거나, 식물체 내에 병균이 살고 번식하기에 좋은 환경을 조성하는 것이다. 식물의 면역반응을 무력화시키기 위해서 병균이 사용하는 방법 중에는 앞서 그림 30에서 본 것처럼 식물세포에 작동체 단백질을 집어넣는 것이 있다. 병원성 박테리아는 대략 15~30가지의 작동체 단백질을 식물에 넣는데, 이 작동체 단백질들이 식물을 감염하는 데 정말 필요한 것인지, 그들이 세포 안에서 무슨 일을 하는지, 알아내기 위해서 과학자들이 많은 연구를 수행했다.

작동체 단백질이 식물을 감염하는 데 필요한지를 알아보기 위해서 한 실험 중에는 병균의 유전자에 돌연변이[20]를 유도해서 작동체 단백질을 식물에 넣지 못하게 한 후, 그 병균을 식물에 접종한 실험이 있었다. 이때 돌연변이 병균이 야생종 병균에 비해 식물을 감염하는 비율이 훨씬 낮았으므로, 작동체 단백질은 병원균이 식물을 감염하는 데 도움을 준다는 것을 알 수 있었다. 구체적으로 병원균에게 어떤 도움을 주는지에 대해서는 현재 여러 곳에서 연구가 진행 중이다.

한편 병균이 성공적으로 식물을 공략하기 위해서는 감염 초기에 빠르게 증식해야 한다. 식물이 알아차리기 전에 재빨리 증

---

20   유전정보를 구성하는 DNA의 염기서열에 변화가 일어나서 유전형질이 달라지는 것을 말한다.

식에 성공해서 숫자가 많아져야 식물의 방어반응을 무력화시킬 수 있다. 반면, 식물이 병균이 침입한 것을 초기에 알아차리고 방어기작을 시작하면 병균은 증식하기 어려워진다. 병균이 빠르게 증식하려면 영양분이 필요하다. 병균은 필요한 영양분을 식물세포로부터 얻는데, 이때 작동체 단백질이 중요한 역할을 한다. 병원균의 작동체 단백질 TAL은 SWEET라고 하는 식물 당 수송체 유전자의 발현을 증가시킨다(Breia 등, 2021). 당 수송체 유전자의 발현을 증가시키지 못하는 병균은 식물을 효율적으로 감염할 수 없다.

정상적인 환경에서 SWEET 단백질은 식물 세포막에서 당을 세포 밖으로 분비하는 수송체이며, 꽃에서 꿀을 분비하거나 열매에 당분을 저장하는 역할을 한다. SWEET 단백질은 이렇게 당이 필요한 특수조직에서만 발현되는데, 병균이 식물체에 침입하여 엉뚱한 곳에서 SWEET 발현을 유도하면, SWEET 수송체를 통해서 당이 식물세포 밖으로 분비되어서, 병균이 그 당을 사용할 수 있다. 박테리아가 먹고 재빨리 번식하기 위해 사용할 식량을 식물에게서 얻는 것이다. 적에게서 오히려 식량을 보급받게 되면 전쟁에서 이기는 것이 쉬워지는 이치이다.

병균이 내는 독소 중에는 식물에서 호르몬으로 작용하는 것도 있다. 일본에서 벼농사를 하는 농부들은 옛날부터 키가 너무 크게 자라서 넘어지고 씨를 맺지 못하는 벼를 관찰하고 이를 '어리석은 유묘'라고 불렀다. 어리석은 유묘 현상을 연구한 19세기 말 일본의 학자들은 지베렐라 푸지크로이$^{Gibberella\ fujikuroi}$라는 병원성 곰팡이가 벼를 감염시킬 때 분비하는 물질이 벼의 키를 커지게 한다는 것을 알아내었다. 그들은 곰팡이가 분비해서 벼의 키를 크게 하는 물질의 이름을 곰팡이의 이름을 따서 지베렐린^{Gibberellin}이라고 붙였는데, 그 후 많은 연구에 의해 지베렐린은 정상 식물에서 생합성되는 식물성장호르몬이라는 놀라운 사실이 밝혀졌다(Hedden & Sponsel, 2015). 곰팡이가 식물호르몬을 만들어서 식물을 공격하다니 정말 놀라운 일이 아닌가! 정상 식물에서 지베렐린은 극소량만 만들어져서 식물의 성장을 촉진하는데, 지베렐라 곰팡이는 아주 많은 양의 지베렐린을 분비해서 식물을 비정상적으로 길고 연약하게 만들어서 죽게 한다. 또 다른 식물호르몬 사이토카이닌을 합성하는 병균도 많다. 사이토카이닌은 노화방지의 효과를 가지고 있다. 병에 걸린 식물 부위가 죽어 말라 버리면 병균은 더 이상 식물의 영양분을 얻을 수 없지만, 병균이 사이토카이닌을 분비해서 식물의 노화를 방지하면 병균은 식물로부터 오랫동안 영양분을 얻을 수 있다.

식물 잎 안에 물기를 더 많게 해서 병균이 살아가고 번식하기에 좋도록 만드는 작동체 단백질도 있다(Xin 등, 2016). 이 사실은 과학자들이 비가 많이 오거나 습도가 높을 때에 작물이 자주 병을 앓는 이유가 무엇인지를 알아내려는 연구를 수행하던 중 발견했다. 그들은 토마토와 애기장대를 감염시키는 병원성 그람음성균인 슈도모나스 시링가에*Pseudomonas syringae*를 가지고 연구했는데, 그 병균은 습도가 95퍼센트 정도로 높을 때는 숙주식물을 감염시킬 확률이 95퍼센트였지만, 습도가 40~69퍼센트로 비교적 낮을 때는 식물을 감염시킬 확률이 60퍼센트로 감소하였다. 이 병균이 식물을 감염시켰을 때 가장 먼저 나타나는 증상은 잎 안이 물에 젖은 모습이었고, 그렇게 물이 찬 것처럼 보인 부위가 나중에 병이 나는 부위와 거의 일치하였다. 그래서 그들은 식물조직에 물이 차게 만드는 것도 작동체 단백질이 하는 일인지에 관한 의문을 가지게 되었다. 이것을 알아보기 위해서 그들은 28개의 작동체 단백질 유전자를 하나도 발현하지 못하는 돌연변이 슈도모나스(Pst-DC3000-28E)를 만들어서 식물에 접종해 보았다. 그랬더니 이 병균은 습도를 높여주어도 식물조직에 물 젖은 모습을 만들지 못했다.

그렇다면 28개 작동체 단백질 중에서 어떤 단백질이 그 일을 하는 것일까? 이것을 알아보기 위해서 그들은 작동체 단백질을 하나도 만들지 못하는 병원균 돌연변이체에 작동체 단백질 유전자들을 하나씩 도로 넣어서 식물에 병원균을 접종해 보았다. 그 결과 *HopM1*과 *AvrE1* 유전자의 발현이 회복된 슈도모나스를 식물에 접종하면 식물 잎이 다시 물 젖은 모습을 보였다. 반면 정상 슈도모나스 시링게아(Pst-DC3000) 균주에서 *HopM1*과 *AvrE1* 유전자를 둘 다 결손시키면 습도가 높은 조건에서도 물 젖은 모습을 만들 수 없었고, 병을 일으킬 수 없었다.

수분이 있을 때 병균이 식물을 감염시키기 쉬워지는 이유는 무엇일까? 첫째로, 물기가 많으면 식물이 분비하는 방어물질들이 희석되어 농도가 낮아진다. 예를 들어 살리실산이나 자스몬산과 같은 식물의 방어반응에 관여하는 물질의 농도가 확 올라가지 못

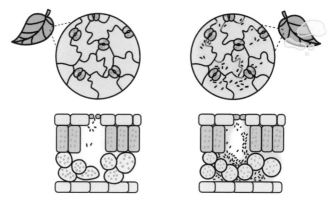

기공	열림	닫힘
증산	높음	낮음
잎 내부의 습도	낮음	높음
식물의 방어물질	농도 높음	희석되어 낮음
내생균의 항상성	유지	파괴됨
식물의 면역력	높음	낮음

그림 32 병균은 잎 안의 습도를 높여서 증식하기 좋은 조건을 만든다. 대기 중의 습도가 높거나 기공이 닫히면 잎 내부에 습도가 높아져서 병균이 번식하기에 좋다. 습도가 높은 여름에 식물에 병이 많이 생기는 이유이다. 슈도모나스 박테리아는 *HopM1*과 *AvrE1* 유전자를 발현시켜서 식물체 내의 습도를 높여서 증식하기 좋은 조건을 만든다. 슈도모나스는 또한 기공을 닫게 하여 증산작용을 감소시키고 잎에서 수분이 빠져 나가는 것을 막아서 잎 내부의 습도를 높인다.

하고 그 호르몬들의 신호전달 과정이 효과적으로 활성화되지 못해서, 그 결과 식물의 면역력이 낮아진다. 둘째, 물기가 많으면 병균이 식물에서 나오는 영양분을 섭취하기 용이해진다. 영양분이 물에 녹아 있으면 미생물의 세포막에 있는 수송체들이 세포 안으로 그 영양분을 운반하기 쉽다. 셋째, 식물 내부에 물기를 증가시키면 식물 내부에 살고 있는 내생균들이 이루고 있는 항상성[21]이 파괴되어서 질병이 생기기 쉬운 상태로 변화한다(Xin 등, 2016).

이 이야기는 여기에서 끝나지 않는다. 식물과 식물을 침범하는 병균의 관계는 끊임없이 진화하고 있어서, 이러한 병균의 작전에 대비하는 식물의 작전도 있고, 거기에 맞서 또다시 대처하는 박테리아의 대응책도 있다.

식물의 잎에 있는 기공은 물과 이산화탄소가 지나다니는 통로일 뿐만 아니라 병균이 잎 안으로 들어갈 수 있는 구멍이다. 기공의 크기를 조절하는 공변세포는 편모 파편인 플라젤린22를 인식해서 기공을 닫게 한다. 기공이 닫히면 병균이 기공을 통해서 침투하기가 어렵다. 그런데 이미 병균이 식물 잎 안에 들어와 있다면 어떻게 될까? 이미 들어온 박테리아는 기공을 닫게 함으로써 기공을 통해 수분이 빠져나가는 것을 막아서 잎 안의 습도를 높이고 스스로 증식하기에 좋은 환경을 만든다. 이렇게 병균

---

21 다양한 외부 및 내부의 변화에 대응하여 생명체 또는 세포의 상태를 일정하게 유지하는 현상을 말한다.

이 기공을 닫는 과정은 식물이 가뭄에 대처하기 위해 사용하는 앱시스산[22] 호르몬 신호전달 체계를 장악하여 이루어진다(Hu 등, 2022; Roussin-Léveillée 등, 2022). 병균이 식물의 신호전달 과정을 이용하는 이 과정은, 마치 도둑이 들어와서 주인이 모아둔 방어 장비를 이용하는 것과 같은 것이다.

이렇게 체내에서 습도를 올리려는 병균에 대항하기 위하여 식물은 반대로 기공을 열어서 잎 안의 습도를 줄인다(Liu 등, 2022). 이를 연구한 연구팀은 플라젤린22가 유도하는 식물 펩타이드 4종을 발견하고 그들을 SCREW라고 불렀다. SCREW 펩타이드는 앱시스산 신호전달 과정을 억제하여 기공을 열게 한다. 열린 기공을 통해서 증산작용이 활발해지면 잎 안의 물이 빠져나가고 습도는 감소되어 병균이 식물을 감염하기 어려운 조건이 된다.

식물과 그것을 먹는 병균들은 지금 이 순간에도 상대의 방어책을 극복하려고 새로운 진화를 시도하고 있다. 이것은 각자의 생존이 달린 문제이기에, 그 어떤 생명체도 그만둘 수 없다. 지쳐서 포기한다면 그 생명체는 이 지구상에서 사라질 것이다. 지금 자연계에 있는 식물과 병균의 관계는 서로가 서로의 존재를 인정

---

22 식물호르몬의 하나이며, 주로 식물이 환경에서 스트레스를 받을 때 식물체 내에서 농도가 증가하여 스트레스를 이겨내는 반응을 일으킨다. 앱시스산이 일으키는 생리적 반응으로는 기공을 닫는 것, 생장 억제, 노화 촉진이 있다.

하면서 완전히 당하거나 완전히 내주지는 않는 평형을 이루고 있는 것으로 보인다. 이와 달리 작물이 된 식물을 침범하는 병균은 사람들이 쓰는 농약 때문에 식물을 잘 침범하지 못하고 있다. 그러나 최근 지구환경이 급격하게 바뀌면서 현재 유지하고 있는 평형상태가 깨지고, 농약으로도 더 이상 병균을 억제하기 어려울 수 있다는 우려가 나오고 있다.

6장
식물은 어떻게 이로운 미생물과
해로운 미생물을 알아보나

공생이 먼저인가 방어가 먼저인가

식물이 어떻게 미생물의 종류를 알아보는지, 그리고 또 어떤 것은 같이 살도록 허락을 해주면서 왜 또 다른 것에게는 격렬한 방어반응을 일으켜서 물리치는지, 참으로 신기한 일이다. 일단 공격해 오는 병균을 퇴치하는 데 가장 중요한 것은 그것이 병균이라는 것을 재빨리 알아차리는 것이다. 시간이 걸려서 병균의 숫자가 일단 늘어나버리면 식물이 방어기작을 발동하더라도 소용없기 때문에, 식물은 정보가 많지 않은 초기에도 어떤 균이 병균인지를 알아봐야 한다. 식물은 영양분을 얻기 위한 공생을 먼저 시작했을까, 아니면 병원균으로부터 자신을 지키기 위한 방어를 먼저 시작했을까? 식물의 입장에서 생사가 걸린 이 중대한 문제에 관해 사람들은 아직 잘 모르고 있지만, 현재까지 밝혀진 내용을 서술해 보고자 한다.

식물에 있는 미생물과의 공생에 필요한 유전자들은 초기 육상식물로부터 유래되었고, 이 유전자들은 진화의 과정을 거치는 동안 여러 갈래로 변형되었던 것으로 보인다. 공생에 관여하는 식물 유전자들을 여러 광합성 생명체에서 비교 분석한 결과를 근거로, 프랑스의 드로 박사팀은 미생물과의 공생에 필요한 유전자들이 식물이 물속에서 살 때부터 있었고, 그것은 식물이 육상으로 서식지를 넓히기도 전에 이미 미생물과 공생할 준비가 되어 있었음을 뜻한다고 주장했다(Delaux, 2015; Delaux & Schornack, 2021). 더 나아가서 그들은 미생물과의 공생을 확립하는 과정이 병원균의 침입을 방어하는 기작보다 더 먼저 생겼을 것이라고 주장한다. 수억 년 전에 일어난 진화에 관해서 확실하게는 알 수 없지만, 이 설명은 그럴듯하게 들리는데, 식물이 광합성을 해서 유기물을 만들어야 그것을 이용하는 미생물과 동물과 다른 생명체들이 생존할 수 있고, 반대로 육상식물이 토양에서 영양분을 얻을 수 없어 살지 못하면 식물 병원균은 살 수 없을 것이기 때문이다.

애기장대는 인산염이 부족한 스트레스 상황에서는 방어작용을 억제한다(Castrillo 등, 2017). 이것을 보아도 생존에 필요한 최소한의 영양분을 얻는 것이 방어하는 것보다 식물에게 더 필요하다는 것을 짐작할 수 있고, 그러므로 영양분을 얻기 위한 미생물과의 공생이 병균을 억제하는 방어보다 더 우선이고 더 중요할 것이라고 추측할 수 있다. 사람들이 전쟁을 할 때에 식량보급이 잘 되어야만 힘을 내서 계속 싸울 수 있는 것과 마찬가지이다. 결론적으로 식물은 미생물과 공생을 먼저 시작한 것으로 보이고, 나중에 병균들이 식물에 침입했을 때에는 그들을 초기에 알아보고 퇴치하는 방법을 만들어 냈다는 주장이 합리적으로 보인다.

공생을 위해 식물이 만든 구조를 이용해서 병균이 식물에 침범했다면, 공생균과 병원성균이 초기 식물에 접근하는 방식은 처음에는 다르지 않았을 것이다. 그렇다면 미생물과 공생하던 초기 식물은 병균의 침범을 막기가 어려웠을 것이고, 4억 년이라는 긴 진화의 시간 동안에 어떻게든 변화해서 병균을 알아보고 방어하고 이로운 공생균과는 계속 협조할 수 있게 된 식물이 살아남을 수 있었을 것이다.

구체적으로 어떤 변화가 일어났을까? 아마도 식물은 이로운 균과 해로운 균을 알아보는 정교한 방법을 개발했을 것이고, 해로운 균만 선택적으로 퇴치하는 강력한 방어반응을 발달시켰을 것이다. 이에 대응하여 병균들은 식물의 방어반응을 회피하거나 압도하는 방법을 발전시켰을 것이고, 반면 공생균들은 식물이 자기를 병균으로 오해하지 않도록 병균과는 다른 접근전략을 개발했을 것이다. 이렇게 서로 살아남기 위해서 오랫동안 분투하는 동안에 개발한 무기와 작전은 더욱 복잡해지고 특이해질 수밖에 없었을 것이다.

공생균이 식물의 방어기작을 회피하는 방법

공생균들은 병균과 비슷한 점이 많은 미생물인데, 식물이 자기를 병균으로 오해하지 않도록 하기 위해 어떤 색다른 접근전략을 개발했을까? 최근 몇몇 연구에 의해 공생균이 식물의 방어반응을 억제하거나 회피할 수 있다는 것이 알려졌다(Zhang & Kong, 2021). 식물을 침입하는 병균은 T3SS^type 3 secretion system를 이용하여 식물 내에 독성물질을 침투시켜 식물체를 공격한다. 이와 다르게 식물과 공생관계를 맺는 많은 공생균은 그림 33에서 볼 수 있듯이 T2SS^type 2 secretion system를 이용하여 식물 뿌리에 면역저해물질을 넣어서 식물의 방어반응을 억제한다. 여기서 재미있는 현상은 식물의 방어반응을 억제하거나 회피하는 박테리아가 있으면 그렇게 하지 못하는 다른 박테리아도 뿌리에 붙어 식물과 공생할 확률이 향상되었다는 것이다(Teixeira 등, 2021). 다시 말해서, 식물의 방어반응이라는 벽을 통과할 줄 아는 박테리아가 있으면 같이 있던 다른 박테리아도 함께 들어가서 살 수 있게 되는 것이다.

식물과 같이 사는 공생균들은 식물의 세포벽을 분해하는 효소를 잃어버린 것들이 많다. 병균들은 세포벽을 분해해서 침투하고, 그 과정에서 생긴 세포벽의 깨진 조각들이 식물의 방어기작

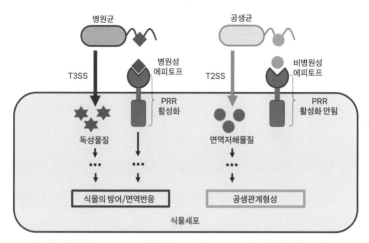

그림 33 식물에 공생하는 박테리아가 병원성 박테리아와는 다르게 식물의 면역반응을 회피하는 전략. 병원성 박테리아는 T3SS를 이용하여 독성물질을 식물세포 내에 주입하는 반면, 공생 박테리아는 T2SS를 이용하여 면역저해물질을 식물세포로 전달한다. T3SS에 의해 식물세포로 침투한 독성물질은 식물의 면역 시스템에 의해 감지되어 식물의 방어반응을 유발하지만 T2SS를 통해 들어온 면역저해물질들은 방어반응을 발생시키지 않는다. 병원성 박테리아의 편모에는 병원성 에피토프가 있어서 그것이 식물 세포막의 패턴 인식 수용체(PRR)를 활성화시켜서 방어반응을 촉발한다. 이와는 달리 공생 박테리아의 편모에는 비병원성 에피토프가 있어서 식물의 방어반응을 일으키지 않고 공생관계를 형성한다.

을 발동시키는 경우가 흔하기 때문에, 공생하는 균들은 이런 방식으로는 식물에게 접근하지 않는 것이다.

여러 연구결과, 식물과 공생관계를 이루는 박테리아가 식물의 방어반응을 일으키지 않거나 최소화한다는 것이 밝혀졌으며, 현재는 더 구체적으로 여러 식물의 방어반응 중에서 어떤 것을 억제하는지, 어떻게 억제하는지에 관한 연구가 활발하게 진행되고 있다. 미국의 댕글Dangl 박사팀은 이 문제에 실마리를 얻고자, 미생물총의 편모 조각 플라젤린22를 연구하였다. 미생물에 편모가 있으면 운동성이 좋아져서 식물에 침투하기가 쉽고, 그래서 병균이나 공생균이나 모두 편모를 가진 것들이 많다. 편모의 구조 중에서도 가장 핵심적인 부분이 플라젤린22라는 부분이며, 이것을 식물에 처리하면 식물은 강력한 방어반응을 일으킨다. 연구진들은 이렇게 중요한 방어 유발제를 가지고 있는 공생 미생물들이 어떻게 식물의 방어를 회피하고 공생관계를 이루는지 알아보았다.

그들이 알아낸 것을 보면, 플라젤린22는 모두 같지 않고 균마다 다양한데, 그림 33에서처럼 공생균들의 플라젤린22는 병균의 플라젤린22와는 항원결정부위인 에피토프[23]가 달라서, 패턴 인식 수용체를 활성화시키지 않는다고 한다. 식물의 패턴 인식 수용체가 활성화되지 않으면 병균의 접근을 인식하는 초기 식물 면역반응 중에서 중요한 한 가지가 일어나지 않는다(Colaianni 등, 2021).

그런데 흥미롭게도 토양의 염분 농도가 올라가서 식물이 스트레스를 받고 건강하지 못한 조건에서는, 병원성 플라젤린22 에피토프를 가진 균이 식물의 뿌리 주변에 많아진다고 한다. 이것을 보면, 식물이 건강할 때는 자신의 뿌리 주변에 방어반응을 일으키지 않는 종류의 플라젤린22 에피토프를 가진 공생균들이 잘 살도록 환경을 적극적으로 조성하며, 반면 식물이 스트레스를 받

23 면역반응을 일으키는 물질인 항원을 식별하게 해주는 항원의 특정한 부분을 말한다.

아서 그런 공생균을 잘 모으지 못하면 병원성 미생물들이 뿌리 근처에 모이는 것이라고 추측할 수 있다.

공생균과 병원균을 구분하는 벼

벼는 공생 곰팡이와 병원성 곰팡이의 세포벽의 차이를 인식한다. 벼를 비롯한 많은 식물들이 곰팡이 세포벽에 있는 키틴을 분해하는 효소를 분비하여 키틴을 키토올리고당으로 분해한다. 그런데 식물과 공생관계를 맺는 곰팡이의 키틴은 주로 짧은 길이의 키토올리고당으로 분해되는 데 반해, 식물을 공격하는 병원성 곰팡이의 키틴은 길이가 긴 키토올리고당으로 분해된다. 긴 키토올리고당이 식물에 의해 감지되면 강력한 방어반응을 유발하는데, 짧은 키토올리고당은 그러지 않는다.

그러면 두 가지 키틴 종류가 섞여 있을 때는 어떤 일이 일어날까? 벼에서는 짧은 길이의 키토올리고당은 공생을 촉진하는 수용체인 OsMYR1에 의해 인식되는 반면, 길이가 긴 키토올리고당은 방어반응을 일으키는 수용체인 OsCEBiP에 인식된다. 그런데 이 두 가지 수용체가 키틴 조각을 인식한 다음에 식물의 반응을 일으키기 위해서는 OsCERK1이라는 신호전달 단백질과 결합을 해야 한다. OsCERK1에 한 수용체가 많이 붙으면 다른 수용체는 그리 많이 붙지 못할 것이고, OsCERK1에 붙지 못한 수용체가 전하는 신호는 전달되지 못해서 그것이 유도하는 반응은 일어나지

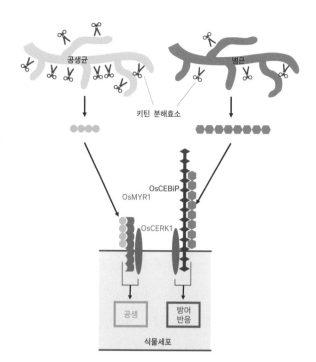

그림 34 벼가 공생하는 곰팡이와 병원성 곰팡이를 구분하는 방법.
벼는 곰팡이의 세포벽을 분해해서 키토올리고당을 만든다. 벼와 공생관계를 맺는 곰팡이의 키틴은 주로 짧은 길이의 키토올리고당으로 분해되고, 반면 병원성 곰팡이의 키틴은 길이가 긴 키토올리고당으로 분해된다. 짧은 길이의 키토올리고당은 공생을 촉진하는 수용체인 OsMYR1에 의해 인식되어 공생을 촉진하는 반면, 길이가 긴 키토올리고당은 방어반응을 일으키는 수용체인 OsCEBiP에 인식되어 방어반응을 유발한다.

않는다. 키틴을 인식한 후에 OsCERK1과의 결합 단계에서 경쟁이 일어나는 것이다. 달리 말하자면, 벼에서는 공생 곰팡이를 받아들이라는 신호와 병균을 물리치라는 완전히 다른 두 신호의 수용체들이 하나의 단백질을 두고 경쟁을 해서 이긴 것만이 다음 단계로 신호를 전달하는 것이다. 한 가지 반응이 일어날 때 다른 반응은 일어나지 못하는 신호체계를 만들어서, 공생 곰팡이를 받아들이는 반응을 할지, 해로운 곰팡이를 퇴치하는 반응을 할지를 결정하는 것으로 보인다(Zhang 등, 2021).

저자들은 다음의 실험을 해서 이러한 설명이 적절하다는 것을 보여주었다. 유전공학적 방법으로 공생 수용체 *OsMYR1*의 발현 수준을 높인 벼는 공생은 더 잘하지만 방어반응이 억제되어서, 병원성 곰팡이에 노출되었을 때 병에 더 잘 걸리게 되었다. 반대로 *OsMYR1* 유전자의 발현을 억제하면 병에 내성이 더 좋아졌다. 방어반응 수용체인 *OsCEBiP*의 발현을 인위적으로 억제한 벼는 곰팡이와의 공생관계를 더 잘 형성했다.

상처가 생긴 때만 병균 민감성을 올리는 방법

토양에는 늘 여러 가지 박테리아가 많다. 그런데 식물은 항상 방어반응을 일으키지 않고 병균이 있을 때에만 방어반응을 일으킨다. 그 이유는 무엇일까? 스위스의 겔드너^Geldner 박사팀은 식물이 물리적인 상처를 입었을 때 미생물에게 민감한 상태가 되어서 방어반응을 한다는 가설을 세워서 실험을 했다(Zhou 등, 2020).

그들은 레이저로 식물 뿌리의 가장 밖에 있는 표피층의 세포 몇 개에 상처를 주었을 때, 이웃 세포에서 미생물의 존재를 탐지하는 패턴 인식 수용체의 발현이 급격히 증가하여, 방어반응을 유도하기 쉬운 상태가 되는 것을 발견했다. 평상시에 미생물이 옆에 있어도 반응하지 않던 식물세포가, 곁에 있는 세포가 상처를 받아서 물질들이 터져 나오면 그것을 상처 신호로 인식하고 갑자기 미생물을 탐지하는 패턴 인식 수용체를 많이 만들어서 감도를 높이는 것이다. 그때 만일 미생물의 편모 조각이나 세포벽 조각과 같은 것이 있어서 패턴 인식 수용체에 의해 감지되면, 격렬한 방어반응이 일어나게 된다. 병균은 식물을 감염하는 단계에서 뿌리 세포에 손상을 일으키는 경우가 많기 때문에, 상처 신호를 받았을 때에만 민감하게 경계를 하는 것이다. 그렇지 않고 식물이 늘 민감하게 경계를 한다면 자원이 낭비되어서 식물의 성장에는 좋지 않을뿐더러 좋은 공생균도 식물 가까이에 서식하지 못할 것이다.

이들이 발견한 또 한 가지 놀라운 것은 식물세포가 상처를 받으면 평소 공생하던 균에게도 방어반응을 일으키게 된다는 것이었다. 일단 상처를 받으면 비슷한 모습을 한 모든 미생물을 적으로 인식하고 들어오지 못하게 하고 죽이려고 하는 것으로 보인다. 그래서 저자들은 일단 상처가 첫 관문이고 거기에 더해서 미생물에서 나온 물질이 감지되면 식물이 방어반응을 일으키는 것이라고 설명했다. 병균과 달리 공생균은 식물세포에 손상을 가하는 경우가 많지 않아 식물 주변에서 서식할 수 있는 것으로 보인다. 즉 식물은 미생물과 상호작용하는 과정에서 자신이 받은 물리적 손상의 정도에 따라서 주변 환경에 있는 병균과 공생균을 구분하는 것으로 보인다.

이 외에도 식물이 공생균과 병균을 구분해서 알아보는 방법은 여러 가지가 있을 것이다. 쉽게 상상할 수 있는 것으로는 공생균이 특이한 신호물질을 분비하고 그것을 숙주식물이 인식하는 것이다. 그런데 병균도 오랜 시간 진화하면서 그 특이한 물질을 모방해서 만들어 낼 수 있을 것이기에, 공생균과 식물은 계속 진화하면서 그 신호물질을 새로운 신호물질로 바꿔야 할 것이다. 우리가 인터넷 계정의 패스워드를 주기적으로 계속 바꿔야 하는 것과 마찬가지이다. 공생으로 영양분을 얻는 것과 병균을 방어하는 것은 둘 다 식물의 생존에 너무나 중요하기 때문에, 식물은 오랜 진화의 시간 동안에 그 두 가지를 다 잘하는 방법을 세밀하게 잘 발전시켰을 것이 틀림없다. 그래서 공생과 방어에 관련된 기작은 아마 수없이 많을 것이며, 미래에도 이에 관해 많은 새로운 발견이 이루어질 것이다.

2부에서는 식물이 다양한 미생물과 맺고 있는 사회생활의 면모를 알아보았다. 요약하자면, 식물은 미생물과 늘 같이 살며 긴밀하게 협조하고 있는데, 어떤 특이한 미생물들은 식물을 공격하기 때문에 이들과는 싸우지 않을 수 없다. 미생물과 협조하고 미생물로부터 자신을 방어하는 두 가지 면의 사회생활에서 성공한 식물들이 자연에서 살아남았다. 육상식물이 처음 생겼을 때부터 지금까지 계속되고 있는 이런 사회생활의 흔적을 수많은 식물 공생유전자와 방어유전자에서 볼 수 있다.

식물과 미생물의 관계를 연구하는 과학자들은 이로운 미생물과 효과적으로 잘 공생하고 해로운 미생물을 잘 물리치는 새로운 작물을 만들려고 한다. 작물과 미생물이 더 잘 공생하도록 하려면 작물과 미생물의 어떤 유전자가 공생의 어떤 과정에 중요한지를 찾아내야 한다. 종전에는 미생물을 일일이 한 종씩 분리해서 그 유전자를 알아내는 방법으로 이런 문제를 연구했는데, 최근에는 흙 속에 있는, 또는 식물에 붙어사는 많은 미생물의 유전자를 한꺼번에 다 읽는 메타지노믹스가 발달했다. 이런 연구에서 얻은 빅데이터를 식물의 생장과 농작물 생산성과 함께 잘 분석하면 "어떤 미생물이 작물에 좋은가?"라는 질문이 아니라, "어떤 유전자를 가진 미생물이 작물에 좋은가?"라는 질문에 관한 답을 알 수 있게 될 것이다. 한 걸음 더 나아가서, 숙주식물의 어떤 유전자가 그 이로운 미생물의 어떤 유전자와 상호작용을 하는지도 알아낼 수 있을 것이다. 식물의 형질을 자동으로 측정하는 방법이 발달해서, 많은 사람이 수고하지 않아도 특정 미생물총을 주었을 때 식물 생장의 변화를 자동으로 분석할 수 있게 되었고, 식물의 유전체 분석도 이전보다 훨씬 더 쉬워졌기 때문에, 앞으로는 이전에 하지 못했던 규모가 큰 실험을 수행해서 식물과 미생물의 상호작용에 관해 더 잘 알게 될 것이다.

식물이 어떻게 미생물과 공생하는지를 알아내서 그 지식을 작물에 적용시키면, 작물이 미생물과 공생을 잘하게 되어서 영양분을 잘 얻게 될 것이다. 그러면 지금처럼 비료를 많이 사용하지 않아도 농업이 잘 될 것이고, 따라서 비료 사용 때문에 일어나는 환경오염을 줄일 수 있을 것이다. 식물이 어떻게 병원성 미생물의 공격으로부터 자신을 지키는지를 알아내서 그 지식을 작물에 적용시키면, 농약을 많이 치지 않아도 병에 잘 견디는 작물을 개발할 수 있을 것이다. 그뿐만 아니라, 발전하고 있는 합성생물학적 기법을 써서 미생물 유전자를 변화시키거나 새로운 미생물을 만들어서 식물과 공생하도록 유도할 수도 있으므로, 식물과 미생물의 사회생활에 관한 연구는 미래 농업 발전에 크게 기여할 수 있을 것이다.

3부

식물과
동물

자연에서 식물은 여러 동물의 공격을 받는다. 그렇다고 식물이 늘 동물의 먹잇감이 되는 것만은 아니다. 반대로 식물이 생식이나 방어에 동물을 이용하기도 하고, 심지어는 식물이 동물을 먹어서 영양을 취하는 경우도 있다. 식물과 미생물의 상호 작용과 마찬가지로 식물과 동물도 오랜 시간에 걸친 진화의 과정에서 서로 영향을 주고받으며 균형을 유지하고 있고, 가끔은 그런 균형이 깨져서 변화가 일어나기도 한다.

식물을 먹는 동물에는 여러 가지가 있는데, 대표적으로 연구된 것은 곤충과 대형 초식동물이다. 식물을 먹는다는 면에서는 곤충이나 대형 초식동물이나 마찬가지 이지만, 곤충과 대형 초식동물은 크기와 행동이 매우 달라서 연구의 방법과 주제가 상당히 다를 수밖에 없다. 식물이 곤충과 대형 초식동물을 만났을 때 형성되는 다양한 면모의 사회생활을 살펴보고 비교해 보자.

7장
식물과 곤충의 관계

식물의 번식을 돕는 곤충

꽃 피는 식물의 75~80퍼센트 정도가 동물의 도움을 받아서 자손을 만든다. 꽃 피는 식물은 꽃가루가 한 꽃에서 다른 꽃으로 옮겨가야 종자가 생기고 다음 세대가 만들어지는데, 꽃가루 옮기는 일을 동물이 하는 경우가 대부분이다. 약 20만 종의 동물이 꽃가루를 옮겨주는 역할을 하는데, 이 중 대부분이 곤충이다(National Research Council, 2007). 꿀벌, 호박벌, 말벌 등의 벌 종류와 나비, 나방, 파리, 개미, 딱정벌레 들이 그런 역할을 한다. 나비들은 주로 낮에 활동하고 나방들은 밤에 활동한다. 나방의 도움을 받는 꽃들은 밤에 나방이 찾기 쉽도록 향기가 강하고, 색깔은 흰 꽃들

그림 35 꽃가루를 나르는 곤충들. 왼쪽부터 시계방향으로 땅벌, 꿀벌, 나비, 나방 순이다.

이 많다. 곤충이 꽃의 색깔이나 향기 같은 신호를 알아보고 꽃에 있는 꿀을 먹으려고 찾아오면 그때 곤충의 몸에 꽃가루가 묻는다. 한 꽃에서 꽃가루를 묻힌 곤충이 다른 꽃을 방문하면 이전 꽃의 꽃가루가 다른 꽃의 암술머리에 붙는 수분이 일어날 수 있다. 수분이 된 꽃에서는 식물의 정자세포와 난자세포가 만나는 수정이 일어나 자손이 만들어진다.

식물은 언제부터 곤충의 도움을 받아 생식하기 시작했을까? 속씨식물[1]과 곤충은 약 1억 년 전을 전후한 백악기 중기에 여러 종으로 분화하였는데, 곤충이 식물의 꽃가루를 옮겨준 것이 이

---

1 씨앗이 씨방에 감싸여 있는 식물을 말한다. 속씨식물은 떡잎의 수에 따라 쌍떡잎식물과 외떡잎식물의 두 무리로 나눌 수 있다.

런 다양화의 중요한 원인이었을 것으로 추측된다. 화석 연구결과에 따르면 호박[2] 속 화석에서 9,900만 년 전에도 곤충이 식물의 꽃가루를 옮겨 식물의 수분을 매개했다는 증거가 나왔다(Bao 등, 2019). 호박 속에 갇힌 딱정벌레는 모르델리데Mordellidae라는 지금까지는 알려져 있지 않았던 딱정벌레 종류이며, 그 호박 속에는 여러 속씨식물의 꽃가루 알갱이들도 많이 들어 있었다. 그래서 그 논문의 저자들은 식물의 꽃가루가 이 딱정벌레의 커다란 뒷다리에 묻어서 다른 꽃으로 이동되었을 것이며, 최소 9,900만 년 전부터 식물과 곤충이 서로 돕는 관계를 맺고 있었다고 말했다. 과거에서부터 현재까지 오랜 시간 동안 속씨식물은 곤충과 상호작용을 함으로써 크게 번성할 수 있던 것으로 추측된다.

나비와 나방은 꽃가루를 나르는 중요한 역할을 수행하지만, 그들의 애벌레는 식물을 먹어치우는 해충 역할을 하는 경우가 많다. 곤충은 꽃에서 먹을 것을 찾지만, 곤충의 애벌레는 성충처럼 여러 꽃을 돌아다닐 수 없기 때문에 숙주식물을 먹고 산다. 예를 들어 양배추 흰나비의 애벌레는 배추과 식물들에 상당한 해를 입히는 해충이다(Ostiguy, 2011).

어떤 곤충은 특정한 식물에만 의존한다. 제왕나비의 애벌레는 밀크위드의 일종인 박주가리Metaplexis japonica 풀의 잎만 먹고 자

---

2 적어도 4만 년 이전에 서식하던 침엽수에서 나온 진액이 단단하게 굳어서 화석이 된 것을 말한다. 나무에서 나오는 끈끈한 진액은 나무껍질 사이를 메우고 곤충이 움직이지 못하게 해서 나무를 보호한다.

란다. 그래서 제왕나비의 숫자는 박주가리 식물의 숫자에 비례한다. 잡초를 제거하는 농법이 가능해져서 미국 중부의 옥수수밭과 콩밭에 잡초로 살던 박주가리 식물의 숫자가 줄었을 때, 제왕나비의 숫자도 감소하였다(Hartzler, 2010).

이렇게 특정한 식물에만 의존하는 경우보다는 여러 식물에서 꿀과 꽃가루를 얻는 곤충이 더 많다. 꿀벌은 꿀과 꽃가루를 얻기 위해 여러 식물을 방문한다. 꿀벌은 100여 종의 과일과 채소 작물의 꽃가루를 옮기는 중요한 곤충이다. 최근 꿀벌의 숫자가 줄어들고 있는데, 그 원인은 확실하지 않으나 기생충, 질병, 농약, 서식지의 파괴, 기후변화 등 여러 가지 요인 때문인 것으로 추측되고 있다. 꿀벌의 숫자가 줄었을 뿐만 아니라, 기후변화로 인해 꿀벌이 알에서 깨어 나오는 시기가 꽃이 피는 시기와 맞지 않는 경우도 많아지고 있다. 식물과 곤충이 변화하는 온도에 각각 다르게 반응하여 곤충이 부화하는 시기와 꽃이 피는 시기가 서로 달라져 버리면 꿀벌과 식물이 공생하기 어려워진다.

꽃가루를 날라주는 곤충 없이는 농업 생산량이 크게 감소할 것이기에, 여러 사람들은 벌이 하는 일을 대신하는 드론, 즉 로봇벌을 만들었다. 재미있는 것은 '드론'이라는 단어는 원래 수벌, 즉 수컷 벌을 이르는 말인데, 날아다니는 작은 로봇을 만드는 사람들이 이 단어를 차용해서 쓰고 있었다는 점이다.

로봇벌을 처음 개발한 것은 하버드대학교의 연구원들이었는데, 2013년에 보여준 이들의 로봇벌은 날거나 공중에서 떠 있을 수만 있었을 뿐 다른 기능은 없었고 멀리서 조종할 수도 없었다. 그러나 최근에 개발한 로봇벌은 날개를 1초에 120번이나 움직이며, 수직으로 올라갈 수도 있고, 어떤 대상 주변을 맴돌 수 있고, 사람이 조종할 수도 있다.

2018년 3월에 미국의 유통업체인 월마트는 멀리서 조종할 수 있고 꽃가루를 자동으로 알아보는 로봇벌에 관한 특허를 출원했다. 월마트가 농업에 관심이 있거나, 또는 소비자들에게 더 안정적으로 농산물을 공급하고 싶다는 의지가 담긴 것으로 보인다.

2021년 미국 메릴랜드대학교 연구진이 만든 꽃가루 수분용 로봇벌은 손바닥만 한 크기이며, 인공지능을 갖추고 있어서 자동으로 식물을 찾고, 동물이나 나무, 다른 드론 등에 부딪히지 않으며, 한 사람이 여러 대를 한 번에 조종할 수 있다. 그러나 사람이 만든 로봇벌로 얼마나 많은 작물을 수분시킬 수 있을지, 줄어드는 꿀벌을 대체할 정도로 많은 로봇벌을 만들어 사용하는 것이 환경에 큰 부담을 주는 것은 아닌지, 여러 상황을 예측하기가 어려우며 상업적 활용에 대한 경제성 분석도 아직까지는 부족한 상황이다.

곤충을 속여 꽃가루를 나르게 하는 절묘한 방법

난초 중에는 수컷의 생식 본능을 이용해서 꽃가루를 암술로 전

그림 36 메릴랜드대학교에서 최근 개발한 로봇벌.

달하는 것들이 있다. 오스트레일리아에 서식하는 난초 종류인 말벌난초*Chiloglottis trapeziformis*는 꽃을 말벌의 암컷과 매우 유사한 모양으로 만들어서 수컷 말벌을 유인한다. 수컷 말벌이 암컷과 유사하게 생긴 꽃과 교미하려고 시도하면 말벌의 몸에 꽃가루가 묻는다. 한 꽃에서 짝짓기를 시도하던 수컷이 다른 꽃으로 옮겨 가서 또다시 짝짓기를 시도하면 이전 꽃의 꽃가루가 전달된다.

그렇다면 말벌난초의 향기는 어떨까? 놀랍게도 말벌난초는 꽃의 모양뿐만 아니라 말벌 암컷이 분비하는 성호르몬과 같은 성분의 휘발성물질을 분비한다는 것이 밝혀졌다(Schiestl 등, 2003). 이 정도로 정교한 꽃의 유혹에 속아 넘어가지 않을 수컷 말벌은 없을 것 같다. 꽃 모양과 향기를 특별하게 만드는 데 투자를 많이 한 말벌난초는 말벌을 속이는 방법으로만 생식을 한다. 진화의 역사가 길어서 놀라운 형태와 기능을 가진 동식물이 나온 경우가 있다지만, 이런 난초들의 전략은 인간의 상상을 초월할 지경이다.

이 난초들이 사용하는 방법이 다른 꽃들이 사용하는 방법보다 생식에서 성공하는 비율이 더 높을까? 이 난초들은 이렇게 정교한 방법을 언제부터 어떤 환경에서 시작했을까? 어떤 단계들을 거쳐서 이렇게 복잡한 방법을 완성시켰을까? 아직 우리가 풀지 못한 말벌난초의 생식에 관한 많은 질문에 답할 수 있는 연구

그림 37 암컷 말벌과 매우 유사하게 생긴 말벌난초의 꽃에 앉아 짝짓기를 시도하는 수컷 말벌.

도 언젠가는 이루어질 것이다.

식물과 공진화한 개미

사람들뿐만 아니라 개미들도 식물을 재배한다. 남태평양 피지섬
의 열대우림에서 개미들은 스쿠아멜라리아^{Squamellaria}라는 착생식
물의 종자를 모아서 숙주식물의 나무껍질 아래 햇빛이 잘 비치
는 장소에 심는다. 여기서 그 기생식물이 싹 터서 자라나면 개미
들은 그 기생식물이 만드는 덩어리줄기^{dormatia}의 흡수기관에 똥을
누어서 기생식물에게 영양분을 공급한다. 그렇게 공들여서 키운
기생식물의 덩어리줄기는 개미들의 집이 되는데, 여왕개미 한 마
리와 25만 마리의 일개미들이 하나의 덩어리줄기에 산다. 개미들
은 기생식물의 종자를 퍼뜨리고, 비료를 주고, 보호해 주며, 기생
식물은 개미들에게 안락한 서식처를 제공하기 때문에, 이 두 생
명체의 상호작용은 공생이라고 볼 수 있다. 개미들이 농업을 한
다고도 말하는데, 이것은 개미들이 식물의 씨를 뿌리고 비료를
주고 음식물을 얻고 살 곳으로 사용하는 형태가 사람들이 농업
을 하는 것과 일치하기 때문이다. 개미들 중에서 37종, 식물 종으
로는 200종이 이런 공생 및 재배관계를 형성하여 살고 있다.

  이런 특수한 관계뿐만 아니라, 개미와 꽃 피는 식물들은 오랫
동안 서로 의지하며 살아왔다고 한다. 지구상에는 1만 5,700종
이상의 개미가 남극을 제외한 모든 대륙에 있으며, 개체 수는 2경

정도일 것으로 추정되고 있다(Schultheiss 등, 2022). 그들은 여러 곳에서 다양한 먹이를 먹으며 서식하고, 그중에는 식물의 잎을 잘라서 집으로 가져가서 그 잎에 곰팡이를 사육하여 어린 유충에게 먹이로 주는 개미도 있다.

최근에는 개미들이 이렇게 여러 곳에서 다양한 형태로 살게 된 것은 식물과 함께 진화했기 때문이라는 논문이 나왔다(Nelsen 등, 2023). 개미와 꽃 피는 식물은 1억 4,000만 년 전부터 지구상에 나타났는데, 이 두 가지 생명체는 그 후로 여러 서식지에서 여러 종으로 번창했다. 이에 미국 시카고의 넬슨[Nelsen] 박사팀은 이

그림 38 식물의 잎을 잘라서 집으로 가져가는 개미. 이 개미는 식물의 잎을 집으로 가져가서 곰팡이를 사육해 개미 유충의 먹이로 활용한다.

들이 서로 도와서 번창하게 된 것이 아닌지, 즉 이들의 진화가 서로 연결되어 있지 않은지 의심하고 연구를 시작했다. 그 연결점을 찾기 위해서 그들은 지금 지구상에 있는 1,400여 종의 개미가 사는 곳의 온도와 강수량을 조사하고, 이 자료를 개미 종들의 계통발생[3] 정보와 비교하였다. 계통발생 정보는 사람의 족보와 유사한데, 유전자와 화석 등에서 얻은 자료를 써서 여러 유사 종들의 친족 관계를 추정한 것이다. 넬슨 박사팀이 기후 정보와 계통발생 정보를 비교해 보니, 개미가 사는 서식지의 기후는 계통발생과 밀접하게 연관되어 있었다. 예를 들자면, 친족이 건조한 곳에서 사는 개미는 자신도 건조한 곳에서 살고 있는 경우가 많았다. 그래서 어떤 개미가 계통발생 정보에서 어디에 위치하는지를 보면 그 개미가 사는 곳의 기후를 짐작할 수 있었다. 이것을 옛날에 살던 개미 종에도 적용시켜서 그들이 살던 서식지의 기후도 추정할 수 있었다. 그들은 개미에게 했던 조사를 꽃 피는 식물에도 적용하여, 그 결과를 개미에서 조사한 것과 비교하였다. 이러한 연구로 그들은 식물과 개미가 오랜 시간 동안 긴밀한 관계를 맺고 서로 도와서 다양한 모습으로 진화할 수 있었다는 결론을 내렸다.

이 연구팀이 밝힌 식물과 개미의 공진화 경위를 더 자세히 알

---

3 DNA의 서열, 단백질 아미노산 서열 또는 형태와 같은 관찰된 유전 특성을 분석하여 현존하는 생물과 멸종된 생물의 기원과 유연관계를 규명하는 것이다.

아보자. 6,000만 년 전에 개미들은 주로 땅속에서 살았는데, 이때 식물들이 기공을 만들어서 물을 공기 중으로 배출하게 되면서 대기의 습도가 높아졌고, 그 결과 우림이 형성되었다. 이렇게 습도가 높아지자 땅속에 살던 개미들 중에서 집을 나무 위로 옮기는 것들이 생겼다. 그 후 꽃 피는 식물들이 더 건조한 지역으로 차차 서식지를 넓히기 시작하자, 몇몇 개미 종들도 식물을 따라 건조한 지역으로 옮겨 갔다. 식물은 종자에 지질과 단백질이 풍부한 유질체[4]라는 것을 붙여서 개미가 먹도록 유도하였는데, 개미가 종자를 먹으려고 가져가자 종자는 넓은 지역으로 퍼지게 되었다. 그 결과, 개미와 공생하는 식물은 그렇게 하지 않은 식물에 비해 더 먼 곳까지 퍼질 수 있었고 다양한 종으로 빠르게 분화하였다. 식물과 공생한 개미도 여러 환경에서 살게 되었고 그 수가 많아졌다. 식물과 개미 모두 혼자서는 살 수 없었던 곳에서도 살게 되었고, 그래서 넓은 곳으로 퍼지고, 다양한 형태로 번성할 수 있게 되었다. 이렇게 식물과 개미는 서로의 진화를 도왔다.

식물을 먹는 해충과 식물의 전쟁

지구상에 600만 종의 곤충이 있는 것으로 추산되고 있으며, 그중에서 약 50퍼센트가 식물을 먹는다. 이들은 식물의 생존에 큰 위

4　식물의 종자에 부착된 지질과 단백질이 풍부한 덩어리로, 개미를 유인하여 식물의 씨앗을 멀리 퍼뜨리는 역할을 한다.

협이 될 수 있다. 곤충은 먹고 자랄 수 있는 식물이 있어야 생존할 수 있기 때문에, 어떤 식물이 얼마나 그곳에 사는지에 따라 그곳에서 생존 가능한 곤충의 종류와 숫자도 대략 정해진다. 물론 상호작용이 일방적인 경우는 없으므로, 곤충도 식물의 성장과 발달과 생식에 큰 영향을 준다.

죽은 식물을 분해하는 흰개미, 바퀴벌레와 같은 다른 여러 곤충들은 생태계에서 다양한 영양분을 재활용하는 데 중요한 역할을 한다. 이들 곤충과 곰팡이, 박테리아 등과 같은 생태계의 분해자들이 죽은 식물을 분해해 주지 않는다면, 지구는 얼마 못 가서 낙엽과 죽은 나무 등 식물의 잔해로 덮여서 어린 새 식물이 자라나기 어려워질 것이다(Ostiguy, 2011).

식물을 먹는 곤충 중에는 여러 종의 식물을 골고루 먹는 곤충이 있고, 반면 특별한 한 가지 식물만을 먹는 곤충이 있다. 한 가지만 먹는 것보다는 여러 식물을 먹는 것이 살아남기에 낫지 않을까? 반드시 그런 것은 아니다. 식물이 방어용 독성물질을 만들기 때문이다. 한 가지 식물만을 먹는 곤충은 그 식물이 내는 한두 가지 방어용 화합물을 무독화하는 생화학적 방법을 개발하는 방향으로 진화하여 식물이 만드는 방어용 독성물질에도 해를 입지 않고 식물을 먹을 수 있다. 어떤 곤충은 식물이 내는 독성물질을 자신을 보호하는 데 이용하기도 한다. 식물이 만드는 독성물질을 흡수하여 몸에 안전하게 저장함으로써 오히려 천적이 자기를 먹지 못하도록 하는 것이다. 그래서 한 식물만 먹는 곤충은 특정 독성물질을 가지고 있는 식물에만 기생하면서, 그 식물의 독성 화합물을 이용해 자신을 천적으로부터 보호하기도 한다. 반면 여러 종의 식물을 먹는 곤충은 많은 식물들이 분비하는 서로 다른 여러 독성물질들을 모두 충분히 해독하기 어렵다. 이런 경우 식물이 곤충의 공격을 알아차리고 방어용 독성물질의 생산을 증가시키면 곤충의 성장이 둔화된다.

식물을 먹는 곤충은 식물을 먹는 부위와 방법에 따라 잎을 먹는 곤충, 식물에서 영양분이 지나가는 파이프인 체관에 빨대를 꽂아서 체관액만 먹는 곤충, 뿌리만을 공격하는 곤충, 혹을 만들어서 그 안으로 식물의 영양분을 끌어가 먹는 곤충, 잎에 터널 같은 구조를 만드는 곤충 등으로 나눌 수 있다.

그중에서 가장 흔한 것이 잎 전체를 다 먹는 곤충과 체관액을

그림 39 곤충이 식물을 먹는 여러 방법.
왼쪽은 곤충이 잎을 모두 다 먹는 경우이며 오른쪽은 체관액을 먹는 곤충의 모습이다. 체관액을 먹는 진드기는 식물의 체관에 침을 꽂아서 수액을 먹는다.

빨아 먹는 곤충이다. 잎 전체를 먹는 곤충이 잎을 씹으면 잎의 여러 구조가 파괴되면서 내부에 저장되어 있던 물질들이 흘러나와 섞이게 된다. 이렇게 물질들이 섞이면 그들 사이에 화학반응이 일어나서 곤충에 해로운 독성물질이 만들어지고, 그것을 먹은 곤충이 피해를 입는 경우가 있다. 하지만 체관에 빨대를 꽂는 곤충은 그런 피해가 적은 것으로 보인다.

식물을 먹는 곤충은 식물에게 해를 끼친다. 식물을 먹어 없애는 병충해에 의해 전 세계 농산물 생산량의 20~30퍼센트가 손실되며(Savary 등, 2019), 산림자원 또한 많이 훼손된다고 한다. 외국에서 들어온 곤충이 원래 있던 자생종 나무를 죽여서 숲을 손상시킨 경우도 여러 차례 있었다(Haack 등, 2010; Sun 등, 2013).

2020년에 아프리카와 서남아시아, 중동과 중국 남쪽 지역은 메뚜기 떼 습격을 받아 심각한 피해를 입었다. 메뚜기 떼는 오랫동안 이 지역의 작물을 먹어치워서 농작물 생산을 어렵게 했다. 메뚜기는 군집을 이루지 않으면 큰 문제가 없지만, 네댓 마리가 모이면 페로몬[5]을 분비하여 군집을 이루기 시작한다. 메뚜기는 모이기 시작하면 식물을 더 많이 먹고 엄청나게 빨리 번식해서 큰 무리가 된다. 큰 무리의 메뚜기 떼는 주변에 있는 식물을 닥치는 대로 먹어치운다. 근처에 먹을 것이 부족해지면 무리 전체가 또

5　같은 종의 동물끼리의 의사소통에 사용되는 화학적 신호를 말한다.

다른 곳으로 이동하면서 이동경로에 있는 농작물과 숲의 식물들을 또 먹어치운다. 메뚜기 떼의 이동경로에는 농업으로 겨우 생계를 유지하는 농부들의 농지가 많아서, 떼로 몰려다니는 메뚜기들은 농부들에게 아주 심각한 문제이다. 특히 2020년은 코로나가 번져서 전 세계 사람들이 고통받고 있던 때였는데, 이 지역에는 메뚜기 떼까지 창궐하여 농부들은 농산물도 수확할 수 없었고 배고픔에 시달려야 했다. 이 메뚜기들을 억제하는 방법은 현재로서는 공중에서 농약을 살포하는 것인데, 그러면 이로운 곤충까지 다 죽게 되어 생태계가 파괴된다는 부작용이 있다.

그림 40 케냐의 삼부루공원을 뒤덮은 사막메뚜기. 수십 년 만에 가장 많은 사막메뚜기가 2020년 동아프리카를 뒤덮었다.

메뚜기들은 어떻게 그렇게 큰 군집을 이루고 사는 걸까? 메뚜기들이 군집을 이루도록 유도하는 페로몬의 화학적 정체는 무엇인가? 농약을 살포하는 방법 대신에 메뚜기들이 모이지 않도록 하는 방법은 없을까?

중국의 왕[Wang] 박사와 강[Kang] 박사 연구팀의 연구 결과에 따르면 메뚜기는 4-비니아니솔[4-vinylanisole]이라는 페로몬을 분비하고 그 페로몬에 서로 반응하여 군집을 이룬다고 한다(Guo 등, 2020). 모이는 메뚜기의 숫자가 증가하면 메뚜기가 분비하는 페로몬의 양도 증가하여 계속 더 많은 메뚜기가 모이게 된다. 이 페로몬은 메뚜기의 안테나에 있는 OR35라는 수용체에서 인식되어 군집 형성을 유도한다. OR35 수용체를 발현하지 않는 돌연변이 메뚜기의 안테나는 4-비니아니솔에 반응을 보이지 않았으며, 이 메뚜기들은 모여서 군집을 이루지 않았다. 페로몬에 반응을 보이지 않는 메뚜기는 자연에서도 군집을 형성하지 않을 것이다. 군집을 형성하지 않는 메뚜기를 자연에 방출한다면 다른 자연의 메뚜기들과 교배하여 군집을 이루지 않는 무해한 메뚜기 종으로 변화할 가능성도 있다. 또 다른 방법으로는 페로몬 수용체 OR35가 작동하지 못하게 하는 약을 뿌려서, 메뚜기가 페로몬을 감지하지 못해서 군락을 이루지 않고 홀로 살도록 하는 방법도 고려해 볼 만하다. 과학자들은 이를 비롯해 여러 아이디어를 내서 작물에게 해로운 곤충이 창궐하는 경우를 줄이려고 노력하고 있다.

식물의 곤충 방어작전

식물이 메뚜기 떼를 비롯한 여러 해충에 아무런 저항을 못 한다면 지구상에 남은 식물은 얼마 되지 않을 것이다. 그러나 지구의 육지가 대부분 초록색으로 덮여 있는 것은 식물이 해충에 효과적으로 저항할 수 있다는 것을 말해준다. 메뚜기와 같은 해충은 너무나 빠르게 많은 수로 번식해서 작물에 덤벼들기 때문에 방어능력이 약한 농작물은 그런 해충을 막을 수가 없다. 하지만 자연계에 사는 대부분의 식물은 해충에게 다 먹히기 전에 해충이 왔다는 것을 알아차리고 해충을 억제하는 방법을 가지고 있다.

그렇다면 식물은 곤충이 자신을 갉아 먹고 있다는 것을 어떻게 알아차릴까? 곤충이 식물을 씹어 먹는 경우에는 식물의 세포벽이 깨지고 세포 내 물질들이 방출된다. 이때 나오는 수많은 물질들 중에 몇 가지를 식물이 알아보고 방어기작을 발동하기도 한다(Acevedo 등, 2015). 예를 들어 식물은 FERONIA라는 수용체를 가지고 있어서 상처가 났을 때 세포벽의 펙틴[6]에서 부서져 나온 올리고갈락튜론을 인식한다. 올리고갈락튜론이 FERONIA 수용체에 붙으면 식물은 세포벽이 손상되었다고 알아차리고 여러 신호전달 과정을 일으켜서 방어반응을 시작하는 것이다. 또 다른 식물 세포벽의 성분인 셀룰로스의 합성에 문제가 생긴 식물은 자

---

6   식물 세포벽의 구성 성분으로 갈락튜론산이 주성분이다.

신이 상처를 입은 줄 알고 방어반응을 발동한다(Erb & Reymond, 2019). 불완전한 형태의 셀룰로스를 해충이 갉아 먹었다고 인식하여 방어반응을 하는 것이다.

곤충이 식물의 잎을 먹으면 세포막이 깨져서 그 안에 있던 ATP[7]가 방출된다. 세포 밖으로 방출된 ATP는 식물이 2차신호전달 물질들을 만드는 과정을 활성화시키고 자스몬산과 에틸렌과 같은 스트레스호르몬들의 합성을 증가시킨다. 식물 스트레스호르몬은 곤충에게 방어하는 물질들을 만드는 여러 유전자들을 발현시킨다.

해충에 의해 파괴된 식물 잎에서 방출된 ATP를 인식하는 수용체의 정체를 알아내기 위한 실험을 수행한 연구원들이 있었다(Choi 등, 2014). 그들은 잎에 ATP를 발라주면 세포질의 칼슘 농도가 높아지고 유전자 발현을 비롯한 여러 방어반응들이 줄줄이 시작되는 점에 주목했다. 이들이 택한 실험 방법은 ATP를 발라주어도 칼슘 농도가 올라가지 않는 돌연변이 식물을 찾는 것이었다. 연구원들은 5만 개나 되는 돌연변이 애기장대 식물체에 ATP를 주고 칼슘 농도를 쟀는데, 그중 두 개체가 반응하지 않았다. 그들은 반응하지 않는 두 식물에서 공통으로 하나의 유전자가 야생종과는 다른 것을 알아내었고, 그 유전자를 *DORN1*DOES NOT RESPOND TO NUCLEOTIDES 1이라고 이름 지었으며, DORN1이 정말 ATP

---

7 아데노신 3인산(adenosine triphosphate)의 약자로, 세포에서 일어나는 다양한 생명활동에 에너지를 공급하는 유기화합물이다. 세포 안에서 현금과 같은 역할을 한다.

수용체인지 확인하는 후속 실험들을 수행하였다. ATP를 인식하는 수용체라면 DORN1에 ATP가 잘 붙어야 할 것인데, 연구자들은 이것을 실험적으로 확인할 수 있었다. DORN1이 돌연변이되어서 ATP에 반응하지 않았던 식물에 정상적인 DORN1 유전자를 다시 넣어주었더니, ATP에 대한 반응이 회복되었고, DORN1을 과발현시키면 식물이 상처 신호에 더욱 활발하게 대응하는 것을 관찰할 수 있었다. 이런 실험결과들은 DORN1이 ATP 수용체라는 것을 확실하게 보여주었는데, DORN1이 동물의 ATP 수용체와는 완전히 다른 단백질이라는 점이 무척 흥미로운 지점이었다. 식물이 상처에 반응하는 기작은 동물의 것과는 분자적 수준에서까지 큰 차이를 보인 것이다.

식물은 상처받은 조직에서 나오는 손상 정보뿐만 아니라, 곤충이 식물을 씹어 먹으면서 내는 침, 역류물, 곤충에 붙어사는 미생물, 산란하면서 나오는 분비물, 똥 등도 인식하는 것으로 보인다. 이들 중에 어떤 것이 얼마나 중요한지는 아직 정확하게는 밝혀져 있지 않다. 만약 비현실적으로 높은 농도가 아닌 자연에 존재하는 농도로 각각 물질들을 식물에 발라주고 식물의 방어반응이 일어나는지를 관찰한다면, 각 물질들이 식물의 방어반응을 이끌어내는 데 어느 정도 기여하는지를 밝힐 수 있을 것이다.

그림 41 곤충이 자기 몸을 갉아 먹고 있다는 것을 식물이 알아차리는 방법.
식물은 곤충이 식물의 몸을 갉아 먹는 과정에서 나오는 식물과 곤충 유래의 여러 물질들을 인식한다.
식물에서 나오는 것들로는 ATP와 같이 깨진 세포에서 흘러나온 것들과 파괴된 세포벽 조각들(팩틴,
올리고갈락튜론, 셀룰로스 조각)이 있다. 곤충에서 나오는 것들로는 침, 역류물, 곤충에 붙어사는 미
생물, 산란하면서 나오는 분비물, 똥 등이 있다.

식물이 곤충을 방어하는 방법들

식물이 해충의 공격을 알아차린 후에는 어떤 일이 일어날까? 식
물은 일단 물리적인 방어벽을 치거나, 곤충에게 해로운 화학물
질을 분비하거나, 방어용 단백질을 분비하는 등 여러 방법을 써
서 곤충이 자신을 먹지 못하게 한다. 그리고 설령 곤충에게 먹히
더라도 곤충의 소화를 방해하여 성장을 저해하고 곤충의 생리를
변화시켜서 자손을 만들지 못하게 한다.

먼저, 식물 표면은 큐티클층[8], 분비모[9], 표피층, 나무껍질 같은
물리적인 장벽으로 덮여 있어서 곤충이 식물을 먹는 것을 방해한

다. 표면에 털이 많거나 끈끈한 물질이 있으면 작은 곤충이 움직여 다니는 데 방해가 된다. 상처받은 부위가 아문 후에 딱딱하게 굳어진 캘러스[10] 부위도 곤충에게는 뚫고 들어가기 어려운 장벽이다. 식물이 해충의 공격을 알아차리면 식물들은 이러한 물리적 장애물들을 더욱 견고하게 한다.

한편 식물은 생화학적 방어법도 사용한다. 가령 식물이 곤충에게 먹혀 상처가 나면 엽록체에 많은 막지방이 분해되어 리놀렌산이라는 지방산이 방출된다. 리놀렌산은 여러 화학적 변화를 거쳐서 방어호르몬인 자스몬산이 된다. 애기장대의 경우에는 상처받은 후 30초 이내에 자스몬산이 생긴다고 한다. 자스몬산은 아이소루신이라는 아미노산과 결합하여 핵으로 들어가서, 특이적인 수용체와 결합하여 여러 유전자의 발현을 변화시킨다. 이 유전자들이 발현하여 만든 단백질들이 식물의 초식동물에 대한 방어기작을 수행하는 것이다.

곤충이 식물을 먹어서 식물이 상처를 입게 되면, 식물은 위험신호로 펩타이드를 합성하여 세포벽과 세포벽 사이의 공간으로 분비하는데, 이 펩타이드는 곤충의 침입을 알리는 경보 역할을

8 식물 외부 표면을 덮고 있는 지질 성분의 다량체(polymer)이며, 왁스와 함께 식물세포를 보호하는 역할을 한다. 식물 표면이 물에 젖지 않고 잎 위에 물방울이 맺히는 이유가 식물의 표면이 소수성인 큐티클과 왁스층으로 덮여 있기 때문이다.

9 식물 표면에 난 털 모양의 조직이다.

10 조직되어 있지 않은 식물세포의 단단한 덩어리로, 식물의 상처 부위를 덮어 보호한다.

한다. 예를 들어 토마토의 시스테민은 18개의 아미노산으로 된 펩타이드인데, 이것이 상처받은 토마토 식물의 몸 전체로 퍼져서 단백질 소화효소 억제제의 합성을 유도하여 곤충이 토마토 잎을 잘 소화하지 못하게 한다.

벌레는 움직일 수 있기 때문에 식물이 다친 한 곳에서만 방어를 한다면 벌레는 다른 곳으로 옮겨 가서 계속 식물을 먹을 것이다. 그러므로 식물이 벌레를 효과적으로 쫓아내기 위해서는 당장 다친 곳뿐만 아니라 온몸에서 방어기작을 발동해야 한다. 자스몬산은 직접 상처받은 조직뿐만 아니라 식물의 몸 전체에서 곤충을 쫓아내는 방어반응을 유도한다. 자스몬산은 관다발을 통해서 움직이면서 관다발에 있는 세포들에서 추가적으로 합성되고, 상처받지 않은 조직에 도착해서 그곳에서도 합성된다(Koo 등, 2009). 직접 상처를 받지 않은 조직이더라도 자스몬산 농도가 올라가면 위에서 말한 것처럼 여러 방어유전자들이 발현되어 방어반응을 일으킨다.

상처를 직접 받지 않은 조직에서 곤충을 방어하는 데 자스몬산이 중요한 역할을 한다는 사실은 그림 42에서 보여주는 실험에서도 드러났다. 연구자들은 자스몬산 신호전달 과정이 이뤄지지 않는 돌연변이 담배 식물의 뿌리를 야생종 담배 식물의 지상부와 접붙인 식물을 만들었다. 그리고 대조구로 사용할 식물로 야생종 담배 식물의 뿌리를 같은 야생종 담배 식물의 지상부와

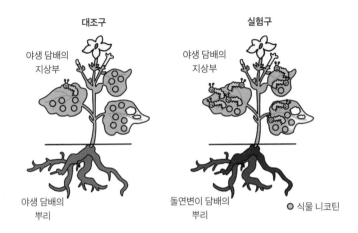

그림 42 뿌리의 자스몬산 신호전달이 전신방어기작 활성화에 중요함을 보여주는 실험.
자스몬산 신호전달이 안 되는 돌연변이 담배 식물의 뿌리를 정상 담배 식물의 줄기에 접붙이고(오른쪽), 정상 담배 식물의 뿌리를 정상 담배 식물의 줄기에 접붙여서(왼쪽) 대조구로 준비하였다. 한 잎에 상처를 주고 이웃 잎에 축적되는 니코틴의 양을 측정하고 벌레가 얼마나 꼬이는지를 관찰했다. 오른쪽의 자스몬산 신호전달이 안 되는 뿌리를 가진 식물은 방어에 중요한 니코틴이 잎에 덜 축적되고 해충에 더 취약했다. 이 결과는 뿌리가 직접적으로 해충에 공격을 받지 않더라도 뿌리의 자스몬산 신호전달이 전신방어기작의 활성화에 중요한 역할을 한다는 것을 보여준다.

접붙인 식물을 만들었다. 접붙이는 과정이 혹시라도 어떤 영향을 줄 가능성을 배제하기 위해서, 야생종도 접을 붙인 것이다. 이렇게 마련한 실험용 식물들의 잎에 상처를 주고 이웃 잎에 니코틴이 얼마나 올라가는지를 실험구와 대조구 식물에서 비교하였다.

그 결과, 뿌리에서 자스몬산 신호전달이 안 되는 담배 식물에서는 이웃의 상처받지 않은 잎에 축적되는 니코틴의 양이 대조구 식물에 비해 낮았고, 잎을 먹는 곤충들의 공격에 더 취약했다

(Fragoso 등, 2014). 이 실험결과로 알 수 있는 것은, 곤충이 담뱃잎을 공격했을 때 이웃 잎에도 니코틴이 축적되어 곤충을 쫓으려면 뿌리에서 자스몬산이 작용해야만 한다는 것이다.

자스몬산은 직접 체관을 통해서 몸 전체에 퍼지기도 하지만, 자스몬산은 1시간에 1~5센티미터를 이동하기 때문에 이런 방법으로는 반응을 빨리 일으키기는 어렵다(Ruan 등, 2019). 식물이 상처를 받은 후 15분 정도면 온몸에 방어기작이 나타나기 시작하기 때문에, 아직은 확실히 알 수 없는 다른 신호가 먼저 식물 전체로 퍼져서, 그 신호가 국지적으로 자스몬산 합성을 유도하는 것으로 보인다. 그 신호의 정체가 전기일 것이라는 가설도 있고, 휘발성화합물(메틸 자스몬산, 초록잎휘발성물질green leaf volatiles, 인돌, 테르펜 등)일 것이라는 설도 있다. 실제로 메틸 자스몬산은 휘발성이 강하고 세포막을 쉽게 통과하기 때문에 같은 식물의 다른 잎이나 이웃 식물로 쉽게 이동한다.

곤충에 대항하는 휘발성물질들

곤충에 먹힌 식물은 특이한 방향성 화합물들을 공기 중으로 방출하는데, 이 냄새가 식물을 먹는 곤충의 천적을 유도한다. 예를 들어, 배추흰나비 애벌레가 배추과 식물을 먹으면, 상처 부위에서 여러 초록잎휘발성물질들이 공중으로 발산된다. 이 냄새를 맡고 작은 말벌 종류인 배추나비고치벌이 와서 배추흰나비 애벌레의 몸 안에 알을 낳는다. 벌의 알은 애벌레 안에서 부화해서 애벌레를 먹으면서 자라기 때문에 애벌레는 성체가 되지 못하고 죽는다. 그런데 벌이 정말 초록잎휘발성물질들의 냄새를 맡고 상처받은 잎을 찾아오는 것인지, 아니면 어떤 다른 신호를 감지하는 것인지를 어떻게 하면 확실하게 밝힐 수 있을까?

일본의 다카바야시[Takabayashi] 박사 연구팀은 이 문제를 풀기 위해서 유전공학적 방법을 썼다(Shiojiri 등, 2006). 그들의 가설은 벌이 초록잎휘발성물질들의 냄새를 맡고 상처받은 잎을 찾아온다는 것이었으므로, 그 가설이 맞는다면, 유전공학을 써서 초록잎휘발성물질들이 나오지 않게 만드는 경우 벌들이 오지 않을 거라

그림 43 식물이 분비하는 휘발성물질 중에는 곤충의 천적을 유인하는 것들이 있다. 배추흰나비 애벌레가 배추과 식물의 잎을 먹으면, 식물은 초록잎휘발성물질들을 공중으로 발산한다. 그 냄새를 맡고 배추나비고치벌이 찾아와서 배추흰나비 애벌레의 몸 안에 알을 낳는다. 벌의 알은 부화해서 애벌레를 먹고 자라면서 애벌레가 식물을 먹는 것을 방해한다.

고 예측했다. 이들은 애기장대 식물이 벌레에 공격당했을 때 방출하는 (E)-2-hexenal과 (Z)-3-hexenyl acetate라는 초록잎휘발성물질들을 만드는 효소 유전자의 발현을 4분의 1 수준으로 억제시켰다. 그렇게 만든 애기장대는 애벌레에 먹혔을 때 그 휘발성물질들을 덜 발생시켰고, 벌이 오는 경우가 줄어서 애벌레에게 잎이 더 많이 먹혔다. 반대로 그 유전자들을 식물에 과발현시켜서 그 효소들의 활성을 2배가 되게 만들었을 때는 초록잎휘발성물질들이 더 많이 생성되었고, 애벌레의 천적이 더 많이 오게 되어 식물은 해를 덜 입었다. 이런 결과들은 초록잎휘발성물질들이 식물을 먹어치우는 벌레의 천적을 유인하는 효과가 확실함을 보여주었다.

또 다른 예로, 완두콩진딧물의 침입을 당한 잠두콩 식물은 이웃 식물들을 동원해서 함께 초록잎휘발성물질을 방출하여 진딧물의 천적인 수염진디벌을 유인한다. 이 벌들은 진딧물 몸 안에 알을 낳는데, 알이 부화해서 애벌레가 되면 진딧물의 몸을 먹고 자라서 종국에는 진딧물의 몸을 터뜨리고 나와 성체가 된다. 잠두콩 식물이 진디벌을 이용해서 진딧물 방제를 효과적으로 하려면 이웃 식물의 도움이 필요한데, 잠두콩 식물이 어떻게 이웃에게 도움을 청하는지를 밝힌 연구자들이 있다(Cascone 등, 2023). 이탈리아의 게리에리[Guerrieri] 박사팀은 진딧물의 침입을 당한 잠두콩 식물의 뿌리에서 엘 도파[L-DOPA]가 분비되며, 이것이 땅속에서 확산되어 진딧물의 습격을 받지 않은 다른 식물로 전달된다는 것을 알아냈다. 엘 도파를 인식한 이웃 식물은 그림 44에서처럼 초록잎휘발성물질을 방출하여 진디벌을 유혹함으로써 진딧물의 습격을 받은 다른 식물을 도왔다.

엘 도파의 이러한 효과를 확인하기 위하여 연구진들은 건강한 식물에 엘 도파를 처리하고 반응을 보았다. 그 결과, 엘 도파를 처리한 식물에서 진디벌을 유인하는 휘발성물질 3종이 방출

그림 44 진딧물의 침입을 당한 잠두콩 식물이 이웃에게 도움을 청하는 방법.
진딧물이 식물에 침입하면, 진딧물에 공격을 당한 식물의 잎분만 아니라 이웃에 있는 잎에서도 초록잎휘발성물질이 방출된다. 이 현상은 침입을 당한 잠두콩 식물의 뿌리에서 엘 도파가 분비되어 주변의 다른 식물로 전달되며, 엘 도파를 인식한 주변 식물도 초록잎휘발성물질을 방출하기 때문에 일어난다. 초록잎휘발성물질은 방어유전자들의 발현을 증가시키고 진딧물의 천적을 유도하여, 진딧물의 공격을 받는 잠두콩 식물을 보호한다.

되었고, 진딧물의 공격이 없는데도 불구하고 마치 진딧물에 감염된 것처럼 이 식물로 진디벌들이 모여들었다. 엘 도파는 비싸지 않기 때문에 진딧물이 염려되는 상황이라면 이 약으로 진딧물 피해를 줄일 수 있을 것으로 보인다.

해충이 서로 잡아먹도록 유도하는 방법

오록Orrock 연구팀은 식물의 방어호르몬인 살리실산메틸을 토마토 잎에 처리해 주었을 때, 파밤나방Spodoptera exigua의 애벌레가 서로를 잡아먹고 잎은 덜 먹는 것을 관찰하였다(Orrock 등, 2017). 살리실산메틸을 처리하지 않은 잎은 거의 다 애벌레에 먹혔으나 처리한 잎은 실험이 종료되는 시점까지 상당히 많이 남아 있었다. 한편 살리실산메틸을 처리한 토마토 잎에서는 식물의 방어반응에 의해 탄닌과 단백질분해효소억제제와 같은 소화저해제가 생겨서, 식물 잎을 먹는 곤충이 얻을 수 있는 영양분이 감소되었다. 애벌레가 토마토 잎에서 얻을 수 있는 영양분이 감소해서 애벌레끼리 경쟁이 치열해졌고, 애벌레는 이러한 극한 환경에서 성장에 필요한 영양분을 보충하기 위해 서로를 잡아먹은 것으로 해석되었다. 해충이 다른 해충을 잡아먹으면, 해충의 숫자가 감소하고, 해충 한 마리당 먹는 식물 양도 줄어들기 때문에, 이 방법은 해충을 막는 효과가 높다.

식물이 해충을 방어하기 위해 만드는 화학물질들

식물은 수십만 가지의 화학물질을 생산하는데, 대부분이 스스로를 방어하기 위한 것이다. 이러한 방어용 화학물질을 기초적 생존에 필요한 1차대사물질과 비교하며, 2차대사산물이라고 부른다. 애기장대 식물의 경우는 글루코시놀레이트라는 화합물이 곤충 방어에 중요한 2차대사산물이다. 곤충 방어에서 글루코시놀레이트의 중요성을 보여주는 실험결과로는, 글루코시놀레이트 생합성 유전자들의 발현이 저하된 돌연변이 애기장대가 여러 벌레의 공격에 취약해진다는 것이 있다.

담배가 만드는 2차대사산물로는 니코틴이 있다. 니코틴을 만들지 못하게 담배 식물의 유전자를 변화시키면 벌레들이 담뱃잎을 훨씬 더 잘 먹게 된다. 니코틴을 만들지 못하는 잎이라도 인위적으로 니코틴을 발라주면 벌레가 잎을 잘 먹지 못한다. 탄닌도 중요한 2차대사산물이다. 설익은 감의 떫은맛, 홍차의 떫은맛이 탄닌의 맛이다. 탄닌은 단백질에 붙어서 단백질의 소화를 방해한다. 그래서 탄닌이 함유된 잎을 먹은 곤충은 잘 성장하지 못하며, 이러한 이유로 포플러나무의 탄닌 농도가 변하면 그 나무에 붙어 사는 곤충의 종류가 달라진다(Whitham 등, 2006). 사람들이 즐기는 와인이나 홍차에도 탄닌이 함유되어 있다. 많은 사람들이 몸에 해로운 식물성 물질들을 조금씩 기호품으로 즐긴다. 의약품과 환각성물질들도 식물의 2차대사산물에서 비롯된 것이 많다.

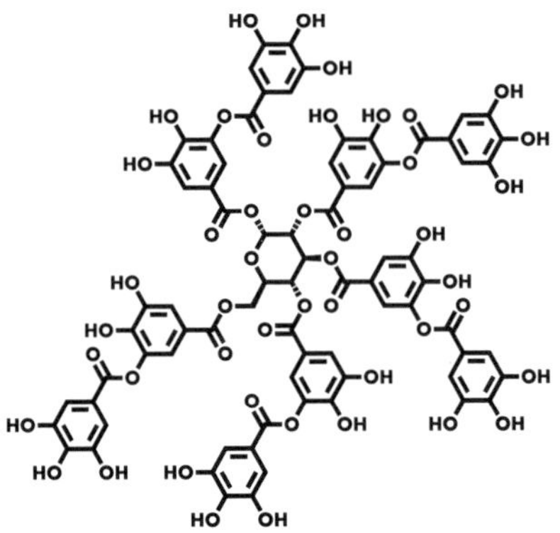

그림 45 탄닌의 화학구조.
탄닌 분자에 많은 하이드록시기(-OH)와 이중결합은 탄닌 분자 안에 양전기를 띤 부분과 음전기를 띤 부분을 여럿 만든다. 이러한 화학구조 때문에 탄닌은 단백질에 잘 붙는다.

오랜 진화의 기간 동안 2차대사산물을 오히려 이용하는 쪽으로 변한 곤충들도 있다. 어떤 곤충들은 글루코시놀레이트를 분해하거나 안전하게 축적하는 등, 대응하는 특별한 전략을 갖추어서 글루코시놀레이트를 가진 식물을 특별히 좋아하고 그 식물을 주로 먹게 된 경우도 있다. 탄닌을 잘 견딜 수 있어서 그것이 함유된 식물을 먹는 곤충의 종류도 따로 있다.

식물의 해충 방어의 분자적 기작을 밝히는 방법

식물이 어떤 화학물질을 써서 다른 생명체를 억제하거나 도와주는지를 밝히려고 할 때, 이전 연구자들은 이미 알려진 물질 중에서 후보 물질들을 추려 그것들만 분석하였고, 만약 예측한 후보 물질이 중요한 역할을 하지 않는 것으로 판명되었을 때에는 연구가 미궁으로 빠지는 경우가 많았다. 그러나 이제는 UHPLC-HR-MS[11]와 같은 정밀 대사체 분석기술과 많은 실험결과를 빠르게 처리하는 IT 기술이 발달해서, 후보 물질의 범위를 제한하지 않고 폭넓게 찾아볼 수 있게 되었다. 이러한 대사체학을 사용한 연구의 좋은 예는 피튜니아 식물의 해충 방어 기작에 대한 연구이다(Sasse 등, 2016).

이 논문의 저자들은 우선 피튜니아 식물 중에서 ABC 수송체의 일종인 *PDR2*라는 유전자의 발현이 감소한 돌연변이체가 야생종에 비해 곤충에게 더 잘 먹힌다는 것을 알아냈다. 그래서 PDR2 단백질이 곤충의 공격을 막는 물질을 수송하는 단백질일 것으로 추정하였다. PDR2가 어떤 물질을 수송하기에 곤충에 대한 식물의 내성을 높이는 것일까? 식물이 자신을 방어하기 위해 만드는 화학물질들은 워낙 종류가 다양해서, 이들 중에 어떤 것이 PDR2에 의해 수송되어 피튜니아를 먹는 곤충의 생장을 억제하는지 알아내는 것이 어려웠다. 이 난관을 극복하고자 연구자들은 UHPLC-HR-MS 기술을 이용하여 PDR2의 발현이 감소한 돌연변이체와 야생종의 잎에 있는 대사물질들을 가능한 한 모두 분석했다. 그 결과, 돌연변이체에 있는 몇 가지 스테로이드 물질

---

11 Ultra-high performance liquid chromatography high-resolution mass spectrometry. 매우 낮은 농도의 화학물질도 검출할 수 있는 화학 분석기술이다.

의 양이 야생종에 비해 감소한 것을 밝혀냈다. 그 물질들은 곤충들에게는 독성이 매우 높은 물질이었기 때문에 아마 PDR2 단백질에 의해 수송되는 기질일 것이라고 추측하였다.

　이러한 예는 대사물질들을 분석한 경우이지만, 최근에는 생명체에 존재하는 전체 유전자의 발현을 모두 분석하는 전사체 분석법도 발달하였다. 전사체 분석법을 써서 곤충이 잎을 씹어 먹었을 때 발현이 변화하는 유전자들을 전체적으로 분석한 결과, 활성산소의 생성과 반응, 칼슘 신호전달, 세포벽 강화, 2차대사산물 합성, 식물호르몬 합성, 전사조절인자 발현 조절 등에 관여하는 유전자들의 발현이 변화한 것으로 나타났다. 이런 다양한 전사체 분석을 통해 발견한 재미있는 현상은, 잎을 씹어 먹는 곤충의 공격이 있을 때 발현이 변화하는 유전자들의 종류는 어느 식물에서나 매우 유사하다는 점이다. 하지만 침을 넣어서 식물의 수액을 빨아 먹는 곤충이 식물을 침입하였을 때는 잎을 씹어 먹는 곤충이 공격했을 때와는 다른 유전자들의 발현에 변화가 생긴다.

곤충에 대항하는 식물 단백질들

미국의 라이언Ryan 박사 연구팀은 벌레에 먹히고 있는 식물이 단백질분해효소 억제제proteinase inhibitor를 생산하여 벌레의 공격에 효과적으로 저항한다는 것을 밝혔다(Johnson 등, 1989). 이들은 토마토 식물이 곤충에 먹히거나 상처를 입으면, 상처를 입은 부위뿐만 아니라 다른 곳에서도 단백질분해효소억제제를 만든다는 것을 밝혔다. 억제제는 곤충 위장의 트립신과 키모트립신 효소의 활성을 저해하여 곤충의 성장을 억제한다.

식물의 잎에 필수아미노산[12] 영양분이 부족해지면 곤충이 잎을 먹더라도 성장하고 번식하기 어려워진다. 토마토와 담배 식물에서 트레오닌이나 아르기닌 같은 특정 아미노산을 분해하는 효소들은 곤충의 성장에 필요한 필수아미노산의 공급을 저해하여 곤충 방제에 기여한다(Chen 등, 2005; Gonzales-Vigil 등, 2011). 그래서 아미노산 분해효소의 발현을 낮춘 식물의 잎을 먹은 곤충은 더 잘 번식하며, 반대로 그 효소를 과발현시킨 식물의 잎에서는 벌레의 성장과 번식이 억제되었다.

체관에 침을 꽂아서 체관액을 빨아 먹는 진딧물이 침범한 경우에도 식물은 특별한 단백질을 만들어서 체관을 막히게 하거나, 곤충의 침이 체관까지 뚫고 들어오지 못하도록 세포벽을 단단하게 만들어 곤충의 침입을 막는다. 애기장대에서 발견된 *SLI1*[SIEVE ELEMENT-LINING CHAPERONE1]이라는 유전자는 진딧물이 체관에 침을 꽂아서 체관액을 먹는 것을 막는다. 이 유전자가 훼손된 돌연변이 애기장대와 야생종에 진딧물을 넣어주고 비교하였을 때, 진딧물은 돌연변이체의 수액을 훨씬 더 오래, 더 많이 먹었다. SLI1 단백

---

12 동물이 생명활동을 유지하는 데에 필요한 아미노산 가운데 자체적으로 합성할 수 없거나 합성하기 어렵기 때문에 음식물로 섭취해야 하는 아미노산을 말한다.

질은 체관의 외부 벽에 존재하며, 죔쇠처럼 체관을 꼭 조여서 진딧물이 체관액을 빨아 먹는 것을 줄이는 기능을 하는 것으로 추측되었다(Kloth 등, 2017).

곤충을 막기 위한 위장술

시계꽃속^{Passiflora}에 속하는 어떤 식물들의 잎에는 곤충의 알처럼 보이는 조직이 질서정연하게 펼쳐져 있다. 그 구조는 마치 곤충이 알을 낳아서 붙여놓은 것처럼 보인다. 다른 곤충이 와서 그 구조를 봤을 때 이미 다른 곤충이 알을 낳아 선점한 것으로 착각하여, 그 잎에 알을 낳는 것을 기피하도록 하는 효과가 있는 것이다.

곤충의 침입을 막기 위한 염생식물의 방광세포

소금 농도가 높은 곳에서도 잘 사는 염생식물 퀴노아 잎의 털세포들은 큰 풍선 모양의 방광세포^{bladder cell}로 변해서 표면을 덮고 있다. 방광세포는 둥그런 모양이고 보통 다른 잎의 세포들보다 100배나 크다. 다른 염생식물의 절반 정도도 이러한 방광세포들을 가지고 있다. 염생식물들은 200밀리몰라의 높은 소금 농도도 견뎌내고 잘 살기 때문에, 이들의 방광세포는 아마도 소금과 물을 저장하고 증산을 줄이는 것이라고 많은 사람들이 추측하였다. 보통 식물에도 이런 세포를 만들어서 표면을 덮을 수 있다면 염분에 내성을 높일 수 있지 않을까 하는 기대까지 있었다.

그림 46 시계꽃속 식물이 잎에 만든 알처럼 생긴 구조. 이것은 길쭉나비가 알을 낳지 않도록 방지하기 위해 만든 것으로 보인다. 길쭉나비는 이미 다른 나비가 알을 잎에 낳은 줄로 착각하고 경쟁을 피하기 위해 다른 잎을 찾을 것이다.

그런데 최근에 덴마크의 팜그랜^{Palmgren} 연구팀이 발표한 논문과 2023년 3월에 열렸던 IWPMB 학회에서 발표한 바에 따르면, 방광세포의 기능은 기존의 추측과는 완전히 다르다고 한다(Moog 등, 2023). 팜그랜 연구팀은 우선 방광세포가 소금의 주성분인 나트륨을 쌓아두는 역할을 하는지 알아보기 위해 방광세포를 분리해서 이온 농도를 측정했다. 측정해 보니 방광세포 내부의 나트륨 양은 다른 세포들보다도 오히려 더 낮았다. 나트륨 농도가 낮더라도 방광세포가 염분 내성에 기여하는 다른 방법이 있을지도 모르기 때문에, 연구팀은 한 걸음 더 나아가서 방광세포가 아예 없는 돌연변이체 퀴노아 식물을 만들어 야생종과 비교했는데, 돌연변이체는 염분에 대한 내성이 야생종에 못지않았다. 그렇다면 방광세포들이 퀴노아의 염분 내성에 기여하지 않는 것이 분명했다. 놀라운 결과였다.

그렇다면 이 염생식물들은 무슨 이유로 방광세포를 잎 표면에 빽빽하게 만드는 것일까? 연구자들은 이 질문에 답하기 위해 잎에 자외선을 쪼여보기도 하고, 바람을 불어보기도 하는 등 여러 실험을 했으나 오랫동안 답을 찾지 못했다. 그렇게 연구기간이 길어지니 온실에 이 식물의 화분이 너무 많아져서 새로 심은 퀴노아 화분을 둘 곳이 없어졌다. 그래서 일부 오래된 화분을 온실 밖으로 꺼내두었더니, 며칠 후 돌연변이체에만 총채벌레가 많이 꼬이는 것을 볼 수 있었다. 벌레가 없도록 단단히 관리하는 온실 안에서는 관찰하지 못한 표현형이 온실 밖 복도에서 발견된 것이다. 이들은 곤충을 연구하는 다른 연구팀에 도움을 청해서 여러 가지 벌레로 다시 시험해 보았다. 파밤나방의 유충도 표면을 방광세포가 빽빽하게 덮고 있는 야생종 퀴노아의 잎보다는 방광세포가 없는 돌연변이체의 잎을 훨씬 더 많이 선택하고 잘 먹었다. 이로써 방광세포들은 여러 해충이 잎으로 들어가는 것을 막는 물리적 장벽의 역할을 한다는 결론을 낼 수 있었다. 곤충의 침입을 막기 위한 식물의 진화는 놀라울 정도로 다양한 모습을 보이고 있는 것이다.

움직여서 곤충을 쫓는 식물

미모사 식물은 상처를 입거나 외부 물질과 접촉하면 수십 초 내

그림 47 방광세포가 없어진 퀴노아 돌연변이체 식물은 파밤나방의 유충을 잘 방어하지 못한다. (A)는 방광세포로 표면이 덮힌 야생종(WT)이나 방광세포가 없는 돌연변이(*ebcf*) 퀴노아 식물을 9일 동안 먹고 자란 파밤나방 유충의 모습이다. 돌연변이 식물을 먹은 유충들이 더 많이 살아남고 더 크다. 화살표는 1센티미터. (B)와 (C)는 파밤나방 유충들이 9일 동안 먹은 식물의 모습이다. 유충에게 먹힌 것이 보이는 잎 중에서 가장 어린 잎을 화살표로 표시하였다. 돌연변이 식물은 훨씬 더 어린 잎까지 먹힌 것을 볼 수 있다.

에 전체 잎사귀를 접는다. 일본국립기초생물학연구소의 하세베 Hasebe 연구팀의 연구결과에 따르면, 미모사 잎은 외부 자극을 받으면 칼슘 이온의 농도가 변하고 동시에 전기 신호가 순차적으로 잎 전체에 퍼져서 잎사귀를 접는다고 한다(Hagihara 등, 2022). 그렇다면 미모사는 왜 외부 자극이 있을 때 잎을 접는 것일까? 연구진은 미모사가 잎을 접는 행동이 자신의 천적을 쫓아내는 행위일 것이라고 가정하고, 이것을 검증하는 실험들을 했다. 미모사는 천적인 메뚜기가 잎에 앉는 상황에서 잎을 접었는데, 이것이 메뚜기를 쫓는 것인지를 알아보기 위해서, 잎을 접지 못하는 미모사 돌연변이체를 만들어서 야생종과 비교해 보았다. 놀랍게도, 잎을 접는 야생종 식물에는 메뚜기가 접힌 잎에 잘 달라붙지 못해서 잎에 머무르는 시간이 짧았다. 반면에 잎을 접지 못하는 돌연변이체 잎에서는 메뚜기가 오랜 시간 동안 안정적으로 머무르며 잎을 먹었다. 이 결과는 해충이 앉으면서 발생하는 물리적 자극을 미모사가 감지하여 재빠르게 잎을 접는 것이 해충을 쫓기 위한 것임을 보여준다.

　이 연구결과를 보면서 필자가 느낀 것은 일본의 기초과학을 장려하는 분위기와 환경이 특별하다는 것이다. 미모사는 농업적으로 유용한 식물이 아니므로, 잎을 빨리 접는 농작물을 개량하기 위해 미모사 연구를 한다고 정당화하기도 쉽지 않다. 게다가 미모사는 돌연변이체를 만들기가 어려운 콩과식물이어서 이런 연구를 수행하려면 시간과 연구비가 많이 든다. 그런데도 이런 연구를 할 수 있었던 것은 기초과학을 중요시하는 일본 학계의 전통에 힘입은 것이 아닐까?

곤충이 낳은 알에 식물이 반응하는 기작

식물을 먹는 곤충의 암컷은 숙주식물에 있는 화학물질을 잘 알아보고 그 식물의 잎이나 잎자루, 줄기, 나무의 껍질 부위에 알을 낳는다. 곤충의 알은 주로 암컷이 분비한 물질에 덮여 있으며 끈적한 풀 같은 물질로 잎에 붙어 있다. 이전까지 식물은 움직일 수 없기 때문에 곤충이 식물에 알을 낳으면 식물은 대처할 수 없고, 그저 알에서 깨어난 애벌레에게 식물이 잡아먹힌다고만 생각되었다. 하지만 최근에는 식물이 곤충이 낳은 알을 인식하고 방어 반응을 한다는 사실이 알려졌다.

곤충의 알을 식물에 얹어주면, 과민반응과 유사하게 활성산소가 발생하여 식물조직이 괴사하고, 천적을 부르는 휘발성물질이 분비되는 등, 식물은 여러 방어반응을 일으켜서 곤충의 알이 발달하는 것을 방해한다. 실제로 애기장대는 곤충이 잎에 알을 낳으면, 활성산소를 발생하여 알 주변 식물조직을 죽이며, 단단한 칼로스를 생성하고, 수백 가지 유전자들의 발현을 조절해서 방어반응을 일으킨다. 이러한 반응은 병균이 식물에 침입했을 때와 유사한 방어반응들이며, 이때 변화하는 유전자들 중에는 살리실산 신호전달에 의해 유도되는 유전자들이 많이 포함되어 있다 (Little 등, 2007; Lortzing 등, 2019).

곤충의 알이 있을 때 식물이 일으키는 살리실산 반응에 관해 더 알아보자. 스위스의 레이몬드^{Reymond} 연구팀은 큰배추흰나비가 애기장대 잎에 알을 낳았을 때에 살리실산이 잎에 축적되는 것을 관찰하였다(Alfonso 등, 2021). 놀랍게도 알이 놓인 잎뿐만 아니라 그 주변의 잎에도 살리실산이 축적되었다. 이들의 연구에 의하면 곤충의 알에 반응하는 식물의 방어반응이 우리가 2부에서 다룬 병원균 침입에 대응하는 식물의 면역반응과 상당히 유사하다고 한다. 흥미롭게도 곤충의 알이 일으킨 살리실산 매개 전신 방어반응은 박테리아나 곰팡이가 식물에 침입하는 것까지 방어한다. 곤충의 알이 부화해서 애벌레가 되면 잎을 먹을 것이고, 그로 인해 상처가 나면 상처 부위에 병균이 침입할 위험이 있으므로 식물이 이를 미리 대비하는 것일 가능성이 있다.

곤충을 방어하는 데에 얼마나 투자해야 하나?

그런데 식물이 곤충 방어에 너무 많은 자원을 써버리면 자라는 데에 투자할 자원이 모자라게 된다. 방어태세를 갖추느라고 많은 자원을 썼는데, 적이 오지 않는다면 그것은 낭비가 될 것이고, 그런 식물은 성장에 치중한 이웃 식물과의 경쟁에서 불리할 것이다. 아예 방어를 안 하고 자라는 데에 치중하는 것이 경쟁에서 이기는 방법이 될 수도 있지 않을까? 대체 언제, 얼마나 대비를 하는 것이 성장해서 후손을 만드는 데 가장 적합할 것인가?

몇 년 전 4월, 필자의 집 호두나무에 벌레들이 와서 사흘 안에 초록색 잎이 다 없어졌다. 벌레들 때문에 나무는 가지만 남아 있는 겨울나무의 모습으로 되돌아갔다. 동네 사람들이 공동으로 정원에 농약을 쳤는데 우리 집은 사정이 있어 농약을 치지 못했더니, 동네 벌레들이 모두 우리 집 나무로 이동을 해서 그렇게 된 것이 아닌가 싶었다. 잎을 다 먹어치운 후에 벌레들은 사라져 버렸는데, 놀랍게도 그 나무는 얼마 안 되어 다시 잎을 만들어서 이전 모습을 완전히 회복했고 그해 가을에는 그해 전보다 알이 꽉 찬 호두를 더 많이 만들었다. 이것을 보면 미리 곤충 방어에 애쓸 필요 없이 곤충에게 한 차례 먹히고 난 뒤 다시 자라는 것도 식물에게는 한 가지 대처법이 되는 것으로 보인다.

이렇게 식물이 곤충에게 많이 먹혔을 때에 방어호르몬 자스몬산을 많이 내는 식물이 자스몬산을 적게 내는 식물보다 피해 회복이 늦다고 한다. 그것은 아마도 자스몬산이 식물 성장호르몬인 지베렐린의 작용을 방해하기 때문일 것이라고 과학자들은 추측하고 있다. 자스몬산이 곤충 방어에 가장 중요한 호르몬이지만, 이것이 과다하게 분비됐을 때에는 생장모드로 돌아가는 데 지장이 생긴다고 하니 그 농도를 잘 조절하는 것이 식물에게는 매우 중요한 일로 보인다.

곤충이 식물의 방어를 극복하는 방법

곤충은 여러 방법을 써서 식물의 방어반응을 극복한다. 식물이 합성해서 분비한 2차대사산물을 화학적으로 무독화하는 곤충들이 있고, 식물 세포벽을 분해해 체관에 침을 꽂기 쉽도록 만드는 경우도 있다. 곤충의 입에서 나오는 침은 식물의 방어반응을 회피하는 데 중요한 역할을 한다.

그렇다면 침에 있는 어떤 물질이 식물의 방어반응을 억제하는 걸까? 우선 곤충의 침에는 ATP를 분해하는 효소가 있다. 이 효소는 식물세포 밖으로 흘러나온 ATP를 분해하고 ATP를 인식해서 식물의 방어기작이 시작되는 것을 약화시킨다. ATP분해효소의 중요성은 몇 가지 실험결과를 보면 확실히 알 수 있다. 인공적으로 만든 ATP분해효소를 식물에 넣어주면, 식물이 곤충의 소화를 방해하기 위해 만드는 단백질분해효소억제제, 폴리페놀산화제 등 방어용 유전자의 발현이 억제된다. 동물의 피를 빨아 먹는 곤충들의 침에도 숙주의 방어기작을 억제하는 ATP분해효소가 들어 있다.

곤충이 공생하는 미생물을 써서 식물의 방어를 극복하는 경우도 있다. 딱정벌레 유충은 입에서 박테리아를 많이 분비한다. 식물은 박테리아의 편모를 인식하면 살리실산을 만들어 박테리아를 방어하는 과정들을 시작하는데, 살리실산은 곤충을 방어하는 자스몬산의 작용을 방해한다. 곤충이 미생물을 써서 식물이 살리실산을 만들도록 유도한 뒤, 자스몬산이 하는 곤충 방어기작을 억제하는 것이다. 실제로 서양곡물뿌리벌레의 애벌레가 옥수수 뿌리에 붙어서 이러한 작전을 구사한다. 점박이형엽채벌레라는 나방의 유충도 공생하는 박테리아를 이용한다. 엽채벌레의 유충은 몸속에 있는 박테리아가 만드는 식물 성장호르몬인 사이토카이닌을 잎에 묻혀 잎의 노화를 방지한다. 그래서 유충은 노화하지 않은 건강한 잎을 먹고 빠르게 성장할 수 있다. 이렇게 미생물을 이용하여 식물의 방어기작을 극복하는 곤충들은, 식물에 항생제 처리를 해서 공생 박테리아를 없애면 식물을 침범하는 능력이 크게 감소한다.

곤충이 식물에 포함된 독성물질을 감지하거나 독성이 없는 식물을 찾아낼 수 있다면 식물의 방어를 피할 수 있을 것이다. 목화 작물을 먹는 해충인 목화바구미는 목화 식물이 분비하는 특이적인 휘발성화합물질을 인식하여 목화를 찾아간다(Magalhães 등, 2018). 곤충이 식물에서 분비되는 화학물질을 인식하고 판별하려면 그 물질에 대한 수용체가 있어야 한다. 이집트목화잎벌레라는 나방의 냄새 맡는 수용체 유전자를 망가뜨리면 그 나방의 더듬이는 식물의 휘발성물질에 반응할 수 없게 된다(Koutroumpa 등, 2016).

어떤 곤충은 잎에 혹을 만들어서 거기 숨기도 한다. 대체 어떻게 식물의 방어기작을 피해 혹을 만들어 유지하는지 놀랍기만 하다.

식물과 곤충의 관계에 관한 지식을 농업에 응용하기

식물을 먹는 곤충이나 해충은 농업에 해를 끼친다. 직접 식물조직을 먹어 없애기도 하고, 식물에 박테리아나 바이러스 병균을 옮기기도 한다. 이런 해충으로부터 작물을 보호하려고 농부들은 여러 가지 곤충을 한 번에 죽이는 농약을 많이 사용했다. 하지만 미래에는 자연을 보호하고 환경에 최소한의 영향을 미치는 농업이 강조되기 때문에 다양한 곤충을 모두 죽이는 농약보다는 문제가 되는 해충만을 죽이고 부작용이 적은 여러 방법들을 써서 해충을 퇴치해야 할 것이다. 이런 배경 속에서 연구자들은 여러 방법들을 제안했다(Douglas, 2018).

첫째로, 식물이 특정 박테리아가 만드는 곤충을 죽이는 독성

그림 48 너도밤나무담즙즙모기가 너도밤나무 잎 위에 만든 혹 사진이다.

물질을 만들도록 해서 해충으로부터 식물을 보호하는 방법이 있다. 현대 농업에 많이 사용되고 있는 Bt 유전자를 발현하는 작물이 대표적이다. 둘째, 식물이 가지고 있는 곤충에 대한 방어기작과 미생물에 대한 방어기작은 서로 유사한 점이 상당히 많으므로, 식물이 미생물 방어에 사용하는 단백질을 과발현해서 곤충에 대한 면역기능을 강화시키는 방법이 있다. 셋째, 식물에는 곤충의 생장과 번식을 막는 2차대사산물이 많은데, 곤충이 왔을 때 식물이 2차대사산물 합성에 관여하는 유전자들을 더 많이, 그리고 더 빨리 발현하도록 하는 방법이 있다. 넷째, 식물이 곤충과 공생하는 박테리아를 죽이는 화합물을 만들도록 하는 방법이 있다. 많은 곤충이 박테리아 없이는 살 수 없기 때문에 식물이 박테리아를 죽이게 함으로써 곤충을 박멸하는 것이다. 특히 식물의 수액을 먹는 곤충들은 대체로 면역에 관여하는 유전자들을 갖고 있지 않고 공생 박테리아에 의존해서 면역기능을 보완하기 때문에 공생 박테리아를 죽이는 것이 이런 곤충들을 방제하는 방법이 된다. 마지막으로 소규모 유기농 농업의 경우에는 해충의 천적을 이용하는 방법도 가능할 것이다. 해충의 천적으로 활동해서 농업에 도움이 되는 동시에 작물에게 손상을 주지 않는 생물을 파악해서, 그들의 서식지가 될 수 있는 식물들을 제공하거나 그들을 유인하여 해충을 구제할 수 있다. 우리나라 농촌진흥청에서는 상추, 열무와 같은 채소류 잎을 먹어 큰 피해를 입히는 벌레 퇴치를 위해 천적인 곤충병원성 선충을 활용하는 방법을 추천하기도 했다(박상규, 2012). 특히 좁은가슴잎벌레와 벼룩잎벌레가 대표적인 잎줄기채소 해충인데, 발생 초기에 천적인 곤충병원성 선충을 살포해 주면 효과를 볼 수 있다고 한다.

그러나 어떠한 방법을 써도 해충을 영원히 막을 수는 없다. 해충의 숫자가 너무나도 많고 번식 속도도 워낙 빨라서 식물이나 사람들이 해충을 방재하기 위해 마련한 방법을 결국에는 해충이 극복해 버리기 때문이다. 그래서 작물을 해충으로부터 보호하려면 한꺼번에 여러 방법을 동시에 써야 한다.

그동안은 해충에 저항성이 높은 식물을 만들기 위해서 고전적인 교배를 통한 육종이 많이 이용되어 왔고 현재도 이용되고 있다. 하지만, 교배를 통한 육종으로는 아주 다양한 작물을 만들기 어렵고, 시간도 오래 걸린다. 반면 유전공학적 방법을 쓰면 짧은 시간 안에 여러 유전자들을 작물에 발현시킬 수 있어서, 원하는 형질을 가진 식물을 상대적으로 빨리 만들어 낼 수 있다. 작물을 해충으로부터 보호하는 방법을 여러 가지 알아내서 거기에 관여하는 유전자들을 복합적으로 발현시키면, 해충에 대한 방어벽을 높게 겹겹으로 쌓아 올릴 수 있을 것이다.

곤충을 잡아먹는 식충식물

곤충을 잡아먹는 식물은 질소원이 부족한 습지 같은 곳에서 자라는 것들이 대부분이다. 산도가 매우 낮은 습지에서는 죽은 생물들이 분해되지 못해서 질산염이나 암모늄이 생기지 않는다. 그래서 이런 곳에 사는 식물은 작은 곤충을 잡아 소화시켜서 나오는 단백질을 섭취한다. 그러므로 식충식물들은 척박하고 특수한 환경에서 생존하기 위해 곤충을 잡아먹도록 진화한 것으로 볼 수 있다.

그들이 곤충을 잡는 방법에는 수동적 방법과 능동적 방법이 있다. 수동적 방법은 끈끈이주걱*Drosera capensis*처럼 끈적한 물질들을 분비해서 거기에 붙은 곤충이 움직이지 못하도록 하거나, 벌레잡이통풀*Nepenthaceae*처럼 곤충이 지나가다가 미끄러운 주머니 입구 속으로 한번 빠지면 주머니에서 나올 수 없도록 하는 방법이다. 능동적 방법으로는 파리지옥풀*Dionaea muscipula*처럼 곤충이 걸어 들어오면 덫을 닫아서 빠져나가지 못하도록 하는 경우이다. 식충식물은 주로 잎을 변형해 곤충을 잡는 덫을 만들며, 곤충에서 영양분을 얻기 때문에 식충식물의 뿌리는 다른 식물에 비해 훨씬 덜 발달되어 있다.

다윈은 파리지옥풀의 빠르고 강한 움직임에 감탄해서 파리지옥풀을 "세상에서 가장 경이로운 식물"이라고 불렀다. 1875년에 발표한 『곤충을 먹는 식물』이라는 책에서 다윈은 식충식물이 펩신과 같은 단백질분해효소들을 써서 곤충의 단백질을 분해해 흡수하기 때문에 식충식물이 곤충을 잡는 행위는 식물의 성장에도 도움이 된다고 보고하였다. 후대 학자들도 식충식물이 곤충을 많이 잡아먹으면 성장이 촉진되고 자손을 더 많이 만들 수 있게 되는 것을 확인하였다(Thorén & Karlsson, 1998).

21세기에 들어서는 독일의 헤드리히[Hedrich] 박사가 파리지옥풀이 곤충을 잡는 기작에 관해 자세히 연구하였다(Hedrich & Neher, 2018). 파리지옥풀의 잎은 외부 물질이 닿으면 닫히는 덫으로 진화하여서 그 표면을 지나가는 곤충의 움직임을 감지한다. 곤충이 파리지옥에 내려 처음에 털을 건드리면 파리지옥은 전기신호를

그림 49 여러 가지 식충식물. 왼쪽 위부터 시계 방향으로 파리지옥풀, 네펜데스 라플레시아나 (*Nepenthes rafflesiana*), 네펜데스 그라실리스(*Nepenthes gracilis*), 끈끈이주걱이다.

일으킨다. 처음 전기신호는 곤충을 잡는 준비 단계를 시작할 뿐 덫을 닫는 운동으로까지 진행되지는 않는다. 그러나 처음 전기신호가 생긴 지 30초 이내에 곤충이 또 움직여서 두 번째 전기신호가 생기면 덫이 닫힌다. 곤충이 도망가려고 발버둥 치면 전기신호가 연달아 계속 생겨서 자스몬산 신호전달이 시작되고 덫은 단단하게 닫힌다. 곤충이 더 세게 여러 번 발버둥 쳐서 전기신호가 5회 이상 생기면 덫의 안쪽에 있는 분비샘에서 가수분해효소들이 분비되어 잡힌 곤충을 소화한다. 분비된 소화효소는 곤충의 몸을 분해하여 식물이 흡수할 수 있는 단백질과 질소염, 칼리, 황산염, 인산염 등의 영양분으로 변화시킨다. 이런 영양분을 흡수하는 단백질들이 덫에 있는데, 그것들은 보통 다른 식물들이 영양분을 흡수하기 위해서 뿌리에 발현하는 수송체 단백질들과 유사하다. 영양분 중에서 탄수화물은 식충식물도 광합성을 해서 만든다. 그래서 식충식물은 빛이 충분한 곳에서 산다.

곤충이 발버둥 치는 강도와 빈도에 비례하여 소화효소가 더 많이 나오기 때문에, 식충식물은 잡힌 곤충의 크기를 전기신호로 인식해서 분비할 소화효소의 양을 조절한다고 볼 수 있다. 5회 이상의 전기신호는 수송체 유전자들의 발현도 촉진하는데, 이는 분해되어 나온 영양분을 흡수하기 위한 것이다. 그런데 곤충이 잡히지 않은 상태에서 자스몬산을 식물에 넣어만 줘도 영양분을 수송하는 수송체 유전자들의 발현이 시작된다. 반면 자스몬산 신호전달 과정을 인위적으로 억제하면 물리적 자극을 주더라도 수송체 유전자들의 발현이 일어나지 않는다. 물리적 자극이 전기신호가 되고 이것이 다시 호르몬이라는 화학적 신호로 바뀌어서 필요한 유전자들을 활성화시키는 것이다.

헤드리히 박사는 파리지옥풀이 곤충을 잡을 때 전기 자극이 2회보다 더 많을 때는 덫을 닫고, 5회보다 더 많을 때 소화효소를 내는 현상을 관찰하고는 "식물도 숫자를 셀 줄 안다. 식물도 셈을 할 줄 안다"라고 말했다. 만일 식충식물이 바람만 불어도, 또는 어디서 작은 털이 날아와 박혀도, 곤충이 온 줄 알고 덫을 닫고 소화효소를 분비한다면, 식충식물은 에너지만 낭비할 뿐 영양분은 얻을 수 없을 것이다. 그래서 곤충이 일으키는 것과 같은 상당히 강력한 자극에만 식충식물이 반응하는 것을, 헤드리히 박사는 식충식물이 숫자를 센다고 의인화하여 재미있게 표현한 것이다.

최근에 식충식물 중에서는 처음으로 통발 모양의 벌레 잡는 구조를 가진 열대통발Utricularia gibba 식물과 땅속 잎에서 벌레를 잡는 젠리시아 아우레아Genlisea aurea의 유전체 서열이 밝혀졌다. 아직 많은 유전자들의 기능이 무엇인지 밝혀지지는 않았지만 현재까지의 연구결과에 따르면, 이들은 다른 식물과 비슷한 숫자의 유전자를 가지고 있었고 유전자의 기능도 보통 식물의 것과 유사했다. 동물의 신경계에서 외부 자극에 재빠르게 반응하여 움직이는 데 관여하는 유전자는 이 식충식물에서 찾을 수 없었고, 식충

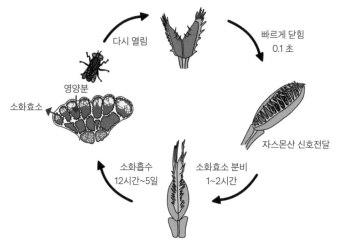

그림 50 파리지옥풀의 곤충 사냥방법.
곤충이 지나가면서 덫에 있는 털을 건드리면 전기신호가 생겨서 주변으로 퍼진다. 30초 이내에 또 한 번 이런 전기신호가 발생하면 파리지옥풀의 잎은 단단히 닫혀서 곤충이 빠져나가지 못하도록 한다. 일단 잎이 닫히기 시작하면 곤충은 덫에서 빠져나가려고 몸을 더욱 세게 연달아 움직이는데, 이러한 곤충의 발버둥이 전기신호를 다시 일으키게 되어 덫은 더 단단하게 닫히고, 곤충의 몸을 소화시키는 효소 분비를 촉진시킨다. 분비된 여러 효소는 곤충의 몸을 분해하여 식물이 흡수할 수 있는 단백질과 질소염, 칼리, 황산염, 인산염 등의 영양분으로 변화시킨다. 곤충의 영양분 흡수가 끝난 덫은 다시 열려 다음 먹이가 지나가기를 기다린다.

식물이 잡아먹은 동물의 유전자를 받아들인 흔적도 없었다. 유전체 분석결과를 종합해 봤을 때 식충식물은 어느 식물에나 있는 유전자들을 가지고 매우 특별한 덫이라는 구조를 만들어 사용하고 있는 것으로 추측되며, 이는 매우 놀라운 일이다.

식충식물의 기원과 멸종위기

현재까지는 약 630종의 식충식물이 있는 것으로 알려져 있다. 이들은 꽃 피는 식물 중 각각 다른 여섯 가지 목에서 나타나며, 하나의 조상에서 분화된 것이 아니라 서로 독립적으로 진화된 것으로 보인다. 이렇게 따로 발달했음에도 불구하고 식충식물이 만드는 덫의 모양이나 잡은 벌레를 소화하는 방법은 제법 유사하다. 식충식물의 조상 식물들은 척박한 환경에서 영양분을 얻기 위해 곤충을 잡는다는 같은 목적으로 진화하다가, 결국은 유사한 형태와 생화학적 기작을 갖게 된 것으로 보인다. 파리지옥이 분비하는 물질들을 분석해 보니, 가수분해효소들과 미생물 저항성 물질들의 비중이 컸다. 이 물질들은 식물이 병균으로부터 자신을 지키기 위해 만드는 물질들이다. 그래서 식충식물은 아마도 영양분이 너무나 모자란 척박한 지역에서 살아남기 위해 방어유전자들을 변화시켜서 곤충을 먹는 데 사용한 것으로 추측된다.

그러나 최근에는 식충식물의 절반이 멸종위기에 처해 있다 (Jennings & Rohr, 2011). 농업을 하기 위해 습지에서 물을 빼고 농지로 바꾸면서 식충식물의 서식지가 파괴되었고, 공해에 견디지 못하는 식충식물들도 있으며, 또 사람들이 식충식물을 너무 많이 채집해 가는 것도 멸종 원인 중 하나라고 한다. 신기한 식물이라 곁에 두고 보고 싶어 하는 사람들이 많지만, 식충식물의 성장과 번식에 알맞은 환경을 일반인들이 조성해 주기는 어려울 것이고, 그렇다면 얼마 안 가서 채집한 식충식물은 죽게 될 것이다. 식충식물이 생태계에서 없어지면 식충식물에 의지하던 다른 동물들도 사라지게 된다. 예를 들어 벌레잡이통풀을 은신처로 삼고 있는 개구리는 벌레잡이통풀이 없어진 환경에서는 살아남기 어려워질 것이다. 또 식충식물은 사람에게 병을 일으키는 모기, 파리, 주혈흡충 등 여러 해충을 잡아먹기 때문에, 식충식물이 사라진다면 사람들은 해충 때문에 생기는 질병에 더욱더 시달리게 될 것이다. 식충식물이 생태계에서 가지는 중요성을 생각해 봤을 때, 식충식물이 멸종하지 않도록 보호하는 조치가 반드시 필요하겠다.

8장
식물과 척추동물의 관계

식물이 먹이고 부리는 초식 척추동물

식물은 한곳에 고착하여 살기 때문에 종자를 퍼뜨리는 방법이 필요하다. 만약 종자가 퍼지지 않고 식물 모체 근처에 떨어져서 거기서 싹 트고 자라게 된다면, 식물 모체와 유식물은 결국에는 한 장소에서 같은 자원을 놓고 경쟁하게 될 것이고 같은 식물끼리 자원을 둘러싸고 경쟁을 벌인다면, 그 식물 종은 번성하기 어려울 것이다.

따라서 많은 식물이 이를 방지하고자 종자를 먹음직스러운 과육 속에 넣어서 초식동물이 먹게 하는 방법으로 종자를 멀리 퍼뜨린다. 예를 들어 겨우살이는 새를, 두리안은 오랑우탄을 이

그림 51 동물을 이용해서 종자를 퍼뜨리는 도깨비바늘풀.
왼쪽부터 시계 방향으로 필자의 반려견 복자가 도깨비바늘풀을 살펴보는 모습, 복자의 몸에 도깨비바늘이 붙은 모습, 복자의 몸에 붙은 도깨비바늘을 떼어서 정렬한 모습이다.

용하여 종자를 퍼뜨린다.

과실을 사용하지 않고 동물의 몸에 종자를 붙게 해서 자손을 멀리 퍼뜨리는 식물도 있다. 가령 도깨비바늘풀이 만들어 내는 종자에는 갈고리가 있어서 동물의 몸에 붙어 먼 곳까지도 갈 수 있다.

이런 식물 중에서 매우 흥미로운 현상을 보이는 것이 '새 잡는 나무'이다. 뉴질랜드와 하와이 등지의 섬에서 사는 피소니아*Pisonia* 속의 나무 중에 현지인들이 '새 잡는 나무'라고 부르는 식물이 있다. 새 잡는 나무는 영양 성분이 풍부한 토양에서 자라기 때문에, 영양 보충을 위해 새를 잡는 것이 아니다. 이 식물은 섬이라는 특수한 서식지에서 살고 있어 종자를 널리 퍼뜨리는 방법이 별로 없기 때문에, 멀리 날아가서 다른 섬에 둥지를 만드는 새를 이용하여 종자를 퍼뜨리는 전략을 택하게 되었다. 그런데 많은 바닷새들은 과실을 먹지 않기 때문에 먹음직스러운 과실 속에 종자를 넣는 방법은 사용할 수가 없었다. 대신 이 나무는, 갈고리 구조가 있고 풀같이 끈끈한 물질이 있는 종자를 만들어 새의 깃털에 종자를 붙게 한다. 이 종자가 새의 깃털에 한번 붙으면 떼어내는 것은 거의 불가능하다. 종자가 맺히는 계절에 이 나무에 앉았다가 깃털에 종자가 한두 개 박힌 새는 다음 계절에 다른 섬으로 날아가서 둥지를 틀 것이고, 그때 종자가 박힌 깃털이 땅에 떨어지면 그 종자에서 싹이 터서 새로운 곳에서 식물이 자랄 수 있게 된다. 그러나 간혹 운이 나쁘게도 그 종자가 너무 많이 깃털에 박힌 새는 날개를 펴고 날아갈 수가 없어서 움직이지 못하게 되고 그래서 먹이를 먹지 못하고 굶어 죽게 된다. 이렇게 극단적인 경우 생기는 부작용 때문에 피소니아나무를 '새 잡는 나무'라고 부르게 된 것이다. 좁은 섬에 사는 나무가 새로운 서식지를 개척하는 방법 때문에 무고한 희생자가 생겼다고 할 수 있겠다.

초식동물에 대한 식물의 방어기작

초식동물에 대한 식물의 방어기작은 크게 물리적 방어기작과 화학적 방어기작으로 나눌 수 있다. 먼저, 척추동물이 식물을 먹는

그림 52 사진 속 구지뽕나무 가시는 초식동물이 잎을 먹는 것을 방해한다. 오른쪽 사진은 두꺼운 껍질로 척추동물을 방어하는 소나무의 모습이다.

것을 억제하는 물리적 장벽으로는 날카로운 가시나 두꺼운 나무 껍질 같은 것들이 있다.

식물이 초식 척추동물에 방어하기 위해서 사용하는 화학적 방어기작은 곤충에 대한 방어기작과 거의 유사하다. 곤충과 초식동물 모두 식물의 잎에 상처를 준다는 점이 같기 때문에 같은 방어기작이 사용되는 것이다. 큰 동물이 식물을 먹으면 식물에 상처가 생기고 상처 신호는 자스몬산의 생성을 유도하며, 자스몬산 신호는 단백질분해효소억제제를 만든다. 이것은 앞서 말한 단백질분해효소억제제와 같은 것이다. 식물이 만드는 여러 2차대사산물도 큰 초식동물의 먹이 활동을 억제한다.

초식동물들이 식물의 다양성에 미치는 영향

초원에서 풀을 뜯어 먹는 동물들은 나무가 어렸을 때 잎을 먹거나 식물을 상하게 해서 어린 나무가 큰 나무로 성장하는 것을 방해한다. 초본식물들도 초식동물의 먹이 활동 때문에 피해를 입는다. 실제로 수십 년간 흰꼬리사슴의 개체 수가 많았던 미국 북동부 지역의 숲은 숲 바닥에 사는 식물들의 숫자와 다양성이 매우 빈약해졌다. 미국의 펜더가스트Pendergast 연구팀은 이 문제를 11년간 조사했는데(Pendergast IV 등, 2016), 사슴들을 쫓아낸 후에도 식물의 다양성이 곧바로 증가하지는 않았다.

그 원인은 무엇이었을까? 풀의 종자 수가 줄었기 때문일까? 사슴이 먹기 싫어하는 식물이 우점종이 되고 자리를 다 차지해서 식물의 다양성이 감소한 것은 아닐까? 사슴들이 뭔가 토양에 나쁜 영향을 끼친 것은 아닐까? 이런 질문을 토대로 조사한 결과 사슴의 개체 수가 줄었어도 사슴이 먹기 싫어하는 식물의 개체 수는 증가하지 않았고 오히려 조금 감소하였다(Harada 등, 2020). 이와 비슷하게 사슴이 먹기 좋아하는 풀의 개체 수도 증가하지는 않았다. 사슴 개체 수가 많았던 토양에서 크게 변한 것은 흙의 밀도가 높아진 것과 통기성이 감소한 것이었다. 이에 연구자들은 아마도 풀의 종자 수가 감소하고 토양의 질이 나빠져서 초본의 다양성이 회복되는 데 오래 걸리는 것으로 해석하였다.

코끼리와 같은 덩치가 큰 초식동물들이 많아지면 그들이 먹는 나무들의 성장과 번식이 어려워지고, 그 대신 가시나 화학물질을 써서 방어를 잘하는 식물들이 살아남게 된다. 코끼리들은 교목이라고도 불리는 큰키나무[13]를 잡아 뽑거나, 큰 나무들을 밀어 넘어뜨리며 나무의 껍질을 벗기고 수액을 먹어서 나무들의 성장을 방해하거나 죽게 한다. 그래서 코끼리가 줄면 나무가 많아지는 경향이 있다. 한편, 코끼리 같은 큰 초식동물이 먹이 활동을 하면 숲에 빈 공간을 만들어 주기 때문에 빛을 많이 필요로 하는 나무들이 새로 들어올 수 있다. 반면 그늘에 사는 나무들은 큰 초식동물의 숫자가 줄어들 때 더 많아진다.

큰 초식동물들은 맹수에게 잡아먹힐 위험이 별로 크지 않아서 울창한 숲에서도 먹이 활동을 하지만, 작은 초식동물들은 포식자가 잠복하고 있을 가능성이 있는 빽빽한 숲에는 가지 않는 경향이 있다. 그러므로 큰 초식동물도 있고 작은 초식동물도 있는 다양성 높은 환경에서는 식물도 초본, 큰키나무, 작은키나무 등으로 다양한 모자이크 형태의 분포를 보인다(Bakker 등, 2016). 특정 환경에서는 여러 식물의 생장 형태가 번갈아 가면서 나타날 수도 있다. 예를 들어 가시가 많은 큰키나무가 자라면 그 아래에

---

13 가운데 곧은 줄기 기둥이 하나가 있고 높게 자라는 나무를 말한다. 반면 키가 높이 자라지 않고 줄기가 여러 개가 나오는 나무들은 관목 또는 작은키나무라고 부른다.

서 초식동물이 좋아하는 잎을 가진 작은키나무들도 자랄 수 있다. 큰키나무의 가시가 작은키나무를 보호해 주는 효과를 내기 때문이다. 그런데 작은키나무는 물과 영양분을 많이 사용해서 빨리 자라기 때문에 점차 큰키나무를 이기고 주변의 땅을 차지하게 된다. 그러나 작은키나무는 초식동물로부터 자신을 보호하는 방법이 딱히 없으므로 초식동물에게 먹혀 없어지고, 작은키나무가 사라진 빈 자리에 다시 가시 많은 큰키나무가 들어오게 된다.

네덜란드의 벡커Bakker 연구팀은 화석 자료를 분석하는 동시에, 직접 실험과 관찰을 해서 초식동물이 식생에 미치는 영향을 연구했다(Bakker 등, 2016). 그들이 도출한 결론은 나무들은 초식동물로부터 스스로를 지켜야 살아남을 수 있다는 것이다. 나무들이 초식동물로부터 살아남기 위해 사용하는 방법으로는 독성물질을 분비하여 초식동물의 공격에 대한 방어를 잘하는 식물 옆에 서식하거나, 초식동물이 갈 수 없는 경사가 험한 곳이나 바위틈에 서식하거나, 초식동물을 잡아먹는 육식동물들이 있는 곳에 사는 것이었다.

식물, 초식동물, 육식동물의 삼자관계

그렇다면 초식동물과 육식동물, 그리고 식물까지 이들의 삼자관계는 어떠할까? 캐나다의 포드Ford 박사는 케냐 및 미국 연구팀과 공동으로 아프리카에서 이 주제에 관해 연구했다(Ford 등, 2014).

그들은 초식동물들이 있어도 식물이 계속 자라는 이유가 육식동물 덕분인지에 관한 질문에서부터, 육식동물이 초식동물을 잡아먹고 초식동물 개체 수가 줄어서 식물의 성장을 도와주는 것인지, 아니면 식물이 독성물질이나 가시 같은 구조를 만들어서 초식동물로부터 자신을 스스로 지키기 때문에 계속 자라는 것인지에 관해 연구했다.

그들이 이 질문에 답하기 위해 관찰한 대상은 아프리카 영양의 일종인 초식동물 임팔라와 임팔라를 잡아먹는 표범 및 야생개, 그리고 임팔라의 먹이가 되는 아카시아나무였다. 임팔라는 표

그림 53 아카시아나무와 임팔라와 표범의 삼자관계.
나무가 우거진 숲에는 표범에 의해 공격을 받을 위험이 높아 임팔라가 자주 접근하지 않는다. 임팔라가 접근하지 않는 숲에서 자라는 아카시아나무는 스스로를 보호하기 위한 가시를 길게 만드는 대신 성장에 집중한다. 그래서 가시 짧은 아카시아나무가 숲속에서 이뤄지는 경쟁에서 살아남는다. 표범은 식물 뒤나 그늘에 잠복해야 사냥의 성공률이 높아지기 때문에 숲의 큰 나무에 의존하는 경우가 많다.

범과 개가 활동하는 시간에는 숲속에 들어가지 않고 사방이 뚫린 공간에서 무리 짓는 경향을 보였다. 울창한 숲에는 시야를 가리는 것이 많아서 표범이나 개가 가까이 다가와도 보지 못한 채 공격을 당하기 쉽기 때문이다. 그러나 사방이 뚫린 공간에 있는 풀이 더 맛있어서 숲에 가지 않는 것일 가능성도 있었다. 어떤 설명이 옳은지를 확실하게 알아보기 위해서 실험자들은 5,000제곱미터 면적의 공간에 5개의 실험지를 만들어서 그곳에 있는 나무들을 모두 제거했다. 맛있는 풀은 없애고 오직 포식자가 숨어서 공격할 위험만 없는 열린 공간을 만든 것이다. GPS표지를 목에 붙인 임팔라 집단 다섯 무리를 60일 동안 추적한 결과, 나무를 없애면 임팔라가 새로 열린 공간에 있는 시간이 2배에서 6배까지 길어졌다. 이를 보고 연구자들은 임팔라가 육식동물을 만나는 위험을 피하려고 열린 공간을 선택하는 것으로 해석했다.

그다음으로는 임팔라의 먹이 활동이 아카시아 종의 서식지 선택에 영향을 주는지를 조사했다. 그 지역에는 가시가 짧은 아카시아나무와 가시가 긴 아카시아나무가 있었는데, 임팔라가 어떤 종의 아카시아 잎을 먹는지를 추적한 결과, 맛이 쓰지만 가시가 짧은 나무의 잎을 가시가 긴 나무의 잎보다 1.4배 더 많이 먹었다. 그렇다고 오직 가시 때문에 임팔라가 먹는 아카시아 종이 달라진다고 확신할 수는 없어서, 가시가 긴 아카시아나무에서 가시를 제거해 주었더니, 짧은 것과 거의 같은 수준의 양을 먹었다.

반면, 가시가 짧은 것에 긴 가시를 붙여서 주었더니, 가시가 긴 것을 먹는 정도로 먹는 양이 줄었다. 결국 주로 가시 때문에 임팔라가 한 종의 아카시아를 골라 먹는다는 결론이 난 것이다. 즉, 가시를 만드는 데 자원을 사용한 아카시아나무의 전략이 효과를 본 것이다.

그러면 임팔라의 먹이 활동 때문에 아카시아 종의 서식지가 달라지는 건 아닐까? 이 질문에 답하기 위해서 연구팀은 2009년부터 2014년까지 1만 제곱미터짜리 연구지 아홉 곳을 만들어서 비교했다. 임팔라가 먹지 못하도록 전기 철조망을 설치한 곳에서는 가시가 짧은 아카시아의 개체 수가 233퍼센트 증가했다. 반대로 임팔라가 아무 잎이나 먹을 수 있게 놓아둔 곳에서는 철조망을 친 곳에 비해서 가시가 긴 아카시아 개체 수가 7배나 많아졌다. 가시가 짧은 것은 임팔라에게 먹힌 반면, 가시가 긴 것은 먹히지 않아서 더 많이 자랄 수 있었던 것이다.

임팔라가 가시가 짧은 아카시아를 먹는 것이 아카시아나무의 분포에 유의미한 영향을 주는지 더 확실하게 알아보기 위해, 연구팀은 아프리카 연구용 구역에 있는 공터와 덤불 중에서 무작위로 200제곱미터 크기의 공간 108곳을 선정해서 그 안에 어떤 아카시아나무가 몇 그루나 있는지, 그곳이 나무가 밀집한 숲인지, 열린 공간인지를 조사했다. 그 결과, 숲에는 가시가 짧은 아카시아나무가 더 많았고, 열린 공간에서는 가시가 긴 아카시아나무가 많았다. 이런 결과들을 종합하면 표범과 야생개가 있는 숲에는 임팔라가 거의 없으므로 아카시아나무가 먹힐 위험이 없기 때문에, 가시를 길게 만들지 않고 성장에 자원을 투자한 아카시아가 더 잘 살아남은 것으로 보인다(그림 53).

결국 초식동물인 임팔라의 분포가 식물의 형태에 영향을 미친 것인데, 그 초식동물의 분포는 육식동물의 분포 때문이었다. 마지막으로 육식동물의 분포는 식물의 분포에 영향을 받는데, 육식동물이 사냥에 성공하려면 그들이 초식동물에게 접근할 때 초식동물이 보지 못하도록 큰 나무 같은 식물이 만드는 그늘에 잠복해야 하기 때문이다.

사람들의 활동으로 인해 사자와 표범 같은 큰 육식동물들의 개체 수는 점차 줄어들고 있어서, 생태계에 큰 영향을 주고 있다. 표범이 없어지면 임팔라는 숲이 우거진 곳에도 가게 될 것이며, 그렇게 되면 숲이나 목초지에서나 가시가 길고 많은 아카시아나무가 더 많이 잘 자라게 될 것이다. 그러면 식물의 분포는 숲이나 초원이나 다르지 않고 비슷해질 가능성이 크다.

지구의 역사를 보면 비교적 최근까지도 어느 대륙에나 코끼리처럼 아주 큰 초식동물들이 서식하고 있었다. 그러나 지금은 이런 큰 동물들이 거의 다 사라지고 없는 상황이다. 약 5만 년 전부터 1만 년 전까지 덩치 큰 포유류들이 대거 멸종했으며, 그 원인은 사람들의 이동이었다. 오스트레일리아와 아메리카 대륙에 인류가 도착한 시기와 그곳의 큰 초식동물들이 사라진 시기가 일치하는 것이 그 증거이다. 특히 이 시기에는 큰 동물들이 작은 동물들보다 훨씬 더 많이 사라졌는데, 이는 사람들이 큰 동물을 더 많이 사냥했기 때문이다. 대형 초식동물들은 앞서 말한 것처럼 식물의 성장과 분포 및 다양성에 큰 영향을 주어서, 그들의 숫자가 변하면 전체 생태계가 변하게 된다. 현대에는 사람들의 활동으로 인해 큰 동물들이 빠르게 사라지고 있기 때문에, 앞으로도 생태계의 변화가 더욱 빠르게 진행될 것으로 예측된다(Burkepile & Parker, 2017).

바다에서도 유사한 현상이 일어나고 있다(Atwood 등, 2015). 서부 오스트레일리아의 아열대 생태계에서는 상어가 해양 포유류인 듀공과 바다거북이를 잡아먹는다. 그래서 듀공과 거북이는 상어에게 먹힐 염려가 별로 없는 얕은 물에 머무른다. 그곳에는 해조 중에서도 빨리 자라고 별로 몸집이 크지 않아서 듀공과 거북이에게 먹힐 위험이 높지 않은 것들이 주로 자란다. 반면 상어가 있는 깊은 곳에는 듀공과 거북이가 잘 접근하지 못하기 때문에 몸집이 크고 천천히 자라는 해조들이 많아진다. 그런데 최근 상어의 숫자가 줄고 있다. 사람들의 활동에 의한 서식지 파괴가 중요한 원인이다. 상어의 개체 수가 감소하면 듀공과 거북이는 좀 더 마음 편하게 여러 곳에 가서 해조를 먹을 수 있게 되고 개체 수도 증가할 것이다. 듀공과 거북이의 개체 수 증가는 상어에 의해 보호받던, 크고 천천히 자라는 해조들의 생존에 위협이 되고, 결국 이러한 큰 해조들은 차차 사라지게 될 것이다. 광합성을 해서 대기 중의 이산화탄소를 제거하는 바닷속 해조들의 개체 수가 감소한다면 지구온난화는 더 가속화될 것이다. 실제로 분석 결과에 따르면 상어의 개체 수가 많은 지역의 바다는 상어의 개체 수가 적은 지역의 바다보다 60퍼센트나 더 많은 탄소를 저장하고 있다고 한다. 이와 같이 생태계의 포식자가 탄소 순환에 영향을 끼치는 현상은 연안습지와 맹그로브숲에서도 나타난다. 해조들과 연안의 나무들이 잘 자라서 공기 중의 이산화탄소를 제거해 주어야 기후변화를 줄일 수 있는데, 사람들로 인해 바다의 포식자들이 줄어들어서, 바닷가 생태계의 이산화탄소 저장량이 오히려 감소하고 있기 때문이다.

기후변화에 따라 변화하는 식물과 초식동물의 관계

공기 중 이산화탄소의 농도가 올라가면 식물의 영양분이 감소하게 된다. 그렇게 되면 식물을 먹는 동물들의 먹이 활동과 생식에도 변화가 일어날 것이다. 이산화탄소의 농도가 올라감에 따라 식물이 방어를 위해 준비하는 화학물질의 양도 변화한다. 플라보노이드, 페놀계 화합물, 탄닌 등은 증가하고, 반면 테르펜 계통의 화합물의 양은 감소한다.

현재 기후가 변화하는 속도는 엄청나서, 지난 6,500만 년보다 지금은 10배 이상 빠르다. 작물을 먹는 해충과 병균의 서식지는 1960년부터 해마다 2.7킬로미터씩 북상하고 있는데, 이것은 기온의 변화와 일치한다. 그런데 먹히는 식물보다도 그것을 먹는 곤충과 초식동물이 더 빨리 기후변화에 반응하고 있다는 연구결과가 상당히 많다. 예를 들어 바닷가에 사는 맹그로브나무는 1년간 1.3킬로미터에서 4.5킬로미터까지 북상하고 있는 데 비해, 이 나무를 먹는 맹그로브숲의 게는 대서양 동부에서 관찰한 바에 의하면 매년 6.2킬로미터를 북상하고 있다고 한다. 그렇게 되면 그동안 안정적이었던 두 생물의 관계는 변화를 겪게 될 것이다. 실제로 맹그로브 게의 행동, 거주지, 식사, 크기, 생식에서 큰 변화가 나타났음을 밝힌 논문도 있다(Burkepile & Parker, 2017).

그뿐만 아니라 바닷물의 흐름도 달라져서 지중해, 일본, 멕시코만, 오스트레일리아, 남아프리카의 온대 해조들이 갑자기 나타난 열대 물고기들에게 많이 먹히고 있다. 이와 유사하게, 아한대 지역의 기온이 높아져서 겨울 강설량은 줄어들었고, 그 결과 초식동물들이 사시나무와 다른 종의 나무들을 더 많이 먹을 수 있게 됐다. 반대로 극지에 가까운 곳에서는 비가 더 많이 내려서 표면의 눈이 더 단단해졌고, 이로 인해 눈을 헤쳐서 풀을 찾아 먹는 초식동물이 겨울에 먹을 것을 찾기 어려워졌다.

이처럼 빠르게 바뀌는 기후 때문에 초식동물들의 수가 크게 변화할 것으로 예상되고, 그렇게 되면 전체 생태계가 불안정해질 것이다. 기후변화에 맞춰 변화하는 것은 몸집이 작은 곤충들보다 몸이 크고 수명이 긴 동물들에게 더욱 어려운 일이다. 그래서 몸집이 큰 동물의 새끼들이 먹이가 충분하지 않은 시기에 태어나게 되면 살아남기가 어려워지고 그들의 개체 수는 가장 먼저 감소할 것이다. 이런 이유로 현재 많은 거대 초식동물과 육식동물 들이 멸종하고 있다. 지금 벌어지고 있는 큰 동물들의 멸종 속도는 빙하기에 큰 동물들이 멸종하던 속도와 비슷할 정도로 빠르다. 이 때문에 먹이사슬이 불안정해져서 여러 생명체들도 영향을 받고 있다. 예를 들어 북아메리카에서는 흰꼬리사슴을 잡아먹는 포식자가 없어져서 이 사슴의 수가 엄청나게 불어났다. 이들이 식물을 너무 많이 먹어치우는 바람에 식물의 다양성이 줄어들고 있어서 사슴의 숫자를 줄이는 정책이 필요하게 되었지만 사람들은 의견을 통일하지 못하고 있다.

3부에서는 식물이 동물들과 어떠한 관계를 맺고 생태계에서 살아가는지를 알아보았다. 동물이 식물의 형태와 분포에 영향을 주고 식물도 동물에게 영향을 주는데, 그렇다면 누가 생태계의 특징과 안정성을 결정하는 것일까? 식물인가? 동물인가? 동물을 연구한 사람은 동물의 포식에 의해 식물이 달라지는 면을 자세히 볼 것이다. 식물을 연구한 사람은 어떤 식물이 있느냐에 따라 살 수 있는 동물이 달라지는 것에 더 관심을 기울일 것이다. 이렇게 자연을 해석하는 것도 보는 사람의 입장과 그가 이전에 배운 것에 따라서 달라진다. 식물학을 전공한 필자에게는 어느 생태계에서나 가장 기초를 이루는 것은 먹을 것을 제공하는 식물인 것으로 보인다. 그 지역의 토양과 기후에 맞는 식물이 있을 것이며, 그 식물을 먹을 수 있는 동물이 거기서 자랄 수 있을 것이다.

동물생태학자인 최재천 교수도 영화 〈아바타〉를 언급하며 "일단 식물을 알아야 다른 것들을 파악할 근거가 마련이 된다. 식물이 생태계의 맨 아래를 버티고 있는 생산자 계층이기 때문이다"라고 했다. 결국 먹을 것을 생산하는 식물이 곤충과 초식동물, 그것을 먹는 육식동물과 사람, 그리고 그 외 거의 모든 생명체를 먹여 살리기 때문에, 식물이 생태계의 기반이 된다고 보는 것이 합리적일 것이다.

한편, 식물의 영향력보다 훨씬 더 큰 영향력을 가진 것이 사람이라는 동물이다. 사람의 수가 기하급수적으로 늘어나서 지구의 자원을 소비하는 바람에, 많은 동식물이 영향을 받고 있고, 기후도 변화하였으며, 전체 생태계가 불안정해지고 있다. 그렇다면 현대에는 사람들의 활동이 생태계를 결정하는 가장 중요한 요소가 되었다고 볼 수 있다. 힘을 가진 사람들의 행동에 따라 미래 생태계의 모습은 무척 달라질 것이다.

4부

식물과
사람

오늘날 지구상에서 가장 강한 생명체는 사람들이다. 지구 전체가 사람들에 의해 변화되었다. 식물들도 예외는 아니다. 사람들에게 유용한 식물은 농작물이 되어 넓은 면적의 토지에서 재배되지만 그렇지 않은 야생식물은 사람들이 키우는 농작물에 서식지를 빼앗겨 다양성이 줄었다.

사람들이 이렇게 막강한 힘을 갖게 된 것은, 식물을 이용해 농업을 시작하면서였다. 식물을 재배하면서 자신의 농토 옆에 정착한 사람들은 농업 기술을 차차 발달시켜서 생존에 필요한 양 이상의 잉여농산물을 얻게 되었다. 이때부터 인류는 먹고 사는 문제 이외에도 여타 다른 생각을 할 시간이 생겼고, 다양한 활동을 하게 되었으며, 그런 활동들이 계속 축적되고 발전되어 지금의 첨단 문명을 이루게 된 것이다. 식물이 사람들에게 여유 시간을 제공해 주어서 사람들의 힘이 세진 것이라고 말할 수도 있겠다.

이처럼 식물과 사람과의 관계에서 가장 중요한 것이 농업이다. 실제로 유엔식량농업기구에 따르면 지구상에서 사람이 사용할 수 있는 토지의 절반 정도가 농업에 이용되고 있다고 하며, 동토 지역과 사막 지역을 제외한 땅의 43퍼센트를 사람들이 농업에 사용하고 있다는 보고도 있다(Poore & Nemecek, 2018).

4장에서는 사람들이 특정 식물들을 농작물로 선택하여 심고, 개량하고, 의존하게 되면서 그것이 지구환경에 변화를 가져오게 된 경위를 알아보자.

9장
사람이 재배하는 식물인 농작물

식물이 농작물이 되면서 변화한 것

원시시대 사람들은 야생식물에서 먹을 수 있는 부위들을 채집하고, 종종 동물을 사냥해서 칼로리와 영양분을 얻었다. 그러다가 지금으로부터 약 1만 년 전부터는 사람이 식물을 직접 재배하는 농업이 시작됐다. 현재 인류는 약 150종의 식물을 재배해서 먹고 있으며, 이렇게 사람들이 재배하는 식물이 바로 농작물이다. 사람들과 농작물의 관계는 상호의존적으로 계속 발전해 왔고, 이제 농작물 없이는 80억이 넘는 인류가 생존할 수 없게 되었으며, 농작물들도 사람의 재배와 관리 없이는 야생에서 생존하기 어려워졌다.

그렇다면 사람들과 같이 지내는 동안 식물은 어떻게 변했을까? 현재의 농작물들은 조상이었던 야생식물과는 많이 다르다. 농작물은 야생식물에 비해 당도가 높아지고 색이 아름다워졌으며 떫은맛은 거의 없어지고 독성이 제거되는 등 사람들이 선호하는 특징을 가지게 되었다. 종자와 과일은 커졌고, 생산량은 엄청나게 높아졌다. 종자가 흩어지지 않고 그대로 이삭에 붙어 있어서 농부가 수확하기 쉬워졌고, 곁가지가 생기지 않고 줄기가 하나만 똑바로 위로 자라나서 농부가 농작물을 빽빽하게 심어서 많이 수확할 수 있게 되었다. 무성생식[1]으로 자랄 수 있게 된 것들도 있고, 종자의 휴면현상[2]이 약해진 것, 한꺼번에 꽃이 피어 열매가 동시에 맺히게 되어서 수확이 용이해진 것들도 있다. 이러한 변화는 농부에게는 유리하지만, 자연에서 식물이 홀로 살아남는 데에는 불리하다. 떫고 독성이 있어야 병충해를 막을 수 있을 것이며, 종자가 쉽게 흩어져야 널리, 멀리 퍼져서 여러 곳에서 종이 번성할 가능성이 높아지고, 곁가지가 많이 생겨야 개체 하나가 차지하는 공간과 빛이 더 많아져서 이웃하는 식물과의 경쟁에서

---

1 생명체가 생식세포를 만들지 않고 몸의 일부가 떨어져서 자손을 만들어 내는 것을 말한다. 무성생식을 하면 모체와 자손의 유전자가 똑같아서, 좋은 농작물의 경우에는 그 좋은 성질을 유지할 수 있다. 무성생식과 대조적인 것이 유성생식이며, 유성생식 과정에서는 암수의 생식세포가 만들어져야 하고 이들이 결합해야 한다.

2 식물의 종자가 만들어진 후, 한동안은 발아하지 않는 것을 말한다. 휴면현상이 없다면 모체 바로 옆에서 종자가 발아하게 되어 두 개체 사이에 경쟁이 생길 수 있다.

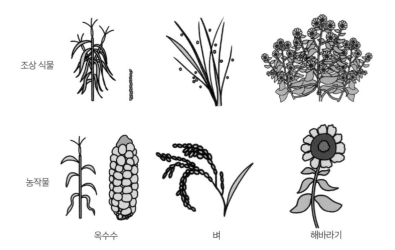

조상 식물

농작물

옥수수   벼   해바라기

그림 54 현재 우리가 재배하고 있는 옥수수는 그 조상 식물인 테오신트(*Euchlaena mexicana*)에 비해 종자의 크기가 커졌고, 곁가지가 없어졌다. 벼는 종자가 이삭에서 떨어져 흩어지는 탈립 현상이 줄어서 종자를 수확하기 쉬워졌다. 해바라기는 많았던 곁가지가 없어지고 줄기가 길게 하나만 자라서 큰 꽃 하나만 피게 되었다. 곁가지가 없으면 훨씬 더 많은 수의 해바라기를 빽빽하게 심어서 수확량을 증가시킬 수 있다.

유리할 것이다. 그러므로 농작물에서 이렇게 식물의 생존에 필요한 특성들이 없어진 것은 자연적으로는 일어날 수 없는 변화이며, 사람들이 먹기 좋고 재배하기에 좋은 방향으로 식물을 개량한 결과로 일어난 현상이다(Meyer 등, 2012; Hufford 등, 2019).

농사를 하려면 농약을 쳐야 하는 이유

농업을 시작한 후로 1만 년 동안 농부들은 많이 수확할 수 있고,

맛이 순한 곡물과 채소들을 골라서 심었다. 농부가 심기 좋아하는 식물은 영양가가 많고 맛있는 종자와 과일을 생산하는 식물인데, 곤충과 미생물들도 마찬가지로 그런 식물을 좋아한다. 모두들 이 식물을 노리는 상황에서 식물은 스스로를 지킬 수 있을까? 식물 중에서도 농작물은 야생식물에 비해 병충해에 대항하는 능력이 약하다. 농작물은 자기가 가진 에너지와 물자 대부분을 맛있는 것들을 생산하는 데 사용하도록 육종되었기 때문에 박테리아, 곰팡이, 바이러스와 같은 미생물이나 해충을 퇴치하는 방어물질을 많이 만들어 낼 수 없다. 한정된 예산이 있는데 국방에 예산을 많이 투자한다면 다른 분야에는 투자를 줄일 수밖에 없는 것과 유사하다. 반면 야생에서 자라는 식물들은 종자가 작고 과일은 덜 달고 맛이 떫지만, 방어물질들을 충분히 만들 수 있어서 병충해에 강하다.

사람들은 미생물과 해충에게 농작물을 빼앗기지 않기 위해서 농약을 사용한다. 농약으로 사용되는 화학물질은 우선 그 작물을 먹는 곤충이나 미생물의 생존을 효과적으로 억제하고, 사람과 다른 동물에는 영향이 거의 없으며, 단기간 내에 분해되는 것이다. 표적 생물에게만 해롭고 사람이나 다른 동물에게는 해가 없는 안전한 농약을 개발하기 위해서는 박테리아나 곰팡이, 그리고 곤충과 사람의 체내 기초 생화학[3]이 어떻게 다른지 자세하게 알아야 한다. 지금 사용되고 있는 농약 종류가 다양하지만 새로운 농약을 개발하는 연구도 여전히 활발하게 진행되고 있다. 계속 새로운 농약이 필요한 이유는 무엇일까? 한 가지 농약을 오래 사용하다 보면 그 농약을 쓰더라도 방제되지 않는 병균과 해충이 생겨나서 또다시 작물에 해를 끼치기 때문이다.

농사를 하려면 비료를 줘야 하는 이유

식물도 먹어야 산다. 다만 인간과는 다르게 아주 간단한 것들을 먹는다. 뿌리를 통해서 흙에 있는 유기질소, 인산, 칼리, 칼슘, 마그네슘, 철 등 여러 영양분을 흡수해서 먹고 자란 식물의 일부를 우리 인간들이 수확하여 먹는다. 야생에서는 이렇게 자란 식물이 죽어서 썩으면 분해되어 토양 속 영양분으로 순환되지만, 농경지에서는 농산물로 수확되기 때문에, 흙에 영양분이 줄어든다. 이것을 수년간 계속하면 흙에 있던 영양분이 고갈된다. 영양분이 없는 흙에서는 식물이 자랄 수 없다. 그런데 이런 흙이라도 동식물의 잔해나 배설물 등으로 된 퇴비나 공장에서 만들어 낸 합성비료 등 영양분을 함유한 물질들을 넣어주면 식물이 자랄 수 있다.

　현대 사회에서는 농산물을 많이 얻기 위해 합성비료를 사용한다. 합성비료의 주요 성분은 식물이 사용할 수 있는 질소 성분인 암모늄(NH_4^+)이나 질산염(NO_3^-)과 같은 질소화합물이다. 대

3　생물체에서 진행되는 생명현상의 화학반응을 연구하는 학문이다.

기의 78퍼센트가 질소인데, 아이러니하게도 식물은 이렇게 어디에나 많이 있는 공기 중의 질소를 직접 사용하지 못한다. 그 이유는 질소 기체(N_2)가 화학적으로 매우 안정되어 있어서 생명활동에 필수적인 단백질과 DNA를 만드는 데에는 사용될 수 없기 때문이다. 그래서 사람들은 농사에 사용하는 합성비료를 만들기 위해 공기 중의 질소를 암모니아로 바꾸는 일을 하고 있다. 화학적으로 안정적인 질소를 암모니아로 바꾸는 과정은 매우 높은 온도와 압력을 주어야만 진행이 되고, 그 과정에서 엄청난 양의 에너지가 필요하다. 매년 전 세계인이 사용하는 에너지의 1~2퍼센트 정도 되는 어마어마한 양의 에너지가 질소비료를 생산하는 데 쓰인다.

현대 농업에서는 생산량 향상과 일정한 품질 관리를 위해 유전형이 같은 농작물을 단일재배[4] 하는데, 작물을 단일재배 하면 농업에 더 많은 비료가 필요해진다. 셈첸코 연구팀은 향기풀 *Anthoxanthum odoratum* 식물을 이용해 식물이 토양으로부터 영양분을 흡수하는 데 식물 군집의 유전적 다양성이 중요한 역할을 한다는 결론을 내렸다(Semchenko 등, 2021). 유전적 다양성이 높은 향기풀 집단은 다양성이 낮은 집단에 비해 더 많은 종류의 뿌리 분비물을 더 많이 방출하였고, 이것이 뿌리 주변 미생물의 활성을

---

4 한곳에 매년 유전적으로 같은 작물 한 품종만을 재배하는 농업의 방식이다.

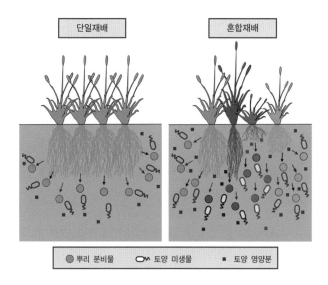

그림 55 향기풀의 유전적 다양성에 따른 토양의 비옥도 차이.
유전적으로 똑같은 향기풀 군락은 뿌리에서 분비하는 물질이 단조롭고 양이 적어서 토양 미생물의 활성을 증가시킬 수 없다. 반면 여러 가지 향기풀 종류를 섞어 심은 군락은 뿌리 분비물의 종류가 다양하고 양도 많아서 주변 토양의 미생물의 종류와 활성이 증가된다. 여러 종의 토양 미생물이 활발하게 활동하면 토양의 영양이 풍부하게 되어서 식물의 성장이 촉진된다.

증가시켜 토양을 비옥하게 했다. 그 결과 유전적 다양성이 큰 향기풀 집단은 다양성이 낮은 집단에 비해 토양으로부터 질소 영양분을 더 많이 흡수할 수 있었다. 실제로 여러 유전형의 작물을 혼합하여 심었을 때 생산량이 증가한다는 연구결과도 있다(Tooker & Frank, 2012). 그러나 농부의 입장에서는 여러 작물을 섞어 심어서 관리하고 농산물을 출하하는 것은 단일재배에 비해 훨씬 더 복잡하고 어려운 일이다.

농약과 비료의 문제점

그렇다면 농약과 비료를 많이 주는 것은 왜 문제일까? 첫 번째로 농약과 비료의 사용은 지구온난화[5]를 가속화한다. 농약과 비료를 생산하려면 많은 에너지가 든다. 농약과 비료 생산에 필요한 에너지는 대부분 화석연료를 태워서 얻는데, 이는 이산화탄소 발생으로 연결되어 지구온난화의 원인이 된다. 이산화탄소뿐만 아니라, 아산화질소(N_2O)도 농업으로 발생하는데, 아산화질소는 이산화탄소보다 지구온난화에 100배나 더 강력한 영향을 미치는 온실기체greenhouse gas[6]이다. 아산화질소는 토양에 질소비료나 퇴비를 넣어주면 미생물들이 탈질산화denitrification라는 과정을 통해 만들어 낸다.

두 번째로 농약과 비료는 환경을 오염시킨다. 작물은 대체로 사람들이 준 비료의 30~50퍼센트 정도밖에 흡수하지 못하기 때문에 남은 비료는 강물, 호수, 바다로 흘러 들어가게 된다. 작물은 한 번에 많은 비료를 흡수해서 저장할 수 없고, 농부들은 비료를 조금씩 여러 차례 나누어 뿌려주기 어렵기 때문이다. 식물이 흡수하지 못해서 물속으로 흘러 들어간 비료는 물속의 질소, 인

5 지구가 방출하는 복사에너지가 대기층 밖으로 빠져나가지 못하여 지구 표면 부근의 온도가 상승하는 현상이다.
6 지구가 방출하는 복사에너지를 대기층에서 흡수하거나 반사하여 열에너지가 대기층 밖으로 빠져나가지 못하게 막는 기체이다.

등 무기영양염류의 농도를 높여서 부영양화 상태[7]를 초래한다. 부영양화가 되면 물속에 사는 미세조류들이 빠르게 성장하여 녹조나 적조 같은 조류이상발생algal blooming[8] 현상을 일으키고, 물속의 용존산소량[9]을 급격하게 고갈시켜 물속 생태계에 서식하는 물고기와 같은 생명체들의 질식을 유발하여 수중생태계를 파괴한다. 또한 몇몇 조류들은 물에 독소를 분비하여 수중생태계의 다른 생물을 죽이는 경우도 있다.

세 번째로 농약과 비료는 생태계의 균형을 교란시킨다. 농약은 우리가 없애려고 하는 병해충뿐만 아니라 자연생태계에 존재하는 여러 생명체들의 생존을 위협하여 생태계 다양성을 훼손시킨다. 또한 최근 연구결과에 따르면 질소비료를 사용하면 생물학적 질소고정의 효율이 낮아진다고 한다. 지팽이풀*Panicum virgatum*은 뿌리에서 질소고정박테리아와 공생을 하는데, 질소비료를 많이 주었을 때 지팽이풀과 공생하는 질소고정박테리아의 질소고정양이 감소하였다. 이 실험결과가 시사하는 것은, 질소비료를 지속적으로 사용하면 식물과 박테리아의 공생관계에 악영향을 끼치고 생물학적인 질소고정의 효율이 낮아져서, 더욱더 비료에 의

---

7 화학비료나 오수가 강, 호수, 바다에 들어가서 유기영양소와 무기영양소의 농도가 높아진 상태이다.

8 강, 호수, 바다에 조류가 매우 과도하게 번식하는 현상을 말하는 것으로 대표적인 예로 적조와 녹조 현상이 있다.

9 물속에 녹아 있는 산소량을 나타내며, 어패류를 포함한 대부분의 수생 생명체들이 용존산소를 이용하여 호흡을 한다.

존하는 농업을 하게 될 것이라는 점이다(Bahulikar 등, 2021).

농작물에 물을 많이 줘야 하는 이유

물이 모자라면 식물은 제 모습을 유지할 수 없다. 물이 부족하면 식물은 시들게 되는데, 활짝 편 잎 모양을 유지하지 못하고 쪼그라들게 된다. 마치 물풍선에서 물이 빠지면 모양이 쭈그러지는 것과 유사하다. 이런 상태가 오래 지속되면 식물은 죽게 되는데, 너무 늦지 않게 물을 주면 본래의 구조로 회복할 수도 있다.

물이 모자라면 식물이 자랄 수도 없다. 식물세포가 커지는 원리는 팽압[10]이 세포벽을 밀어 늘려서 공간을 만들어 주고, 그 공간에 물이 들어차는 것인데, 물이 모자르면 팽압이 줄어들어서 식물이 커질 수가 없다. 팽압은 타이어에 공기를 불어 넣었을 때 생기는 공기압과 유사하다. 어린 식물세포는 세포벽이 얇으므로 팽압이 높아지면 세포벽이 늘어져서 세포는 바람이 약간 빠진 타이어처럼 되는데, 여기에 물이 차면서 세포가 더 커지는 것이다. 물은 식물의 영양분 수송에도 중요하다. 뿌리에서 물을 충분히 흡수하면 줄기와 잎으로 물이 올라가면서 물에 녹은 영양분이 몸 전체로 퍼지는데, 뿌리에서 흡수한 물이 없으면 영양분이 온몸으로 퍼질 수도 없다.

---

10 식물세포가 세포막을 세포벽에 대해 밀어내는 세포 내의 압력을 말한다. 세포벽을 팽팽하게 긴장시키고 세포의 모양을 유지하는 힘이다.

그림 56 주말 동안 말라서 축 처진 펠라르고늄에 물을 주었다. 하루 안에 잎과 꽃대가 거의 정상 모습으로 회복하였고, 다음 날에는 전체 잎이 완전히 정상으로 회복하였다. 식물은 물이 충분히 있어야 제 모습을 유지할 수 있다는 것을 보여준다.

이렇게 농업에 물이 필수적이기 때문에 농업은 물을 공급하기 쉬운 강가에서 발전했다. 고대에 찬란한 농경 문명을 이룩한 이집트, 메소포타미아, 인더스, 황하 문명은 모두 다 거대한 강 주변에서 태동하였다. 경쟁자를 말하는 영어 'rival'은 강을 뜻하는 단어 'river'를 두고 다투는 사람들이라는 뜻에서 나왔다고 한다. 2018년의 통계에서는 전 세계적으로 사람들이 사용하는 민물의 3분의 2가 농작물에 물을 주기 위한 것이었다고 한다(Poore & Nemecek, 2018). 물이 부족한 지역에서는 농업용수를 공급하기 위해 사람들이 물을 덜 사용하도록 억제하는 경우도 있다.

관개와 관개시설의 문제점

식물의 생존에 물이 필수적이기 때문에 사람들이 식물로부터 양식을 얻기 위해서는 식물에 물을 잘 공급해야 한다. "내 논에 물대기"라는 말은 자신만을 위해 행동하는 염치없는 경우를 말하지만, 뒤집어 생각해 보면 내 작물에 물을 공급해야만 내가 먹고 살 수 있다는 절박함도 있다.

작물에 물을 인위적으로 공급하는 것을 관개라고 하는데 고대부터 지금까지 농업을 위해서는 농경지에 물을 대거나 뺄 수 있게 하는 관개시설이 필수적이었다. 우리나라에도 옛날부터 관개시설이 있었다. 가장 오래된 것으로는 6세기 전후 백제시대에 전라북도 김제 지역에 만든 벽골제라는 큰 저수지가 있다. 그런데 관개시설을 만드는 것이 환경 파괴를 유발할 수도 있다. 관개시설에 적합한 물의 흐름을 만들기 위해서는 강바닥을 파내고 산을 깎고, 콘크리트로 많은 구조물을 짓는 등 자연환경을 변화시키는 일이 수반된다. 이러한 개발은 자연적인 물의 흐름을 방해하여 수질이 나빠지고 녹조를 자주 발생시킬 뿐만 아니라, 여러 생명체들의 서식지를 파괴하여 생태계의 다양성을 위협한다. 우리나라에서도 가뭄과 홍수를 막아준다고 정부가 4대강 사업을 추진하자 환경단체들이 크게 반발하였는데, 그들의 주장은 그 사업이 가뭄과 홍수 피해는 막지 못하고 생태계를 파괴하고 환경에 재앙을 가져온다는 것이었다. 반면 이 사업이 관개용수[11]를

그림 57 우리나라에서 가장 오래된 관개용 저수지인 전북 김제 벽골제 유적. 이 수문은 벽골제에 있는 5개의수문 중의 하나인 장생거이며, 이 갑문을 통해 주변 농경지에 물을 공급하였다.

안정적으로 공급해서 농민들을 돕고 물난리 피해를 줄였다는 평가도 있다. 국제학술지 《사이언스》에서도 "복원인가 파괴인가 Restoration or Devastation"라는 제목으로 이 문제를 다룬 바 있다(Normile, 2010). 시간이 더 지나서 더 많은 데이터가 쌓인 후에야 4대강 사업이 어떤 효과와 어떤 부작용을 일으켰는지를 객관적으로 평가할 수 있을 것이다. 현재 확실한 것은 식량을 확보하기 위한 관개의 필요성을 중요하게 보는 사람들과 지구환경을 보호해야 할 필요성을 더 중요하게 보는 사람들의 견해 차이는 좁혀지기 어려울 것이라는 점이다.

11 농작물에 인공적으로 물을 주기 위하여 사용되는 물을 말한다.

한편 작물에 물을 주면 토양의 염도가 높아지는 문제도 생긴다. 작물에 물을 주면 그 물 중 많은 분량이 공기 중으로 증발되어 없어지지만, 물속에 녹아 있던 염분은 공기 중으로 날아갈 수 없어서 토양에 남게 되고, 이것이 계속 반복되면 토양의 염도가 증가한다. 염도가 높은 토양에서 살 수 있는 작물은 많지 않다. 간척지에서 농사하기 어려운 것도 염도 높은 땅에서는 식물이 자라기 어렵기 때문이다.

10장
농작물로 개량된 식물에 일어난
유전적 변화

농작물이 조상 식물과 다른 형질을 보이는 것은 그들의 유전자에 큰 변화가 있었기 때문이다. 20세기 후반에 이르기까지는 농작물의 어떤 유전자가 어떻게 변했는지를 알 수 없었지만, 그 이후 연구가 많이 이루어져서 지금은 원인이 되는 유전자들이 100개 이상 알려져 있다.

그렇다면 작물화 과정에서는 어떻게 유전적 변화가 일어났을까? 조상 식물에는 없는 돌연변이가 농작물에서 일어나 새로운 형질을 보이는 경우가 있다. 이외에도 원래 조상 식물 중에는 한 유전자의 여러 대립형질[12]이 섞여 있었는데, 농부들이 그중 하나가 일으키는 특정 형질을 좋아해서 여러 세대 동안 그 형질을 가진 개체만을 심어서, 작물에 한 가지 형질만 남게 된 경우도 있다 (Doebley 등, 2006). 이렇게 농부들이 특정 형질을 가진 작물을 선택하여 재배하면서, 식물의 유전적 다양성[13]이 크게 감소되었다.

농작물로 개량하는 과정에서 유전적 다양성이 극단적으로 줄어든 경우로는 배꼽오렌지navel orange를 들 수 있다. 배꼽오렌지는 현재 미국 캘리포니아와 플로리다와 오스트레일리아 등에서 많이 재배되고 있는데, 원래는 1820년대에 브라질의 수도원에서 처음 발견된 돌연변이에서 나온 것이다. 수도원의 오렌지나무 한 가지에 배꼽이 붙은 모양의 오렌지가 달렸는데, 이 오렌지는 당도가 높고 씨가 없고 껍질이 두꺼워서 어린아이들도 쉽게 벗겨 먹을 수 있었다. 그 나무에서도 오직 하나의 가지에서만 돌연변이가 생겨 배꼽오렌지가 달린 것이라고 한다. 이후 사람들이 접목과 꺾꽂이[14] 방법으로 돌연변이가 생긴 오렌지나무의 개체 수를 늘려서 지금은 세계에서 두 번째로 많이 생산되는 오렌지 품종이 되었다. 이 오렌지나무는 모두 한 나무에서 무성생식으로 나왔기 때문에 유전형이 같다.

---

12 생물체 내에 존재하는 부모 양쪽으로부터 받은 한 쌍의 염색체상에서 동일한 위치에 자리하고 있는 대립유전자에 의해 나타나는 생물의 특성을 말한다.

13 하나의 종의 유전적 구성에 있어서 그 종이 보이는 유전적 형질의 총 수를 말한다. 유전적 다양성 높은 종의 경우 환경이 변화해도 적응할 수 있는 개체들이 있어서, 종이 보존될 가능성이 높다.

14 식물의 가지나 잎을 잘라내어 다시 땅에 심어 식물체를 번식시키는 무성생식의 방법이며, 삽목이라고 도 부른다.

그림 58 배꼽오렌지의 배꼽 모양 구조는 오렌지 안에 작은 오렌지가 하나 더 있는 모습으로, 쌍둥이 오렌지가 발생 중에 성장을 중단해 생긴 것이다. 전 세계에서 재배하는 수백만 그루의 배꼽오렌지 나무들은 무성생식 방법으로 전파한 것이어서 처음에 돌연변이되었던 나무와 유전적으로 같다.

농작물화 과정에서 변화한 유전자들을 찾는 방법

농작물의 수확량, 품질, 병충해 내성과 같은 형질은 단순히 특정 형질의 유무로 나뉘는 것이 아니고, 다양한 정도에 걸쳐 나타난다. 이와 같은 특징을 가지는 형질을 양적형질quantitative trait이라고 한다. 양적형질은 여러 유전자들이 합동적으로 기여하여 그 형질의 정도를 결정한다. 예를 들어 애기장대라는 작은 잡초의 종자 크기를 결정하는 양적형질위치quantitative traits locus, QTL는 11개가 있으며, 그들이 모두 형질의 정도에 조금씩 기여하는 것으로 보고되었다. 양적형질은 형질을 결정하는 유전자들이 서로 영향을 주지 않고 다음 세대로 유전된다는 멘델의 유전법칙[15]을 따르지 않으며 여러 유전적 변이와 환경요소가 서로 작용하여 형질의 정도가 매우 다양하게 나타나기 때문에, 단순한 교배실험 방법으로는 원인이 되는 유전자들의 변이를 찾아내기 어렵다. 양적형질에 영향을 미치는 유전적 변이를 찾아내기 위해서는 양적형질위치 찾기와 전장유전체연관분석genome-wide association study, GWAS이라는 두 가지 방법을 주로 활용한다(Waugh 등, 2010; Pollard, 2012).

양적형질위치 찾기는 자가수분이 가능한 농작물에서 비교적 용이하다. 우선 조상 식물과 농작물의 잡종을 만든다. 잡종 첫 세대의 개체들은 양쪽 부모의 염색체 쌍의 한 벌씩, 즉 절반씩을 가지고 있는데, 부모의 형질을 나타내는 경우도 있고, 보이지 않는 경우도 있고, 부모 양쪽의 평균 정도의 형질을 보이는 경우도 있다. 우리가 보고 싶은 특정 형질이 다양하게 나타나고 그들의 유전자도 다양하게 섞이도록 하기 위해서는, 잡종의 꽃가루와 암술을 결합시키는 자가수분 방법을 통해 다음 세대를 얻는다. 세대를 거듭할수록 자손 개체들의 형질은 여러 가지로 나뉘어 다르게 나타난다. 이렇게 여러 형질이 나타나는 이유는 자손 개체들의 염

---

15 멘델이 제안한 두 가지의 유전학적 법칙인 분리의 법칙과 독립의 법칙을 말한다. 분리의 법칙은 생식세포가 만들어지는 과정에서 대립 유전자가 서로 다른 생식세포로 가는 현상이다. 독립의 법칙은 서로 다른 형질을 결정하는 서로 다른 두 유전자의 유전이 서로 영향을 주지 않고 독립적으로 일어나 다음 세대에 전달되는 현상이다. 멘델이 유전학 법칙을 밝힐 때 사용한 완두콩을 이용하여 예시를 들자면, 완두콩의 모양을 결정하는 유전자와 색을 결정하는 유전자는 서로 영향을 주지 않고 다음 세대로 전달된다. 이렇게 멘델의 유전학적 법칙을 잘 따르는 형질의 경우에는, 교배를 몇 번만 하면 원인이 되는 유전자를 규명할 수 있다.

색체 내에 있는 DNA 염기서열에 차이가 생기기 때문이다. 염기 서열의 차이는 생식기관에서 꽃가루와 암술이 발달하는 중에 일어나는 감수분열[16] 과정에서 생긴다. 즉, 염색체의 교차crossover[17]가 일어나 부모 세대의 염색체가 섞이고, 섞인 염색체들이 독립적으로 생식세포로 분리되어 자손이 서로 다른 염색체의 조합을 물려받게 되는 과정에서 일어난다. 예를 들어 염색체가 AA'와 BB', 두 쌍인 경우가 있다면 그들이 독립적으로 움직일 때는, 2의 제곱인 네 가지(AB, AB', A'B, A'B')의 다른 염색체를 가진 생식세포가 생기며, 교차까지 고려하면 훨씬 더 다양한 종류의 생식세포가 생긴다. 벼의 염색체는 12쌍이므로 2의 12제곱인 4,096가지보다 더 다양한 생식세포의 종류가 가능하며, 게다가 이 생식세포들이 무작위로 상대 생식세포와 결합하여 만드는 후손은 4,096과 4,096을 곱해 나오는 1,677만 7,216가지보다 더 많은, 서로 다르게 조합된 유전자를 가지게 되는 것이다. 즉, 자손 세대 개체의 염색체는 조상 식물과 농작물의 유전체가 잘 섞인 형태가 된다.

이렇게 얻은 자손 세대 개체들을 여럿 분석하여, 농작물의 형질을 가진 개체에는 있지만 조상 식물의 형질을 가진 개체에는

16 유성생식 과정에서 생식세포를 만들기 위해 부모 세포에서 일어나는 세포 분열의 한 과정이다. 감수 분열을 통해 생성된 생식세포는 부모 세포와 비교하였을 때 염색체의 수가 반절로 줄어든다.

17 감수분열 과정 중에 2개의 염색체 위의 일정한 위치에서 교환이 일어나 DNA 서열이 부분적으로 바뀌는 현상이다.

없는 염색체 변이 부위를 찾는데, 이 변이 부위를 양적형질위치라고 한다. 그림 59는 이 과정을 단순화시켜서 설명한 것이다. 이렇게 양적형질위치를 발견하였다면, 다음 단계에서는 양적형질위치에 위치한 수많은 유전자들 중에서 어떤 것이 변화하여 농작물의 형질 변화를 일으켰는지를 찾는다. 양적형질위치에 있는 수백 개의 유전자들 전부를 일일이 조사하는 것은 이론적으로는 가능하지만 현실적으로는 너무 많은 시간과 노력이 들기 때문에,

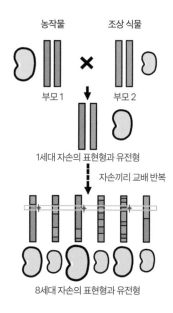

그림 59 농작물(부모 1)에는 있지만 조상 식물(부모 2)에는 없는 형질의 원인이 되는 염색체 변이 부위를 찾는 방법이다. 8세대 유전형 위에 표시한 주황색 긴 박스는 콩을 크게 만든 유전자가 있는 위치로 추정되는 염색체 부위이다. 그 이유는 8세대에서 큰 콩들은 모두 그 부위가 같고(◆표시), 큰 콩인 부모 1도 같은 염색체 부위를 갖고 있기 때문이다.

그 대신 선행 연구결과에 이미 그 농작물의 형질에 관여할 것으로 보고된 유전자나 그와 유사한 유전자가 양적형질위치에 있는지를 찾아본다. 그 위치에 마침 그 형질에 관여할 것 같은 유전자가 있다면 그 유전자를 후보 유전자로 선정한다. 후보 유전자의 발현 정도를 인위적으로 변화시켰을 때 농작물의 형질도 따라서 변한다면, 그 변이 유전자가 농작물의 형질을 결정한다고 결론을 내릴 수 있다.

조상 식물과 농작물의 잡종을 만들기 어려운 경우에는 전장유전체연관분석을 활용한다. 이것은 여러 생태형, 품종 등 다양한 집단에서 특정형질과 유전체상의 변이의 연관성을 분석해서 원인이 되는 유전자가 어떤 것인지 알아내는 방법이다. 여러 농작물 개체에는 공통적으로 있지만 조상 식물 개체에는 없는 염색체의 변이 부위를 찾고, 그 변이 부위의 유전자들 중에서 후보 유전자를 선정하여 더 자세한 분자생물학적 실험을 수행해서 형질의 원인이 되는 유전자를 찾아내는 원리이다. 전장유전체연관분석을 통해 특정 형질에 관여하는 유전자를 찾아내는 연구가 식물 분야에서 최근 점점 더 빈번하게 수행되고 있는데, 전장유전체연관분석은 이미 존재하는 여러 품종을 연구하는 것이므로 여러 세대의 자손을 만들어야 하는 양적형질위치 찾기보다 시간이 덜 걸리기 때문이다. 또한 최근 빅데이터를 만들고 분석하는 기술이 발달해서 종전보다 분석이 용이해진 것도 전장유전체연관

분석을 택하는 이유 중 하나이다. 이러한 유전학적 연구를 수행해서 어떤 유전자가 변해서 농작물이 특정 형질을 갖게 되었는지를 알아낸다.

농작물화 과정에서 변화한 유전자들의 예시

앞에서 말한 방법을 비롯해 여러 방법으로 연구한 결과, 2020년도까지 농작물화에 기여한 유전자domestication gene 100여 가지가 밝혀졌다. 그 변화의 내용을 보면, 어떤 한 유전자의 염기서열이 바뀐 경우가 많았고, 염색체 숫자가 2배, 4배 등 배수체[18]로 된 경우와 트렌스포존[19]의 삽입과 같이 큰 유전적 변화가 일어난 경우도 있었다. 농작물화 유전자들이 암호화하는 단백질의 기능은 매우 다양한데, 그중에서 특히 다른 유전자의 발현을 조절하는 전사조절유전자들의 비중이 높다. 그 이유를 생각해 보면 단백질 자체를 암호화하는 유전자가 없어지거나 많이 달라지면 식물이 죽거나 매우 약해질 수 있는데, 전사조절유전자가 변이되어 유전자의 발현 정도만 바뀌면 식물의 생존에 극단적인 변화가 일어날 가능성은 높지 않기 때문이다.

농작물화에 기여한 전사조절유전자 중에는 옥수수의 곁가지

---

18 세포에 염색체가 정상적인 2쌍보다 더 많이 있는 생명체이다.

19 유전체 내에 존재하는 염기서열 중에서 유전체상의 위치를 한 부분에서 다른 부분으로 이동할 수 있는 염기서열을 말한다.

발달을 억제하는 *TB1*^{Teosinte Branched1}이라는 유전자가 있다. 현재 심는 옥수수는 굵은 줄기가 하나뿐이지만, 옥수수의 조상인 테오신트^{teosinte}는 곁가지가 많이 있는 구조였다(그림 54 참고). 옥수수와 테오신트의 *TB1* 유전자는 아미노산 서열에서는 차이가 없고 다만 그 유전자의 발현 정도가 옥수수에서 높아진 것이며, 발현 정도가 높아진 이유는 그 자리에 트랜스포존이 들어갔기 때문이라고 한다(Studer 등, 2011). 많이 만들어진 TB1단백질은 곁가지 생성을 억제하는 식물호르몬들을 만들고 곁가지로 자라날 잠재력을 가진 눈에서 당의 농도를 낮추어서 옥수수에서 곁가지가 자라나지 못하도록 억제한다(Dong 등, 2019).

농작물화 과정에서 바뀐 또 다른 전사조절유전자로는, *Sh4*와 *qSH1*이 있다. 이 유전자들은 성숙한 종자가 모체로부터 떨어져 흩어지는 현상인 탈립의 정도를 결정한다(Konishi 등, 2006). 볍씨가 탈립이 되어 흩어져 버리면 농부가 씨를 많이 모으기 어렵지만, 씨가 수확할 때까지 모체에 붙어 있으면 훨씬 더 쉽게 씨를 모을 수 있다. Sh4단백질을 이루는 여러 아미노산 중에서 하나가 바뀌어서 농작물이 된 벼에서는 Sh4유전자의 발현이 줄어들었다고 한다. 그러나 Sh4의 발현이 아주 없어진 것은 아니고 약간은 발현이 되기 때문에 모체에 붙어 있던 볍씨는 탈곡을 하면 떨어진다. 그래서 볏짚과 종자를 분리할 수 있다.

과학자들은 어떻게 qSH1을 발견했을까? 우선 그들은 우리가

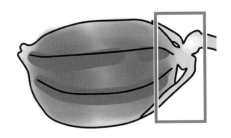

그림 60 빨간 박스는 볍씨에서 종자 탈립이 일어나는 떨켜 부위이다. qSH1은 종자가 모체로부터 분리되는 떨켜 부위에서 발현되어서 떨켜 형성을 조절한다. 자포니카 벼에서는 *qSH1* 유전자의 앞부분에 있는 발현 조절 부위에 염기서열 하나가 변해서, 떨켜 부위에서 이 유전자가 발현되지 않는다.

앞에서 언급한 양적형질위치를 찾는 실험을 했는데, 이때 실험재료로는 종자 탈립이 잘 되는 인디카 벼와 탈립이 거의 안 되는 자포니카 벼를 교배한 것들을 사용하였다. 양적형질위치를 알아낸 후에는 그 자리에 있는 유전자들을 하나씩 따로 분석해서 원인 유전자임을 알아냈다. qSH1은 종자가 탈립되는 부위에서 떨켜[20]의 형성을 조절한다. 자포니카 벼에서는 *qSH1* 유전자의 앞부분에 있는 발현 조절 부위에 염기서열 하나가 변해서 떨켜 부위에서 이 유전자가 발현되지 않게 되었고, 그 결과 탈립이 거의 없어졌다. 그런 자포니카 벼에도 인디카 벼의 *qSH1* 유전자를 넣어 발현시키면 종자가 탈립되었다.

20 잎, 꽃잎, 과실 등이 식물의 몸에서 떨어져 나갈 때 형성되는 세포층이다.

농작물이 조상 식물보다 2배, 4배, 또는 6배 더 많은 염색체를 가진 경우도 있다. 이런 농작물을 배수체 농작물이라고 하며, 대표적인 경우는 밀이다. 보통의 유성생식에서 자손은 조상 염색체의 절반씩을 물려받는데, 밀은 두 조상의 염색체를 모두 다 가져서, 두 조상의 장점을 다 보이는 새로운 종이 되었다. 배수체가 되면 대부분의 경우에 종자의 크기가 커지고, 질병 내성이 향상되고 다양한 환경에 적응성이 좋아지기 때문에 농작물화하는 데 더 적합하다. 작물화 과정에서 염색체 배수가 증가한 식물은 전체 작물의 19퍼센트 정도이다(Meyer 등, 2012).

농작물화에 기여한 유전자를 이용하는 방법

양적형질위치를 알아내거나 더 나아가 원인 유전자 변이를 알아내는 연구는 오랜 시간과 노력이 필요한 상당히 어려운 일이다. 그러나 이것을 알아냈다면, 그 지식은 농작물 육종에 크게 도움이 될 수 있다. 식물을 육종하는 과정에서는 식물을 오랫동안 길러야만 원하는 형질을 가진 자손을 골라낼 수 있는 경우가 있다. 예를 들어 어떤 나무 열매의 성질을 개량하기 위해서는 열매가 열릴 때까지 수년을 기다려야 내가 원하는 형질을 가진 개체가 무엇인지 알 수 있는 것처럼 말이다. 이때 그 선호 형질의 양적형질위치를 안다면, 그 양적형질위치에 유전적 변이가 생긴 식물을 아주 어린 시기부터 골라내서 집중적으로 조사하고 육종에 사용해, 시간과 노력을 많이 줄일 수 있다. 이것을 표지 보조 육종^{marker-assisted breeding}이라고 부른다. 양적형질위치뿐만 아니라 원인 유전자 변이까지 알아냈다면 이것은 생명공학의 여러 분야에서 더 널리 이용될 수 있다. 여러 다른 작물에 그 유전자를 넣어서 유용한 형질을 획득할 수 있고, 그와 유사한 유전자들이 다른 생명체에서도 유사한 기능을 하는지를 알아내는 데에도 이용할 수도 있다.

벼를 예로 들자면, 종자가 길고 납작하며 익혔을 때 찰기가 없는 푸슬한 인디카 벼는, 우리나라에서 주로 먹는 짧고 동그랗고 찰진 자포니카 벼보다 종자 탈립 정도가 훨씬 높아서 수확량이 낮다. 인디카 벼의 *qSH1* 유전자의 발현을 억제해서 종자의 탈립을 줄인다면 벼 수확량을 늘릴 수 있을 것이다. 이러한 작업을 돕기 위해 생긴 것이 유전형-표현형 데이터베이스이며, 여기에는 농작물에 넣을 수 있는 유용한 형질을 부여하는 유전자들에 관한 정보가 있다. 실제로 과학자들이 벼의 침수 내성에 관여하는 양적형질위치를 알아내고 그 자리에 있는 원인 유전자를 찾아내서 표지 보조 육종 방법으로 벼의 침수 내성을 개량한 경우가 있다.

11장
농업이 사람들에게 미친 영향

사회생활에서 생기는 관계는, 관계를 맺은 양측 모두에 영향을 미친다. 사람들이 농업을 해서 식물을 변화시켰을 뿐만 아니라, 농업도 인류사회에 엄청난 변화를 가져왔다. 오늘날 지구상에 이렇게 많은 사람들이 살게 된 것은 농작물이 된 식물 덕분이다. 농작물 재배를 통해 사람들이 식량을 안정적으로 얻게 되어 지금의 많은 인구와 복잡한 사회가 가능했다(Diamond, 1998; Harari, 2015). 크게 증가한 인구와 복잡한 사회는 다양한 문화와 지식의 눈부신 발전을 가져왔지만, 반면 매우 심각한 문제들도 일으켰다. 이 문제를 이 책에서 자세히 다룰 수는 없지만, 농업의 발달이 우리가 21세기에 당면한 지구온난화 문제와 연결되어 있다는 것은 짚고 넘어가고자 한다.

지구가 열병을 앓게 된 근본 원인은, 폭발적으로 증가한 인구가 먹고, 입고, 사용할 물건들을 생산하느라 지구가 가진 자원을 지나칠 정도로 너무 많이 썼기 때문이다. 그 과정에서 자연이 회복하기 어려운 수준까지 지구가 훼손되었다. 사람들은 안정적으로 식량을 얻기 위해 식물을 농작물화하고 농업을 발전시켜 작물 생산성을 계속 높여왔고, 그 결과 식량 공급이 늘면서 인구는 계속 증가하였다. 폭발적으로 증가한 인구를 먹여 살리기 위해 사람들은 자원을 더욱더 많이 개발했고 지구환경은 계속 훼손되고 있다.

더욱 안타까운 것은 농업 생산량이 계속 증가했는데도 배고픈 사람들이 여전히 많다는 사실이다. 20세기에 있었던 녹색혁명으로 과학자들이 밀과 벼의 생산성을 두세 배 높였으나 동시에 인구는 지난 100년 동안 서너 배 증가해서, 지구상에는 여전히 먹을 것이 모자라서 고통받는 사람들이 많다.

배고파서 고통받는 사람들이 없어야 하고, 대다수 사람들이 원하는 수준의 생활을 영위할 수 있어야 하고, 지구환경을 안정시키는 것이 21세기 인류가 풀어야 하는 숙제이다. 그 숙제를 잘하려면, 여러 면에서의 연구가 필요하다. 새로운 농작물과 농법을 개발해야 하고, 사람들이 자연에 끼치는 부담을 최소화하고 자연 회복에 도움을 줄 수 있는 방법들을 찾아내야 할 것이며, 정치, 사회, 경제 분야에서는 인구를 더 이상 증가시키지 않으면서도 안정하고 행복한 사회를 만드는 방법을 찾아내야 할 것이다.

12장
사람들이 만든
지구환경의 변화와 식물

지구온난화와 농업

현재 우리가 겪고 있는 지구온난화와 기후변화는 이전에는 한 번도 일어난 적이 없는 완전히 새로운 현상이다. 지구온난화는 인간의 활동으로 배출된 온실가스로 야기되었으며, 이것이 인간이 일으킨 일이라는 점을 뒷받침하는 과학적 근거들은 충분하다 (Legg, 2021). 지구 표면의 온도 변화에 큰 영향을 줄 수 있는 자연적인 요소인 태양의 활동은 과거 9,000년 동안 큰 변화가 없었으며, 지구 내의 화산활동 또한 과거 2,500년 동안 큰 변화가 없었다. 반면 사람들의 활동으로 생긴 대표적 온실가스인 이산화탄소, 메탄, 아산화질소의 농도는 산업화 이전인 1750년대에 비하여 현재 각각 47퍼센트, 156퍼센트, 23퍼센트 더 높아져서, 80만 년 동안 이어진 지구 역사상 가장 높은 수치를 기록하고 있다. 이는 인간의 산업활동이 지구 대기의 온실가스 양을 급격하게 증가시켰다는 것을 말해준다. 대기 중 온실가스는 온실효과를 일으켜서 지구 표면 온도를 상승시켰는데, 2001년부터 2020년도의 지구 표면 평균 온도는 초기 산업화 시대인 1850년도에 비해 섭씨 0.99도 더 높았다.

지구 표면 온도의 상승은 여러 지구환경과 기후에 큰 변화를 일으켰다. 대표적으로 남극과 북극의 빙상이 유실되고 있으며, 이에 따라 1901년 대비 2018년에는 해수면의 높이가 0.2미터 높아졌다. 그 결과 태평양과 카리브해 지역에 위치한 작은 섬나라들은 해안 지역이 물에 잠겨 영토가 줄어들었고, 종래에는 국민이 다른 곳으로 이주해야 할 것으로 예측된다. 또, 1950년대 이래로 여름철 이상고온 현상, 폭우, 태풍이 잦아지고, 겨울철 한파와 대설의 빈도는 비교적 낮아지고 있다.

그렇다면 사람들의 어떤 활동이 온실가스를 배출하는 것일까? 전체 온실가스 중 70퍼센트가 산업과 운송, 건물의 냉난방에 필요한 에너지 소비에서 발생한다. 두 번째로 많은 온실가스는 놀랍게도 농업과 목축업, 식품 제조, 유통 과정에서 발생하는데, 이는 전체 온실가스 방출량의 25퍼센트를 차지한다(Ritchie 등, 2020). 예를 들어 농작물을 재배하기 위해 초원이나 산림을 경작지로 바꾸면, 토양에 저장되어 있는 탄소가 방출되고 효율적으로 이산화탄소를 고정하는 산림자원이 훼손된다. 아시아권의 국가에서 많이 먹는 쌀을 재배할 때에도 온실가스가 발생한다. 논에 물을 대는 관개 작업에 많은 양의 에너지가 소모될 뿐만 아니라, 물속에는 산소 농도가 낮기 때문에 논에 있는 유기물이 메탄으로 전환되어 대기로 방출되기 때문이다. 메탄은 강력한 온실가스이다. 농작물이 잘 성장하도록 사용하는 질소비료 생산도 온실가스 방출의 원인이다. 전체 온실가스 방출의 1~2퍼센트가 질소비료 생산과정에서 나온다.

요약하자면, 폭발적으로 증가한 인구가 더 좋은 식품과 물건들을 더 많이 소비하게 되면서 농업과 공업의 비중이 계속 더 증가하고 있으며, 그 결과 많은 양의 온실가스가 배출되고 있다. 사람들의 활동으로 인해 배출된 온실가스는 해가 지날수록 더 많이 대기 중에 농축되어 지구온난화를 더욱 빠르게 진행시키고 있다.

대기 중 이산화탄소 농도 증가에 따른 식물의 성장 변화

1만 년 전부터 산업혁명이 일어나기 전인 18세기까지 280피피엠 정도이던 대기 중 이산화탄소 농도는 2022년 5월에는 421피피엠까지 올라갔다. 현재 추세로 온실가스가 계속 대기에 배출된다면 2100년에는 대기의 이산화탄소 분압이 1,000피피엠을 넘어설 것이라고 한다. 이러한 조건에서 식물의 성장은 어떻게 변화할까?

이산화탄소 농도만 올라가고 다른 것들은 그대로 있다면, 식물의 성장은 촉진될 것이다. 이산화탄소는 광합성의 원료인데, 빛이 있어도 식물의 잎 안에 이산화탄소 농도가 충분히 높지 않아서 광합성을 할 수 없는 경우가 많다. 식물이 성장하려면 빛을 받아서 이산화탄소를 당으로 바꾸고, 그렇게 만든 당을 사용해서 세포벽과 다른 여러 구조물질을 만들어야 한다. 모자라는 이산화탄소를 얻기 위해서 식물은 잎 표면에 기공이라는 작은 구멍들을 만들었다. 식물이 기공을 열면 이산화탄소를 흡수할 수 있지만, 동시에 물을 잃어버린다. 그 이유는 식물체 내보다 대기 중 습도가 늘 낮기 때문에, 확산현상에 의해 물이 식물체 내에서 대기 중으로 이동하기 때문이다. 물을 잃는 것은 식물로서는 매우

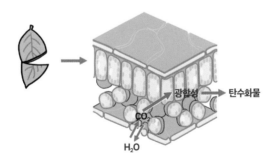

그림 61 잎을 가늘게 자른 단면을 도식화한 그림.
아래쪽 표피에 기공이라는 공기가 드나드는 구멍이 있다. 식물이 기공을 열면 이산화탄소를 흡수할 수 있지만, 물을 잃는다. 물을 잃는 것은 위험하기 때문에 식물은 함부로 기공을 열지 않는다. 그래서 잎 내부에는 광합성에 필요한 이산화탄소가 부족한 경우가 많다.

위험한 일이다. 물을 많이 잃게 되면 식물은 먼저 잎이 시들고, 시든 상태가 오래가면 죽는다. 그런데 공기 중의 이산화탄소 농도가 높아지면 기공을 조금만 열어도 이산화탄소가 잎 안으로 충분하게 확산되어 들어오므로, 식물은 물을 많이 잃는 위험 없이 광합성을 할 수 있다. 따라서 이산화탄소의 증가는 식물의 성장을 촉진시킬 것으로 예측되는 것이다.

증가하는 이산화탄소 분압만을 전 지구 시스템 모델에 넣어 예측해 보면, 2100년의 식물의 광합성 생산량은 1800년대에 비해 63퍼센트 정도 증가할 것으로 예상되지만, 대기 중 이산화탄소 농도가 올라가면 식물의 성장에 영향을 미치는 다른 변화도 여럿 생긴다. 대표적인 것이 기온인데, 현재 온실가스 방출 추세가 계속되어 2100년에 대기의 이산화탄소 분압이 1,000피피엠을 넘어선다면 지구 표면 온도는 약 섭씨 4도 상승할 것으로 예측된다 (Adopted, 2014). 식물도 고온에 민감한 것들이 상당히 많으며, 이런 식물은 이산화탄소 농도가 높아져도 고온에서는 잘 성장하지 못할 것이다. 식물 영양분과 관련된 다른 문제도 있다. 식물의 성장에는 이산화탄소뿐만 아니라 여러 다른 영양분이 필요한데, 특히 많이 필요한 질소와 인 영양분이 지구 표면에 충분하지 않은 것도 식물이 더 많이 생장할 수 없는 이유이다(Wieder 등, 2015). 식물이 이용할 수 있는 질소 영양분은 지구온난화 초기에는 증가할 것으로 예상되는데, 그것은 지구 표면 온도가 상승함에 따라 토양 속 유기물의 분해가 촉진되어 질소원 재생이 가속화되기 때문이다(Melillo 등, 2011). 하지만 이것은 빠르게 고갈될 것이며, 오히려 장기적으로는 지구온난화 기간 동안에 토양 속의 질소원이 모자라게 되어 식물의 생장이 차차 줄어들 것으로 예상된다. 토양에 있는 인 성분은 보통 수십 년에서 수세기에 걸쳐 천천히 식물이 이용할 수 있는 인 영양분으로 변화하는데, 이러한 느린 변화는 이산화탄소 분압 상승에 따른 식물의 폭발적인 성장에 필요한 인 영양분 공급을 제한하게 되어 질소 영양분 부족보다도 식물 생장을 억제하는 더 중요한 원인이 될 것으로 예상된다.

그러므로 2100년에는 이산화탄소 분압이 크게 상승함에도 불구하고 광합성 생산량은 크게 증가하지 못할 것이며, 따라서 대기 중의 이산화탄소가 식물에 의해 고정되는 양은 증가하지 않을 것이다. 반면에 지구온난화로 인해 지표면의 온도가 올라가면 생명체들의 호흡이 증가되어 토양 속 유기물의 분해를 촉진하고, 그 결과 토양에 고정된 이산화탄소가 대기 중으로 빠르게 빠져나가게 된다. 즉, 지구온난화는 광합성을 통한 대기 중 이산화탄소 고정은 별로 증가시키지 못하는 반면, 생명체의 호흡을 증가시켜서, 토양의 고정된 탄소가 이산화탄소로 변화되어 대기 중으로 방출되는 것은 촉진할 것이다. 이로 인해 대기의 이산화탄소 농도는 더 가파르게 상승하여 지구온난화는 가속화될 것으로 예상된다.

대기 중 이산화탄소 농도 증가와 농업

높아지는 이산화탄소 농도가 숲속 나무들의 광합성을 증가시키지 못한다면, 농작물의 생산성에는 어떤 영향을 미칠까? 미래를 예측하는 학자들은 이산화탄소 증가로 인해 기후가 변화하면 농산물 생산이 감소할 것이라고 한다. 이산화탄소 농도가 높아지는데 농산물 생산은 왜 감소할까? 작물의 생산량이 증가하려면 이산화탄소가 많이 필요할 뿐만 아니라 기후 조건도 적합해야 한다. 그런데 이산화탄소가 증가하면 지구 표면 온도가 상승하고 가뭄과 홍수를 더 빈번하게 일으키기 때문에 작물의 성장이 둔화되고 농산물 생산량이 감소할 것이다. 특히, 선진국보다는 개발도상국에서 작물의 생산량이 더 심각하게 줄어들 것으로 예상되고 있는데, 그 이유는 온도가 올라가고 기후가 바뀌면 작물이 성장하는 데 필요한 물과 비료와 환경조건이 달라질 것이고, 기술과 자본이 모자라는 개발도상국에서는 그런 환경조건을 제때 맞춰주기 어려울 것이기 때문이다. 예를 들어 온도가 높아지면 토양의 물이 공기 중으로 더 많이 날아가서 토양이 건조해질 것이므로, 인공적으로 물을 더 많이 줘야 하는데, 관개설비를 설치하려면 많은 경비가 든다. 또 기후조건이 변하면 거기에 맞는 새로운 작물을 재배해야 하고 새로운 잡초와 병균이 작물을 공격하게 될 가능성이 높은데, 이러한 문제에 대응하는 것도 개발도상국에서는 더 어려울 것이다. 즉, 지구온난화는 농업에 큰 변화를 일으킬 것이고, 가난한 나라에 더 큰 피해를 줄 것으로 예상된다.

대기 중 이산화탄소 농도 증가는 농산물의 양적 변화뿐만 아니라 질적 변화도 가져올 것이다. 이산화탄소 농도가 높아지면 우리가 섭취하는 작물에서 당의 양만 늘고 단백질과 필수지방산[21]은 줄어들어 입에는 달지만 몸에는 그리 좋지 않은 식품이 많아질 것이다. 배는 부르지만 영양분을 충분하게 골고루 섭취하지 못하게 되는 이러한 현상을 '감춰진 배고픔hidden hunger'라고 부른다. 이렇게 당에 비해 단백질과 다른 영양분의 양이 줄어들게 되는 이유는, 이산화탄소 농도가 높아지면 식물이 광합성에 필요한 단백질을 예전처럼 애써 많이 만들지 않아도 광합성을 수행할 수 있기 때문이다. 식물은 낮은 이산화탄소 농도 조건에서 광합성을 하기 위해서 이산화탄소를 잡는 루비스코RUBISCO단백질을 많이 합성한다. 시금치 잎 단백질 중 40퍼센트가 루비스코이다. 그런데 이산화탄소 농도가 높아지면 그 효소가 그렇게 많이 필요하지 않다. 광합성에 필요한 다른 단백질도 덜 필요하다. 그렇게 되면 식물의 전체 단백질 함량이 감소할 것이다.

반면, 지구온난화로 인해 식물의 생장 환경이 척박해지면 식물이 2차대사산물을 더 만들어 낼 가능성이 있다(Borrell 등, 2020). 2차대사산물들은 식물이 자기를 방어하기 위해 만드는 화학물질

---

21 사람 신체의 성장과 발달 과정에서 꼭 필요한 지방산이지만, 체내에서 합성할 수 없는 지방산을 말한다. 필수지방산의 종류로는 오메가3 지방산과 오메가6 지방산이 있다.

인데, 사람들은 식물의 방어물질을 약으로 이용하고 있다. 환경이 좋지 않아서 스트레스 수준이 올라가면, 채소의 플라보노이드와 퀴노아의 페놀 계열 물질 생산이 증가한다(Dong 등, 2018). 이산화탄소의 농도가 높아지면 진통제로 사용되는 양귀비의 모르핀과 심장약으로 사용되는 디지털리스의 디곡신 생산이 증가한다(Ziska 등, 2009).

대기 중 이산화탄소 농도 증가와 식물의 다양성

자연에서 자라는 식물들은 서식지를 빠르게 변경할 수 없기 때문에 급격한 환경변화에 취약하다. 최근에는 지구온난화로 인해 온도를 비롯한 여러 조건들이 급격하게 변화함에 따라 환경 스트레스에 잘 적응하는 식물이 살아남고 그러지 못하는 식물들은 멸종하게 되어 식물 종의 다양성이 감소하고 있다(Román-Palacios & Wiens, 2020). 변화하는 환경에 대한 식물의 적응 능력 외에 식물이 곤충과 맺고 있는 관계도 종 다양성을 결정하는 중요한 요소이다. 벌과 나방 같은 매개곤충은 꽃과 꽃을 이어주며 꽃가루를 날라다 주는데 많은 식물이 이들에게 생식을 의존하고 있다. 전세계의 약 35만 가지 꽃 피는 식물 중에서 약 80퍼센트가 곤충의 도움을 받아서 꽃가루를 퍼뜨리고 얻어서 생식을 한다(Ollerton 등, 2011). 그런데 지구온난화 때문에 식물이 꽃 피는 시기와 곤충이 알에서 깨어나와서 활동하는 시기가 서로 달라져 버리면, 식물은 꽃가루를 받지 못해서 자손을 남기기 어려워진다.

　지구온난화로 인해 빈번해진 이상고온현상 때문에 중요한 매개곤충인 꿀벌이 급격하게 감소하였다는 연구결과가 있다(Soroye 등, 2020). 우리나라에서도 최근에 급격하게 꿀벌이 폐사하거나 실종된다는 보고가 있다. 다른 원인들도 있지만 2021년 9~10월에 저온현상으로 일벌들이 발육하지 못한 반면, 11월과 12월에는 고온현상으로 남부 지방에서 꽃이 피자 월동하고 있던 벌들이 깨어나서 꽃가루를 채집하다가 저온과 체력 고갈로 벌통으로 돌아오지 못한 채 죽는 현상이 포착되기도 했는데 이상한 날씨가 주요한 원인이었던 것으로 전문가들이 분석하고 있다(최용수, 2022). 꿀벌은 야생의 많은 식물뿐만 아니라 주요 농작물의 꽃가루를 날라주는 곤충이므로 지구온난화로 인해 꿀벌이 사라진다면 많은 농작물과 야생식물이 멸종 위험을 겪을 것으로 예상된다.

　특별히 한 종의 곤충에만 수분을 의존하는 식물은 그 곤충이 때맞게 알에서 부화하지 못하면 꽃가루를 얻지 못해서 자손을 만들지 못할 것이다. 이런 변화 속에서는 여러 다양한 곤충을 꽃가루받이에 이용하는 식물은 번식에 유리하고, 아예 곤충에 의존하지 않고 생식을 하는 식물은 상대적으로 더욱 유리할 것이다. 예를 들어 소나무처럼 꽃가루를 엄청 많이 만들어서 바람에 꽃가루를 날려 보내 꽃가루받이를 하는, 곤충에 의존하지 않는 식물이 유리하다. 한마디로, 대기 중의 이산화탄소 농도는 너무 급격하게 변화하고 있어서, 그 결과 일어나는 온난화와 새로운 기후 조건을 견디지 못하는 식물들은 멸종하게 될 것이며, 식물 다양성은 줄어들 것이다.

식물의 멸종 속도

지난 100년 동안 지구 전체의 인구가 3~4배 증가하였다. 사람들과 가축들이 먹을 식량을 확보하기 위해 숲은 농지로 변경되었고, 살 장소를 확보하기 위해서 사람들은 자연을 상당히 많이 파괴하였다. 그 결과 식물과 동물의 서식지가 없어지고 멸종되는 경우가 많아졌다. 영국의 왕립식물원인 큐가든에서 2019년 6월에 발표한 바에 따르면, 지난 250년 동안에 571종의 식물이 지구상에서 사라졌으며, 이 숫자는 멸종된 새, 포유류, 양서류를 합한 217종보다 2배 이상 더 많다. 현재 식물의 멸종 속도는 자연에서 저절로 멸종이 일어나는 비율에 비해 500배 정도 더 빠르다.

예를 들자면, 남대서양의 세인트헬레나섬에서 살던 세인트헬레나 올리브나무*Nesiota elliptica*는 삼림벌채 때문에 서식지가 줄어들고 외지에서 도입된 염소가 뜯어 먹는 바람에 개체 수가 감소하여, 19세기부터 멸종한 것으로 보고되었는데, 1977년에 마지막으로 남은 한 그루가 그 섬에서 발견되었다. 식물학자들이 이 나무를 보존하려고 노력하였으나, 나무는 1994년에 죽었고, 그 나무에서 꺾꽂이로 번식시켰던 어린 나무도 2003년에 죽어서, 이 식물은 완전히 멸종되었다. 이 식물의 유전자는 큐가든의 DNA은행에서 보존하고 있다. 두 번째 예는 칠레단향목*Santalum fernandezianum*이라는 샌들우드 향을 내는 나무이다. 이 나무는 칠레 연안의 후안페르난데스제도에서 자랐는데, 1624년부터 향기로운 목재를 원하는 사람들에 의해 계속 벌채되어 19세기 말에는 남은 개체가 거의 없었다. 마지막으로 관찰된 칠레단향목은 1908년에 찍은 사진에서 보이며, 그 후로는 발견된 적이 없다.

국내의 경우 강원도와 전라도에서 자라는 광릉요강꽃, 경북, 경남, 전남 해발 600미터 이하에서 자라는 세뿔투구꽃, 한라산이나 지리산 등 고산지대에서 사는 구상나무 등이 멸종위기에 처해 있다(이성진, 2021). 사람들이 많은 노력을 기울이지 않는다면 식물의 멸종은 더욱 빨라질 것이고, 그 식물을 식량과 서식지로 삼는 동물들이 있다면 그들도 따라서 멸종할 가능성이 높다.

농작물의 다양성을 유지하기 위한 노력

지구환경이 나날이 바뀌고 있어서, 앞으로 어떤 작물이 이러한 새로운 환경에서 우리에게 좋은 식량을 제공할 수 있을지 확실하지 않다. 이러한 상황에서는 작물의 유전적 다양성을 보존하는 것이 필요하다. 종자은행과 종자저장고는 작물의 유전적 다양성을 유지하기 위하여 현존하는 작물의 종자를 모아서 보관하는 곳이다. 대표적인 곳으로는 노르웨이 정부에서 운영하는 스발바르국제종자저장고^{Svalbard Global Seed Vault}가 있다. 이 종자저장고는 핵전쟁, 천재지변, 급격한 기후변화 등 미래에 많은 식물이 한 번에 멸종되는 상황이 도래하더라도 안전하게 종자를 저장하여 후세의 사람들에게 전달하기 위한 목적으로 만들어졌기 때문에 식물판 '노아의 방주'로 비유된다. 스발바르국제종자저장고는 북극과 노르웨이의 중간쯤에 있는 스피츠베르겐섬의 깊은 산속에 있는데, 종자 창고가 100미터 이상 산속으로 들어가 있고, 해수면보다 높아서 재앙이 일어나더라도 파괴되거나 물속에 잠기지 않을 것이며, 섭씨 영하 18도라는 낮은 온도와 낮은 습도에서 종자를 안정하게 보관할 수 있다. 저장고가 있는 곳은 날씨가 추운 지역

그림 62 스발바르국제종자저장고의 외관.

이어서 만약의 사고가 일어나더라도 얼려둔 종자가 녹을 염려가 없다. 종자를 보관하기 위해 지정학적으로 최적의 위치에 종자보관소를 건설하였음에도 불구하고, 최근 급격한 지구온난화로 북극 지방의 영구동토층이 녹아내리면서 2017년도에는 저장고의 입구가 침수되는 사고가 일어나기도 했다. 지구환경 변화가 상상 이상으로 빠르게 진행되니 미래 세대를 위한 종자저장고의 운명도 장담할 수 없게 되었다.

이 종자저장고는 2008년에 개관하였는데 총 450만 종류, 종마다 500개, 전부 25억 개의 종자를 보관할 수 있는 공간과 시설이 구비되어 있으며 지금까지 100만 개 이상의 종자를 각 나라로부터 받아서 보관하고 있다. 우리나라에서도 총 44개 작물 2만 3,185개 자원을 스발바르국제종자저장고에 기탁하였다(김경아, 2020). 스발바르국제종자저장고에서 종자를 다시 꺼내어 가져갈 수 있는 주체는 종자를 맡긴 나라나 연구소뿐이다. 스발바르국제종자저장고가 처음으로 보관하고 있던 종자를 내준 것은 시리아전쟁 때문이었다. 시리아의 알레포라는 국제건조기후지역 종자은행의 과학자들이 2015년에 가뭄과 고온에 내성을 가지는 밀의 종자를 내어달라고 요청하였는데, 그 종자들은 2012년부터 그들이 종자저장고에 기탁한 종자들이었다. 그들은 전쟁 때문에 시리아에서는 더 이상 연구를 수행할 수 없어서, 스발바르국제종자저장고에 보관되어 있던 종자를 돌려받은 뒤 레바논과 모로코에 심어서 연구를 계속하고 있다(Tuysuz & Damon, 2015). 이 지역에서 자라나는 농작물 중에는 가뭄과 고온을 잘 견디는 것들이 많기 때문에 연구를 통해 스트레스 내성의 원인이 되는 유전자들을 찾으면 지구온난화 조건에서도 식량을 안정하게 공급할 수 있는 작물을 개발하는 데 사용될 수 있을 것이다.

우리나라에도 종자저장고가 있다. 2017년에 경북 봉화에 개장한 종자저장고는 현재 국립백두대간수목원에서 관리하고 있다. 이곳은 세계에서 유일하게 야생식물의 종자까지도 보관하는 종자저장고이다. 보관 중인 종자는 국내 여러 수목원과 대학 등 각종 기관에서 수집한 종자이다. 2021년 3월까지 총 4,751종 9만

그림 63 경북 봉화의 종자저장고.

5,395점의 종자가 저장되었는데, 이 중 자생식물은 2,166종, 희귀식물은 329종, 특산식물은 180종이다. 국가기밀시설로 분류되어 일반인은 출입할 수 없다.

전체 식물의 다양성을 유지하기 위한 노력

지금의 생물들은 지구상에서 40억 년 동안 끊임없이 진화해 오는 동안 서로 관계를 맺고 공진화[22]하여, 서로 얽히고설킨 생태계를 이루었다. 생태계가 안정되려면 여러 생명체들이 생명활동을 하면서 지구의 물과 공기와 토양을 안정화하는 것이 필요하다. 인류의 입장에서 보면 생태계에 있는 생물자원은 보물창고에 있는 진귀한 보물이며, 이 보물들은 한번 멸종하면 다시 회복시킬 수 없다. 우리가 지금 처한 지구환경의 변화는 너무 빠르고 너무 심하게 진행되고 있어서, 우리 선조들이 경험하지 못한 것이고, 그래서 역사에서 배워서 미래를 예측하는 것이 어렵다. 앞으로 어떤 일이 생길지 알 수 없는 현 상황에서 우리는 이 보물창고를 잘 지켜야 한다. 지금은 사람들에게 별로 유용하지 않아 보이는 식물이라도 앞으로는 유용한 것이 될 수 있으므로, 이들이 없어지지 않도록 유지하는 것이 필요하다.

식물의 다양성을 유지하려면 숲을 농지로 만드는 것을 최대

---

22 서로 밀접한 관계를 갖는 2개 이상의 종이 진화의 과정에서 서로에게 영향을 주는 것을 말한다.

한 줄이고 자연상태로 두어야 한다. 이를 위해서는 좁은 농지에서도 많은 사람이 먹을 식량이 나오도록 단위면적당 농업 생산성을 높이는 농법과 농작물을 개발해야 한다. 여러 기술 중에서 스마트팜[23]이 하나의 대안으로 떠오르고 있다. 10층 높이의 스마트팜에 밀을 심을 경우, 동일 면적의 재래식 농장보다 수백 배의 생산성을 낼 수 있다고 한다(Asseng 등, 2020). 그러나 인공조명에 에너지가 많이 들고 시설유지비와 인건비 등 다른 경비도 많이 들어서 아직까지는 경제성이 없다.

농지를 줄여서 식물의 다양성을 유지하고 환경을 되살리는 또 다른 방법으로 채식이 제안되었다. 고기와 우유, 계란 등 동물성 식품들을 적게 먹자는 주장이다. 소를 키워서 소고기를 먹으면, 콩으로 두부를 만들어 먹는 것에 비해서 이산화탄소가 31배나 더 발생한다. 돼지고기, 닭고기, 우유, 치즈 등 다른 동물성 식품도 소고기보다는 덜 하지만, 생산과정에서 나오는 이산화탄소의 양이 쌀, 감자, 밀, 콩 등 식물성 식품에 비해 엄청나게 많다. 이렇게 동물성 식품 생산에서 이산화탄소가 더 많이 나오는 이유는, 목초와 곡물을 먹여 키운 동물을 사람이 먹는 일련의 과정에서 에너지의 손실이 심하게 일어나기 때문이다. 예를 들어 소고기로 얻는 에너지는 사료에 있던 칼로리의 5퍼센트밖에 안 되고

23　정보기술을 농업에 접목하여 농작물 재배시설의 식물 생육 환경을 측정 분석하고, 이를 바탕으로 식물의 성장에 최적화된 환경을 제공하는 설비를 갖춘 농장이다.

나머지 95퍼센트는 손실된다. 옥수수와 콩 등 사료 20킬로그램을 소에게 먹여서 우리가 얻을 수 있는 소고기는 고작 1킬로그램밖에 안 된다.

2018년의 보고에 의하면 농지의 80퍼센트가 목초와 가축을 먹일 곡식을 재배하는 데 이용되고 있다(Poore & Nemecek, 2018). 만약 전체 인류가 전혀 고기를 먹지 않고 동물에서 나오는 어떤 식품도 먹지 않는다면, 지금 우리가 사용하는 농지의 4분의 1만으로도 전 인류를 먹여 살릴 수 있으며, 소고기와 양고기만 안 먹는다고 해도 농지를 반으로 줄일 수 있을 것이라고 한다. 농지 면적을 줄이면 그 빈 자리를 야생식물과 동물에게 되돌려 줄 수 있다. 현재 사람들의 고기 소비량은 증가하고 있는 실정인데, 변화의 방향을 바꾸어서 채식을 더 많이 하지 않는다면 지구환경을 되살리기 어려울 것이다. 인구가 지금보다 훨씬 더 적다면 사람들이 동물성 식품을 많이 먹더라도 지구환경이 버텨내겠지만, 80억의 인구가 현재의 농법으로 키운 동물성 식품을 먹는다면, 지구의 육지, 민물, 바다, 대기 환경은 계속 더 나빠질 수밖에 없다(Ritchie & Roser, 2020).

대체육은 식물 다양성을 보존하는 데 도움이 될까?

채식을 하는 것은 지구환경을 위해 매우 좋은 방법이지만, 사람들은 고기를 먹고 싶어 하고, 게다가 단백질 섭취가 건강에 중요하다는 점이 갈수록 더 강조되고 있어서, 채식을 대중화시키기는 참으로 어렵다. 이런 어려움을 극복하기 위하여 동물의 고기 대신 단백질을 섭취할 수 있는 대체육이 대두되고 있다. 대체육은 미국, 유럽, 일본에서 벤처산업으로 발달하고 있으며, 우리나라에서도 최근 대체육을 유망 산업 중 하나로 선정하였다.

대체육으로는 식물성 고기, 배양육, 식용곤충이 있다. 식물성 고기는 콩과 밀 같은 식물에서 얻을 수 있는 단백질을 써서 동물성 식품과 유사한 모양과 맛을 낸 것이다. 예를 들어 2020년부터 세계적 프랜차이즈 기업인 맥도날드가 비욘드미트라는 회사와 합작으로 발매한 맥플랜트는 소고기 대신에 완두콩과 쌀, 감자와 비트를 섞어 동글납작하게 만든 식물성 고기를 빵에 끼워 넣은 햄버거이다. 그러나 식물성 고기는 아직도 맛과 질감이 고기와 많이 달라서 대중화되어 있지 않으며, 맥도날드 점포 중에서도 맥플랜트를 파는 곳은 그리 많지 않다.

최근에는 배양육 기술이 개발되고 있는데 근육세포, 지방세포 등 동물의 세포들을 배양해서 고기를 만드는 것이다. 배양육으로 고기를 만들면 재래식 축산에 비해 지구온난화를 일으키는 이산화탄소와 메탄가스를 훨씬 줄일 수 있다고, 이 사업을 주도하는 사람들은 주장한다. 배양육 기술이 어느 정도의 수준으로 상용화가 가능할지 아직은 알 수 없지만, 세계적으로 수많은 벤처회사가 상용화를 목표로 연구하고 있다. 이를 상용화하려면,

맛을 고기와 유사하게 만들면서도 생산 경비를 줄여서 값을 싸게 해야 할 것이다. 경비가 가장 많이 드는 부분은 세포를 기르는 배양액을 만드는 것인데, 거기에는 동물세포가 자라는 데 필요한 아미노산과 필수지방산, 당과 성장호르몬이 들어가야 한다. 이것들을 대장균이나 효모에서 만들어 공급한다면, 이번에는 대장균이나 효모를 키울 배지가 필요하고 그것은 결국 식물을 재배해서 공급해야 할 것이다. 즉, 고기를 배양기에서 만들어 내더라도 그것을 만드는 영양분과 에너지는 식물에서 가져올 수밖에 없기 때문에, 배양육 사업이 지구상의 농지 면적을 의미 있는 정도로 감소시킬 수는 없을 것이다. 그러므로 배양육 사업이 상용화되더라도 환경을 되살리거나 식물 다양성 보존에 기여하기는 어려울 것으로 예상된다. 다만 동물을 죽이지 않고 고기를 얻을 수 있기 때문에 식용으로 길러 도축하는 동물의 수를 줄이는 동물 복지 향상에는 도움이 될 수 있을 것이다.

이미 여러 나라 사람들이 곤충을 먹고 있다. 우리나라의 경우에도 과거 먹을 것이 별로 없었던 시절에 논에서 서식하는 메뚜기를 잡아 섭취하였고, 현재까지도 유원지나 전통시장에는 누에나방의 번데기가 식재료로 나와 있다. 곤충은 매우 효율적으로 단백질을 체내에 축적하는 생명체이므로 좋은 단백질 공급원이 될 수 있다. 곤충을 통해 단백질을 생산하는 것은 동물성 고기를 생산하는 것에 비해 10분의 1정도의 토지와 사료가 소모되므로,

식용곤충이 대중화될 수 있다면, 식물의 종 다양성 보존에 크게 기여할 것으로 예상된다. 그러나 현재까지 곤충은 주요한 단백질 영양분의 공급원이 아니라 그저 다채로운 식자재의 하나로 취급되고 있다. 또한 아직까지 곤충을 먹는 것에 대해 거부감을 가지고 있는 사람들이 많고, 식용곤충은 식물성 고기와 마찬가지로 맛과 질감이 고기와는 많이 달라서 육류를 대체할 만한 단백질 공급원으로 널리 대중화되고 있지 않다.

13장
미래의 식물과 사람의 관계

우주에서 식물을 재배할 수 있을까?

지구의 기후가 극단적으로 변하고 환경오염이 심해지며, 지구에 뜻밖의 재앙이 닥칠 수도 있다는 염려가 생기자, 사람들은 지구를 떠나 우주의 다른 행성에서 사는 꿈을 꾸게 되었다. 최근 로켓기술이 발전하고 있으므로 비교적 지구와 가까운 달과 화성에 인류가 진출하는 것도 머지않아 실현될 가능성이 높다. 그렇다면 달과 화성을 인류가 장기간 거주할 수 있는 공간으로 바꾸는 테라포밍^{terraforming}(행성 개조)이 과연 가능할까? 테라포밍이 성공하려면 지구에서와 같이 식량작물을 길러 안정적으로 식량자원을 확보하는 것이 필수적일 것이다. 하지만 지구 밖 우주 공간의 환경은 지구환경과 많이 다르고, 그런 다른 환경에서 작물을 키우는 것은 상당히 어려운 일일 것이다. 우리가 지구 밖에서 식물을 키우기 위해서는 어떠한 점들을 고려해야 할까?

일단 생명체가 생존하기 위해서는 적절한 온도가 유지되어야 한다. 달의 경우 가장 더울 때와 추울 때의 일평균 온도 차이가 무려 섭씨 273도이고 화성의 경우 93도이다. 이런 극심한 온도 차이에 노출되어서는 식물이 생존할 수 없으므로 달과 화성에서 식물을 키우기 위해서는 온도를 적정하게 유지할 수 있는 온실이 필수적일 것이다. 온실은 높은 에너지의 우주방사선[24]으로부터 식물을 보호하기 위해서도 필요하다. 또, 식물을 재배하려면 물이 많이 필요한데, 놀랍게도 최근 탐사결과에 따르면 달과 화성에는 물이 많이 존재한다고 한다. 이 물을 잘 활용한다면 식물 재배에 필요한 물을 조달할 수 있을 것이다.

식물은 광합성 과정을 통해 유기영양분을 스스로 만들어 내기 때문에 광합성에 필수요소인 충분한 양의 빛과 이산화탄소가 식물 성장에 중요하다. 달과 화성 모두 식물을 키우기에 충분한 양의 태양 빛을 받을 수 있을 것으로 예상되지만, 이산화탄소의 경우는 다르다. 화성의 경우 대기의 95퍼센트가 이산화탄소여서 문제가 없지만, 달의 경우에는 대기가 희박하여 이산화탄소를 외

---

24 거의 빛의 속도에 근접하게 우주를 돌아다니는, 높은 에너지를 지닌 각종 입자와 방사선을 말한다.

부로부터 공급해 주어야 할 것이다.

중력의 문제도 있다. 식물은 중력의 방향을 감지해서 그쪽으로 뿌리를 내려 성장에 필요한 무기영양분을 흡수하는데, 달과 화성은 지구보다 중력이 약하다. 지구의 중력이 1G이라고 했을 때 화성과 달의 중력은 각각 0.38G과 0.17G이다. 이러한 환경에서 식물이 뿌리를 잘 발달시킬 수 있을까? 연구실에서 화성과 달의 중력조건을 인위적으로 조성한 뒤 씨앗을 발아시킨 연구결과에 따르면 화성의 중력조건에서는 식물의 뿌리 발달이 지구의 중력 조건에서와 비슷하였다. 반면 달의 중력에서 발아한 식물의 경우 뿌리 세포의 분열은 증가했지만 세포의 성장은 둔화하였다. 이 결과는 식물이 지구환경에서와 비슷하게 뿌리를 발달시키려면 최소한 달의 중력보다는 더 강한 중력이 필요하다는 것을 보여준다(Manzano 등, 2018).

그렇다면 화성과 달의 토양은 식물 성장에 적합할까? 달과 화성에는 모래 같은 토양이 있는데, 그 토양에는 식물이 자라는 데 필요한 영양소들이 상당히 들어 있으나, 질소원이 거의 없으며, 식물 생장에 해로운 알루미늄과 크롬의 함량이 높다. 화성과 달 탐사 때 알아낸 화성과 달의 표토층의 성분을 모방한 토양에서 식물이 성공적으로 발아하고 비료를 주지 않았어도 50일간 생존하였다는 연구결과가 있었다(Wamelink 등, 2014). 그러나 종자가 아예 발아하지 않은 작물도 있었고, 꽃이 피어서 열매까지 맺은 식물은 14종 중에서 2종뿐이었다. 최근 플로리다대학교의 펄[Ferl] 연구팀은 아폴로 미션을 통해 가져온 달의 토양에 애기장대 식물을 키우는 연구를 진행했다. 실제 달의 토양에 애기장대 씨앗을 심고 날마다 비료액을 공급하자 종자가 발아하였지만, 이후 성장 과정에서 극심한 스트 '스 반응을 보이며 잘 자라지 못했다고 한다(Paul 등, 2022).

이러한 실험결과에서 나타나듯이 달과 화성 토양의 독성 성분으로부터 식물을 보호하고, 성장에 필요한 비료를 공급하는 문제를 해결하는 것이 우선으로 보인다. 특히 단백질을 만드는 데 필요한 질소원을 어떻게 공급해 줄 것인가 하는 문제가 어렵다. 화성에서 펼쳐지는 인간의 생존기를 그린 영화 〈마션〉에서는 승무원들의 배설물을 식물에 주어서 질소원 문제를 해결하는 장면이 나온다. 승무원들은 지구에서 가져온 음식을 먹었을 것이므로, 결국 지구에서 수확한 농작물에 있던 질소를 재활용한 것이다. 이렇게 달과 화성의 토양이 식물의 생장에 적합하지 않아서, 지구의 토양을 가지고 가야 농작물을 재배할 수 있을 것이라는 의견도 있다. 그러나 토양을 달과 화성까지 가지고 간다는 것은 실현하기 너무나 어려운 일로 보인다. 반면, 최근에 달과 화성에 상당한 양의 물이 있다는 것이 밝혀졌으므로, 그 물을 이용할 수 있는 기술을 만들어 내서 수경재배를 할 수 있을지도 모른다. 그러나 달과 화성의 물은 지구의 강이나 바다처럼 흐르는 것이 아니고, 끝어내 사용하기에 상당히 어려운 형태로 존재하고 있기 때문에 기술적으로 물을 얻는 것은 많이 어려워 보인다. 만약에 물을 끌어내서 수경재배를 한다면, 비료의 상당 부분을 지구에서 만들어 가지고 가야 할 것이다.

마지막으로 식물의 공생 동반자들이 없는 것도 문제이다. 지구에서 식물은 혼자서 사는 것이 아니라 옆에 있는 다른 생명체들, 즉 다른 식물, 곤충, 초식동물과 사회생활을 하며 사는데, 이것이 없는 달이나 화성에서 식물이 어떻게 생존할 수 있을 것인지가 의문이다. 실제로 토끼풀*Melilotus officinalis*을 화성의 표토와 유사한 흙에 심었을 때, 질소고정박테리아를 추가로 주입해 준 경우에 훨씬 더 잘 성장하는 것을 확인했다(Harris 등, 2021). 이는 다른 행성에서 식물이 살기 위해서는 공생 동반자가 중요할 것임을 시사한다.

이러한 많은 문제들을 극복하고 다른 행성에서 사람들이 농산물을 자급자족하려면 지금과는 차원이 다른 대단한 기술의 발달이 필요할 것이다. 기술이 아무리 발전하더라도 다른 행성의 식물은 사람들이 만든 온실 안에서 자라야 할 것이며, 그 온실 환경을 지구와 완전히 똑같게 조성할 수는 없을 것이기에, 식물은 새로운 우주 환경에 적응하면서 크게 변화할 것이 예상된다.

이런 연구를 수행하면 할수록 외계에서 식물을 재배하기 위해 극복해야 할 문제들이 아주 많고 매우 어렵다는 것을 알게 되고, 우리가 가진 지구환경이 얼마나 소중한지를 깨닫게 된다. 그래서 외계에서 식물 재배를 연구하고 다른 행성에서 인간의 삶을 계획하는 것보다는 소중한 지구환경을 보호하고 회복시켜야 할 필요성이 더 크고, 시급하다는 생각이 든다.

미래에는 어떤 식물을 재배하게 될까?

지금까지 사람들이 재배해 온 농작물은 전체 식물의 수에 비하면 너무나 적은 수이다. 현재 약 150종의 작물이 재배되고 있으며, 완전히 농작물화되지는 않았지만 사람들이 조금씩 먹고 있는 종들은 7,000종이라고 한다. 전체 알려진 식물의 종류는 40만 종이나 되기 때문에 우리가 이용하고 있는 식물은 전체 식물에서 아주 작은 부분이다. 150종의 작물 중에서도 아주 소수인 몇 가지 작물로부터 사람들은 칼로리의 대부분을 얻고 있다. 옥수수, 벼, 밀에서 인류가 얻는 칼로리의 반이 나오고 있으며, 70퍼센트의 칼로리는 15가지 작물(옥수수, 벼, 밀, 감자, 대두, 사탕무, 사탕수수, 바나나, 카사바, 고구마, 토마토, 양파, 보리, 사과, 수박)에서 나온다(Fernie & Yan, 2019).

식물 종류에 비해 우리가 이용하고 있는 식물이 아주 적다는 것은 식물을 개발할 여지가 아직 많이 남아 있다는 것을 의미한다. 세계 각국의 과학자들은 여러 목적으로 이용할 새로운 작물을 개발하고 있다. 그들이 새로운 작물을 개발하려는 이유는 무엇일까? 첫째, 환경에 큰 부담을 주는 비료와 농약을 덜 사용해도 재배할 수 있는 작물이 필요하기 때문이다. 둘째, 물을 효율적으로 사용하는 작물을 개발하는 것이 필요하다. 전 세계적으로 물 부족 현상이 심각하며, 농업에서 물을 많이 소비하고 있고, 가뭄으로 농업 생산량이 떨어지는 경우도 많기 때문이다. 셋째, 기후가 급변하는 어려운 환경에서도 꾸준하게 양식을 공급할 수 있는 농작물이 필요하다. 지구의 평균 기온은 올라가고, 가뭄과 홍수가 빈번해졌으며, 대기 중의 오존 농도가 높아지는 등 기후변화로 농작물의 정상적인 생장이 어려워져, 농업이 더욱 어렵게 되었다. 기후변화로 인한 농업의 변화는 우리도 직접 체감하고 있다. 우리나라 사과 생산지가 점차 북쪽으로 옮겨 가고 있는데, 그 이유는 낮에는 따뜻하고 밤에는 서늘해야 당도가 높아서 사람들이 좋아하는 사과를 생산할 수 있기 때문이다. 반면 남해안에서는 파인애플, 애플망고와 같은 아열대 작물을 생산할 수 있게 되었다. 앞으로도 기후변화가 계속될 것이며, 이러한 변화에 대처하기 위해서는 계속적으로 새로운 작물을 개발해야 한다. 넷째, 전 지구적 관점에서 보면 인구는 여전히 증가하고 있으며, 사람들의 생활수준도 높아져서 고기를 더 많이 먹게 되었다. 고기를 먹으려면 동물의 사료로 사용할 농작물을 더 많이 생산해야 한다.

식용뿐 아니라 다른 목적으로도 새 작물을 개발해야 할 필요가 있다. 인구가 증가할수록 이들이 사용할 물건들을 만드는 원료 농작물도 더 많이 생산해야 하기 때문이다. 예를 들어 섬유,

종이, 바이오플라스틱[25] 등 여러 공산품의 원료를 생산하기 위한 작물도 더 많이 필요할 것이고, 가구나 집을 건축하는 데 필요한 목재용 나무도 더 많이 필요할 것이다.

지금까지 농작물화되지 않은 식물에는 농작물로 적합하지 않았던 형질이 있을 것이다. 이것을 신기술을 써서 바꾸면, 특히 분자생물학적 기술들을 잘 이용하면, 식량으로, 산업용으로, 또는 지구온난화를 막을 수 있는 유용한 농작물로 개발할 수 있을 것이다.

새로운 식량 작물 개발

우리나라 사람들은 다른 나라 사람들보다 훨씬 더 많은 종류의 식물을 먹는다. 우리가 먹는 나물이나 해조 종류는 다른 나라 사람들이 먹는 것에 비해 무척 다양하다. 최근에는 산나물들을 더 잘 재배하는 방법을 개발하려는 사람들에게 연구비도 지급하고 있다. 이런 다양한 식물들은 여러 종류의 영양소와 약용 성분을 공급해 줄 수 있을 것이다.

해조류는 영양분이 많아서 앞으로 전 세계적으로 많이 먹게 될 가능성이 있다. 현재 해조를 먹는 사람들은 전 세계 인구 중 소수에 지나지 않는다. 서양 사람들은 대체로 미끈거리는 음식을 좋아하지 않는다. 내가 미국에서 만난 한 수학자는 "한국의 오이

---

25 식물과 미생물에서 추출한 자원을 원료로 만든 플라스틱으로, 석유 유래 플라스틱과 달리 폐기 후 토양 속에서 비교적 빠르게 분해되어 환경오염의 문제가 적다.

냉국은 맛있는데, 미역국은 미끈거려서 도저히 입에 넣지 못하겠더라"라고 말했다. 입맛은 어렸을 때 정해지고 성인이 된 후에 바꾸는 것은 상당히 어렵다고 한다. 그러나 지구촌 사람들이 서로 더욱 활발하게 교류하고 해조류가 가진 여러 장점들이 부각되면 더 많이 이용될 가능성이 있다.

미세조류를 양식해서 지속 가능한 식품과 의약용품, 산업용 재료로 이용하려는 시도도 있다. 단세포 조류들은 전체 무게의 40~60퍼센트가 단백질이며, 사람들이 필요로 하는 아미노산을 모두 포함하고 있으므로, 비타민을 비롯한 여러 가지 기능성 물질들도 생산할 수 있다. 그래서 미세조류의 일종인 클로렐라, 유글레나, 스피룰리나가 일본과 우리나라에서 건강기능식품으로 출시되었다. 현재 이스라엘, 캐나다, 네덜란드, 뉴질랜드 등 여러 나라의 벤처기업들이 미세조류를 배양하여 단백질 영양분을 생산하는 기술을 개발하고 있으며, 미세조류 유래 단백질을 상업화하려고 시도하고 있다(Buxton, 2022). 미세조류 단백질은 유제품의 단백질을 대체할 수 있고, 여러 단백질 제품을 만들 때 섞어 넣을 수도 있을 것이라고 한다. 미세조류는 대체식량원으로, 또는 대체연료원으로 오랫동안 주목을 받았지만, 재배에 경비가 많이 들어서 가격을 낮추기 어려웠고, 따라서 상업화가 어려웠다. 최근에는 빛을 주는 방법을 비롯한 여러 배양기술이 발달되어, 미세조류 단백질을 대두나 완두콩에서 얻은 단백질과 비슷한 가격으로 시장에 제공할 수 있다고 한다.

고온, 가뭄, 홍수, 높은 염도, 등 앞으로 더욱 빈번해질 환경 스트레스에 내성이 높은 농작물 종은 지금보다 미래에 인류의 식량으로 사용될 가능성이 크다. 예를 들면 퀴노아는 염분이 높은 토양에서도 살 수 있어서 앞으로 농작물로 더 많이 사용될 것이다. 대체육에 대한 관심과 수요가 증가한다면 가축 사료용 작물뿐만 아니라 배양육을 만들기 위한 재료를 생산하는 작물을 앞으로 많이 재배하게 될 가능성이 있다.

기후변화를 막는 작물 개발

미국 솔크연구소의 코리Chory 박사팀은 지구온난화를 막는 작물을 개발하고 있다. 이들의 연구목표는 "온난화의 주요 원인인 이산화탄소를 땅에 저장하여 잡아두는 작물을 개발"하는 것이다. 식물은 이미 광합성을 통해서 엄청난 양의 이산화탄소를 대기로부터 제거하고 있다. 전 지구적으로 식물이 광합성으로 흡수하는 이산화탄소의 양이 매년 7,460억 톤이다. 그런데 식물이 죽어서 분해되면 7,270억 톤의 이산화탄소가 다시 공기 중으로 돌아간다. 여기에 사람들이 방출하는 370억 톤의 이산화탄소를 계산하면, 공기 중의 이산화탄소 양은 매년 180억 톤씩 증가하고 있다.

코리 연구팀은 식물을 이용하여 지구온난화를 해결하기 위해 식물의 세 가지 형질을 변화시키려고 하는데, 첫째는 뿌리에서 수베린[26]을 많이 만드는 식물을 개발하는 것이다. 식물이 복잡한 고분자 물질인 수베린을 만들기 위해서는 재료가 많이 필요하다. 식물은 대기 중에 이산화탄소를 고정하는 광합성으로 그 재료를 얻으므로, 수베린을 많이 생산하는 식물은 대기 중의 이산화탄소 농도를 효과적으로 낮출 수 있을 것이다. 또한 수베린은 자연에서 분해가 잘 안 되는 다중체여서, 식물이 수베린을 많이 만든다면, 식물이 죽더라도 이산화탄소가 공기 중으로 돌아갈 때까지의 시간이 연장될 것이다. 그들의 두 번째 목표는 현재 식물보다 뿌리가 더 큰 식물을 만드는 것이고, 세 번째 목표는 뿌리가 땅속으로 더 깊게 자라는 식물을 개발하는 것이다. 뿌리를 크고 깊게 뻗으려면 식물은 더 많은 이산화탄소를 흡수하고 고정할 것이며, 그렇게 고정된 이산화탄소는 땅속 더 깊은 곳에 저장될 것이다. 이런 방법들을 써서 전체 식물의 이산화탄소 고정량을 2퍼센트만 증가시켜도 사람들이 방출하는 이산화탄소의 대부분을 흡수할 수 있을 것이며, 기후변화의 속도를 상당히 늦출 수 있을 것이라고 한다.

코리 연구팀은 현재는 유전자를 변화시키기 쉬운 애기장대로

---

26 긴 지방산들과 글리세롤이 다중화된 아주 복잡한 구조의 소수성 물질이며, 병마개로 사용하는 코르크의 주성분이다. 수베린은 식물 뿌리에 있는 관다발의 외부를 덮고 있어서 물이나 작은 분자들이 세포 간극을 통해서 관다발로 들어가고 나가는 것을 막아준다(식물에게 필요한 물질은 세포막에 있는 특별한 수송체 단백질들이 골라서 통과시킨다). 수베린이라는 방어막이 있기 때문에 식물은 몸에 좋은 것만 수송하고 나쁜 것들은 받아들이지 않는다.

이 목표를 구현하려고 실험하고 있으며, 애기장대에서 이 목표를
성공시킨 후에는 대두, 밀, 옥수수, 벼 등의 작물에 그 방법을 적
용시킬 것이라고 한다. 왜 그들은 작물을 써서 지구온난화에 대
비하려는 것일까? 식물을 이용해 이산화탄소를 포집하는 방법으
로 지구온난화를 경감하기 위해서는 최대한 넓은 지역에 식물을
심는 것이 중요하다. 하지만 사람들의 숫자와 지구의 육지 면적
을 고려했을 때, 지구온난화를 경감시키는 목적만으로 식물을 키
울 수 있는 넓은 공간을 따로 만들기는 어렵다. 반면 작물은 이미
전 지구적으로 어디에서나 많이 심고 있다. 농부들이 이런 기후변
화를 막는 작물 품종을 농지에 심으면 농산물을 얻을 뿐만 아니
라 공기 중의 이산화탄소도 제거할 수 있을 것이라고 한다. "우리
가 식물을 약간만 도와줘도 식물이 인류를 위해 엄청난 일을 해
줄 것"이라고 코리 박사는 테드 토크에서 희망을 말했다.

　이 아이디어는 참 좋은 것이지만, 작물이 뿌리를 더 만들고 수
베린도 더 만들면서 농산물 생산량도 유지하도록 만든다는 것
은 참으로 어려운 목표로 보인다. 20세기 중반에 과학자들이 생
산량이 높은 작물을 개발하는 녹색혁명을 달성하여 많은 사람을
기아로부터 구했다. 하지만 그때 개발된 작물은 비료와 물을 많
이 주어야 생산량이 증가하는 품종들이었기 때문에 농업 생산량
뿐만 아니라 공기 중의 이산화탄소 농도도 증가시켰다. 코리 연
구팀의 목표는 작물이 더 많이 일을 하도록 만들어 대기 중의 이

산화탄소 양을 줄이면서 농업생산량도 유지하는, 매우 어려운 것이다. 코리 연구팀도 그들의 목표가 달성하기 어려운 것임을 알고 있지만, 그동안 식물유전학이 고도로 발달했기 때문에 달성이 가능할 것이라고 주장하고 있다. 그 증거로 그들은 뿌리를 크게 만드는 유전자를 이미 찾아내었고, 뿌리가 커진 애기장대를 만들어 보여주었다. 그런데 이런 과학적인 면도 어렵지만, 농부들이 이렇게 개발된 품종을 농지에 심도록 설득하는 것도 상당히 어려운 일이 될 것이다. 이런 어려운 일을 애써 하는 과학자들이 있다는 것은 지구의 장래에 청신호이다.

최근에는 기후변화를 막는 작물로 해조도 언급되고 있다. 해조를 써서 공기 중의 이산화탄소를 제거하면 화학적인 방법에 비해 비용이 훨씬 덜 든다. 광합성 생물을 이용하면 태양에너지를 써서 이산화탄소를 포집하기 때문이다. 나무도 이산화탄소를 흡수하지만 나무가 자랄 수 있는 대지는 다른 목적으로 많이 사용되어 값이 비싸고, 게다가 또 나무는 천천히 자란다. 반면 해조 중에는 하루에 1미터까지도 자라는 것이 있다. 해조는 줄기나 뿌리가 없고 몸 전체에서 광합성을 한다. 비료나 농약을 칠 필요가 없고, 물을 줄 필요도 없다. 지구 표면의 70퍼센트가 바다이며, 이 면적의 9퍼센트(오스트레일리아 면적의 4배 반 정도 된다)에 해조를 심으면 사람들이 배출하는 이산화탄소를 다 포집할 수 있다. 이산화탄소를 포집해서 자기 몸의 일부로 만든 해조를 수확하여,

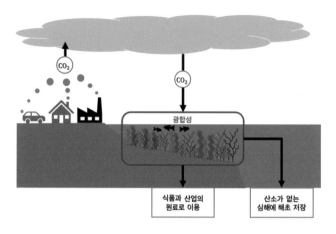

그림 64 해조를 재배하여 이산화탄소를 흡수하는 아이디어.
연안에 해조를 키우면 대기 중의 이산화탄소를 흡수하여 빨리 자란다. 자란 해조를 심해에 저장하면
그곳에는 산소가 없어서 유기물이 분해되지 않으므로, 이산화탄소로 돌아가지 않는다. 그러면 이산화
탄소를 대기 중에서 제거해서 심해에 안정하게 저장한 효과를 낼 수 있다. 해조가 자라는 곳에는 물고
기와 조개들도 자랄 수 있어서 좋은 단백질을 얻을 수 있고, 해조는 또한 공업용으로도 이용될 수 있
다. 이 그림은 플래너리(Flannery) 박사의 아이디어를 그림으로 표현한 것이다.

산소가 희박하여 유기물이 분해되지 않는 해저 1킬로미터 이상의
깊은 바닷속에 저장한다면, 해조에 의해 포집된 이산화탄소는 다
시 대기 중으로 돌아오지 않고 수천 년을 바닷속에 그대로 있을
것이라 한다. 또 해조는 이산화탄소뿐만 아니라 농업에서 나오는
질소도 포집할 수 있다. 연안에 해조를 키워서 그곳에 물고기와
조개들도 자랄 수 있는 환경을 조성하고 친환경적인 어장을 만든
다면, 사람과 동물에게 좋은 단백질을 공급할 수도 있다. 또한 해
조는 바이오플라스틱과 바이오연료[27]의 원료로도 이용될 수 있다.

산업용 및 의료용 작물 개발

농작물 중에는 산업용 원료로 사용되는 것도 있는데 앞으로는 이런 작물들의 종류가 더욱 다양해질 가능성이 있다. 자트로파 *Jatropha curcas*라는 열대식물은 냄새가 이상해서 동물들이 가까이 가지 않기 때문에 가축을 가두는 울타리로 사용되었는데, 최근 씨앗에서 추출한 기름이 연료로 사용 가능하다는 사실이 발견되어 바이오연료 작물로 각광을 받고 있다.

자트로파는 농지가 아닌 척박한 땅에 심어 물과 비료를 많이 주지 않아도 잘 자라며, 가뭄에 내성이 뛰어나다고 한다. 특히 아프리카에서는 자트로파를 재배하여 에너지를 얻고, 그 기름을 팔아 빈곤에서 탈출하려는 시도도 있었다. 그러나 이 나무가 농작물로 오랫동안 재배되어 온 것이 아니어서, 어떻게 재배해야 해마다 높은 생산성을 달성할 수 있는지, 어떻게 다루어야 하는지를 농부들이 잘 알지 못하고 있다. 앞으로 연구를 통해 이런 문제를 해결하면 아프리카 사람들의 수입원이 될 수 있을 것이다.

카멜리나*Camelina sativa*도 기름을 생산하는 환경 내성이 높은 식물이다. 카멜리나는 배추나 무와 같은 십자화과*Brassicaceae*에 속하

---

27 식물, 동물, 미생물에서 직간접적으로 생산되는 연료를 말한다. 동식물의 몸과 해조류, 동물 배설물까지 자연 상태의 모든 부산물에서 얻을 수 있는 에너지이다. 바이오연료를 연소해서 나오는 이산화탄소는 처음에는 식물이 광합성으로 대기 중의 이산화탄소를 고정한 것이었으므로, 대기 중의 이산화탄소의 양을 처음보다 증가시키지 않았고 되돌려 놓은 것일 뿐이라고 봐서, 바이오연료를 신재생에너지라고도 부른다.

그림 65 바이오연료 작물로 기대를 받고 있는 자트로파.

며, 종자 무게의 40퍼센트 정도가 기름이다. 이러한 식물 종자 유래 기름은 식품뿐만 아니라 산업용 재료로도 이용할 수 있다.

미세조류에서 지질을 얻어서 에너지용으로 사용하려는 시도도 있었다. 그러나 미세조류를 재배하여 기름을 추출하는 과정과 기름을 연료로 전환하는 과정에서 경비가 많이 든다. 이로 인해 미세조류 유래 바이오연료는 석유나 석탄보다 생산 단가가 비싸 아직 상업화되지 못하고 있다.

현재는 연료보다 훨씬 더 부가가치가 높은 단백질을 식물에서 생산하려는 시도가 활발하다. 고부가가치 의약품을 식물에서 생산하는 것을 분자농업^{molecular farming, biopharming}이라고 부르며, 백신으로 사용할 수 있는 항원 단백질, 성장호르몬, 인슐린 등을 식물에서 생산하려고 노력하고 있고, 이미 성공한 사례도 있다. 예를 들어, 식물에서 코로나바이러스의 스파이크단백질을 생산해서 코로나 백신으로 만들어 사람들에게 접종할 수 있도록 개발한 경우가 있다. 캐나다의 바이오제약회사인 메디카고와 영국 제약기업인 글락소스미스클라인이 합작하여 개발한 코로나 백신 코비펜즈는 코로나바이러스의 스파이크단백질을 식물에서 발현하여 분리 정제한 것인데, 6개국 2만 4,000명의 성인을 대상으로 3단계 임상시험을 마쳐서 2022년 2월에 캐나다 현지에서 사용 승인을 얻었으며, 일본과 미국에도 사용 승인을 신청한 바 있다.

식물에서 바이오플라스틱의 원료를 생산하려는 시도도 있다. 현재 플라스틱은 주로 석유를 써서 생산하고 있으나, 식물에서 얻은 전분과 지질 성분으로도 플라스틱을 만들 수 있으며, 이렇게 만든 플라스틱을 바이오플라스틱이라고 부른다. 바이오플라스틱은 석유를 원료로 하는 플라스틱보다 탄소발자국[28]이 낮은데, 그 이유는 식물 유래 원료는 식물이 대기 중의 이산화탄소를 포집하는 광합성 과정을 거쳐서 합성하였기 때문이다. 2016년까지 전체 플라스틱의 1퍼센트만이 바이오플라스틱이었으나, 앞으로 기술이 발달하면서 바이오플라스틱의 시장 규모는 더 커질 전망이다. 다만, 사람들이 먹는 농작물에 들어 있는 전분과 지질을 이용하여 많은 양의 공산품을 만들어 낸다면 식량부족 문제가

---

28 개인 또는 단체가 직접 또는 간접적으로 발생시키는 온실 기체의 총량을 말한다.

더 심각해질 수 있기 때문에, 따로 바이오산업용 농작물을 개발해야 할 것이다. 앞에서 말한 자트로파처럼 농지에 심을 필요가 없이 거친 환경에도 심을 수 있는 작물을 개발해서 바이오산업에 필요한 식물을 공급해야 할 것으로 보인다.

외래 유전자를 이용한 우수한 농작물 개발

20세기 말부터 눈부시게 발달한 유전공학[29] 기술을 이용하여 과학자들은 외래유전자를 식물에 넣어서 발현시킬 수 있게 되었으며, 그렇게 만든 작물을 유전자변형 작물 또는 GMO$^{genetically\ modified}$ ^{organism} 또는 LMO$^{living\ modified\ organism}$라고 부른다. LMO는 생식이 가능한 생물이라는 것을 강조한 용어이며, GMO는 생식이나 번식이 가능하지 않은 것도 포함한다. 현재 가장 많이 사용되고 있는 유전자변형 작물은 바실러스 튜링겐시스$^{Bacillus\ thuringiensis}$라는 세균이 가지고 있는 해충을 죽이는 유전자를 도입한 작물과 제초제 저항성 유전자를 도입한 작물이다.

해충 내성 작물

바실러스 튜링겐시스라는 토양 미생물은 병누에의 천적이다. 이 미생물을 이용해 병누에가 작물을 먹는 것을 감소시킬 수 있어

---

29 생명체의 유전자를 변화시켜서 인간에게 이로운 산물을 얻어내는 기술을 말한다.

서 농부들은 이 박테리아를 농지에 뿌리는 방법으로 해충 피해를 줄이기도 했다. 바실러스 튜링겐시스는 Cry 단백질을 만드는데, Cry 단백질이 해충의 강알카리성 소화관에 들어가면 분해되어서 해충의 소화관에 구멍을 뚫는다. 뚫린 구멍을 통해 곤충의 위장관에 있던 많은 미생물들이 곤충의 온몸에 퍼지면 강한 면역반응을 일으키게 되고, 그 결과 곤충이 죽는다. 바실러스 튜링겐시스를 사용하지 않고 Cry 유전자만 식물에 유전공학적 방법으로 삽입하여 해충을 방제할 목적으로 만든 농작물은 Bt 작물이라고 부른다. 현재 전 세계적으로 Cry 유전자를 발현하는 Bt 작물인 면화, 감자, 옥수수가 널리 재배되고 있으며, 이 농작물들은 스스로 해충을 방어할 수 있기 때문에, 농부들은 농약을 훨씬 더 적게 사용하고도 해충 피해 없이 농사를 지을 수 있다.

제초제 내성 작물

농사일 중에 중요한 부분이 잡초를 제거하는 것이다. 잡초는 농작물과 경쟁하여 농작물 수확량을 줄이기 때문이다. 농부가 씨를 뿌리기 전에 밭을 갈아엎는 것은 잡초를 제거하기 위함이다. 수건을 쓰고 호미로 밭을 매는 할머니들이 하는 일도 잡초를 제거하는 것이다. 그래도 잡초가 무성하면 마지막 수단으로는 제초제를 뿌린다. 제초제로 정원과 농지에 널리 사용되는 것이 글리포세이트[Glyphosate]라는 화학물질이며, 이것을 함유한 농약으로 대표적인 것이 라운드업이다. 글리포세이트는 세 가지 아미노산(페닐알라닌, 타이로신, 트립토판)의 합성에 필수적인 효소의 활성을 저해한다. 라운드업을 뿌리면 식물은 아미노산을 만들지 못하여 죽게 된다. 이 농약은 동물에는 큰 해가 없는데, 그 이유는 동물은 페닐알라닌과 트립토판을 합성하지 않고 식품으로 섭취하며, 타이로신은 이 약에 의해 저해받지 않는 다른 경로로 합성하기 때문이다.

제초제 저항성 GMO 작물은 글리포세이트에 의해 저해받지 않는 박테리아의 아미노산 합성 유전자를 작물에 발현시켜서, 글리포세이트를 뿌려도 작물이 아미노산을 합성하고 살 수 있도록 만든 것이다. 이 GMO 작물을 심고 글리포세이트를 포함한 농약을 뿌리면 잡초는 죽고 작물은 살기 때문에, 밭을 갈 필요가 없고 밭을 맬 필요도 없어서 농사일이 줄어들고, 밭을 갈 때 일어나는 토양 침식이 줄어든다. 그러나 제초제 저항성 종자는 다음 세대가 불임이어서, 종자를 받아서 다음 해에 심어 농사를 지을 수 없다. 농부가 GMO 작물을 이용하여 농사를 계속하기 위해서는 매년 새 종자를 구입해야 해서, GMO 작물을 개발한 다국적 대기업에만 이익을 준다는 논란을 빚었다. 이 논란에 대응하여 GMO 작물을 만든 기업에서는 식물의 다음 세대가 불임이 되도록 한 것은 글리포세이트 내성 유전자가 자연에 퍼지는 것을 막기 위한 조치였다고 설명하였다. 미국에서 재배되고 있는 콩과 옥수수는 거의 모두 제초제 저항성 유전자변형 작물이며, 사료와 가공식품에 널리 사용되고 있다.

영양 성분을 보충한 GMO

해충과 제초제에 내성을 갖는 작물은 농사를 짓는 농부의 입장에서는 유용하였으나, 소비자에게는 농산물을 값싸게 구매할 수 있다는 점을 제외하고는 이익이 그리 많지 않았다. 이것이 소비자들이 GMO를 별로 좋아하지 않는 한 가지 이유가 되었고, 이러한 한계를 극복하고자 현재는 작물의 영양가치를 높여 소비자에게 다양한 혜택을 제공할 수 있는 여러 농작물들이 유전공학적 방법으로 개발되고 있다. 비타민A를 함유한 벼, 맛 좋은 토마토가 대표적인 예이다. 비타민A를 함유한 벼는 스위스 연방공과대학교의 포트리쿠스^Potrykus 연구팀이 비타민A를 섭취하지 못하여 면역이 약해지고 시력에 이상이 생기는 사람들을 도우려는 의도를 가지고 만들었다. 육류, 적녹색 채소, 열대과일 등 비타민A를 함유한 음식물을 풍족하게 섭취하는 선진국 사람들에게는 큰 문제가 아니지만, 많은 개발도상국 사람들은 비타민A를 충분히 섭취하지 못해서 결핍 증상을 앓고 있다. 더욱 문제가 되는 것은 전세계적으로 미취학 아이들의 약 30퍼센트 정도가 비타민A 결핍 상황이라는 점이다(Wirth 등, 2017). 연구팀은 주로 개발도상국 사람들이 많이 섭취하고 있는 쌀에 비타민A의 전구물질[30]인 베타카로틴의 함량을 높이려는 목표를 가지고 연구를 진행하였다. 베타카로틴은 사람 몸에 흡수되어 비타민A로 전환되므로 베타카로틴의 함량이 높은 쌀을 기존의 쌀 대신에 주기적으로 섭취한다면 비타민A 결핍을 해결할 수 있을 것으로 예상하였다. 그들은 쌀에 옥수수 유래의 피토엔phytoene 생성 효소 유전자와 박테리아 유래의 피토엔 불포화효소 유전자를 도입하여 노란색의 베타카로틴 색소가 쌀알에 농축된 노란색 쌀을 얻을 수 있었고, 이를 황금쌀golden rice이라 명명하였다(Paine 등, 2005). 이렇게 유전공학으로 만든 황금쌀은 $30\mu g/g$ 이상 고농도의 베타카로틴을 함유하고 있어서, 실제 이 쌀을 사람들이 섭취하면 비타민A 결핍 해소에 큰 도움이 된다는 연구결과도 있다(De Moura 등, 2016). 그러나 이 황금쌀은 GMO 반대론자들의 반대에 부딪혀서 20년 넘게 사용되지 못했다. 반대론자들은 주로 황금쌀이 생물다양성을 위협할 수 있고, 황금쌀을 승인할 경우 다른 GMO 작물의 사용도 점진적으로 더 확대될 것이며, 황금쌀이 기존의 쌀에 대비해 인체에 해로울 것이라는 근거 없는 이유를 대면서 황금쌀의 보급을 반대하였다. 이러한 불안을 불식시키고자 미국 식품의약국을 비롯한 많은 국가의 연구기관이 황금쌀의 안전성을 조사하였다. 황금쌀의 DNA 분석과 황금쌀 섭취 후의 알레르기 반응을 조사한 연구에

---

30 어떤 화합물을 합성하는 데 필요한, 재료가 되는 물질이다.

서 황금쌀은 기존의 쌀과 비교하였을 때, 환경과 인체에 더 유해하지 않다는 것이 증명되었다(Oliva 등, 2020). 황금쌀은 개발된 지약 20여 년이 지난 2018년에서야 캐나다와 미국에서 섭취 승인을 받았으며 2021년 필리핀에서 최초로 상품으로서 황금쌀의 재배 및 유통이 승인되었다. 비타민A를 보충하는 황금쌀 개발에 이어서, 비타민B를 충분히 섭취하지 못하는 사람들을 위해서도 카사바와 쌀의 비타민B 함량을 증가시키려는 연구가 진행되고 있다(Pourcel 등, 2013; Li 등, 2015).

그러나 여전히 많은 GMO 작물들이 실용화되지 못하고 있는데, 그 주된 이유는 GMO가 환경과 건강에 해로울 것이라는 논쟁과 반대에 부딪혀 안정성을 증명하는 데 엄청난 경비가 들기 때문이다. 현재 GMO를 개발하여 판매하고 있는 다국적 대기업인 바이엘의 자료에 따르면, GMO 작물 한 가지를 개발하는 데 대략 16년의 시간과 1530억 원의 개발비가 들어가는데, 이 천문학적인 개발 비용과 긴 시간 중에서 상당한 부분이 GMO와 관련된 규제를 해결하는 데 소요된다고 한다. 그래서 현재까지 GMO는 경비를 감당할 수 있는 소수의 대기업만이 시장에 내놓을 수 있었고, 영세한 대학이나 연구소 같은 연구 주체는 좋은 형질의 GMO 작물을 만들었더라도 실용화 단계까지 가기가 어려운 상황에 처해 있다.

GMO가 환경에 끼치는 영향에 관한 지나친 염려

정말 사람들이 걱정하는 것처럼 GMO는 위험한 농작물일까? 1990년대 초부터 GMO 작물이 재배되기 시작해서 이제 벌써 30년이 지났다. 많은 사람이 GMO가 사람이나 동물의 건강에 악영향을 미치지 않을까, 환경에 해로운 일이 일어나지 않을까 걱정했지만, 그런 경우는 보고되지 않았다. 오히려 해충 저항성 GMO 작물의 재배로 농약의 총 사용량이 줄었다는 환경에 긍정적인 보고가 있다(National Academies of Sciences & Medicine, 2016). 어떤 환경단체들은 GMO에 있는 해충 내성, 또는 제초제 내성 유전자가 자연에 있는 다른 식물에 들어가서 제거할 수 없는 막강한 잡초가 생기거나 퍼져서 세상을 덮어버리지 않을까 걱정하기도 했지만, 아직까지 그런 일은 생기지 않았다. 그런 일이 생기기 매우 어려운 이유는 사람들이 넣어준 유전자를 발현하는 농작물은 사람의 보호 없이 자연에서 스스로 살아남기 어렵기 때문이다. GMO 식물은 식물이 가진 물자와 에너지를 사람이 넣어준 유전자를 발현하는 데 늘 소비하고 있기 때문에 생장에 투자할 물자와 에너지가 그만큼 줄어들 수밖에 없다. 자원은 늘 한정되어 있고, 한 곳에 쓰면 다른 곳에 쓸 수 있는 자원은 줄기 때문이다. 예를 들어 해충 내성 단백질을 항상 만드는 GMO 식물은 해충이 없는 경우에는 그런 단백질을 만들지 않는 식물에 비해 성장이 느려서, 사람이 손길이 닿지 않는 자연에서 생존경쟁을 할 때 불리하다. 앞서 살펴보았듯이 자연에 존재하는 대부분의 식물은 살기 좋은 환경에서는 성장에 치중하고 있다가, 외부에 적이 침입했을 때만 재빨리 방어반응을 시작하는 쪽으로 진화해 왔다. 그런 방식이 자연에서 다른 식물과 경쟁하기에 유리하기 때문이다. 그러므로 사람이 돌보지 않는 조건에서 GMO 식물이 다른 식물과의 경쟁에서 이겨서 생태계를 교란할 정도로 번성한다는 것은 거의 불가능하다고 볼 수 있다.

　GMO는 과학자들이 인공적으로 만든 것이어서 안전하지 않을 것이라는 견해도 있었으나, GMO를 만들 때 이용하는 방식은 자연환경에서도 자연적으로 일어나는 일이다. 과학자들이 GMO 식물을 만들 때 사용하는 가장 흔한 방법은 식물에서 혹병을 일으키는 아그로박테리움 투메파시엔스$^{Agrobacterium\ tumefaciens}$라는 병원균이 자신의 유전자를 식물에 넣어서 발현시키는 원리를 이용하는 것이다. 아그로박테리움은 T-DNA$^{transfer\ DNA}$라는 작은 DNA 조각을 가지고 있는데, 아그로박테리움이 식물에 들어가면 T-DNA를 식물의 유전체에 끼워 넣어서, T-DNA 안에 있는 유전자들이 식물의 유전체에 안정하게 정착하여 식물체 내에서 발현되게 한다. 어떤 과학자가 식물에 발현하고 싶은 유전자가 있다면, 그 유전자를 아그로박테리움의 T-DNA에 끼워 넣은 뒤, T-DNA를 다시 아그로박테리움에 넣어서 식물을 감염시키면, 그 유전자가 식물의 유전체에 들어가서 안정적으로 발현될 수 있다. 이렇게 과학자들이 아그로박테리움을 이용하여 GMO를 만드는 것과 유사한 과정이 이미 수천 년 전에 고구마의 조상 식물에서 자연적으로 일어났다는 것이 밝혀졌다. 현재 우리가 먹고 있는 고구마의 유전체에는 아그로박테리움 유래의 T-DNA가 삽입되어 있으며, 그 T-DNA에서 유래한 유전자들이 현재 고구마에서도 발현된다고 한다(Kyndt 등, 2015). 그렇다면 우리가 먹는 고구마는 자연이 만들어 낸 GMO이며, 인류가 최소 1,000년의 기간 동안 자연적 GMO인 고구마를 별문제 없이 먹었다는 것은 T-DNA를 이용해서 GMO를 만드는 과정 자체가 유해하지 않다는 것을 말해준다. 2016년에는 107명의 노벨상 수상자들이 국제환경단체 그린피스에 과학적 근거 없는 GMO 반대를 더 이상 하지 말라는 성명서를 냈다. 그 성명서의 내용은 GMO 작물이 다른 방식으로 생산된 농작물에 비해 사람과 동물의 건강에 더 나쁘다는 확실한 증거가 전혀 없으며, 오히려 환경에 미치는 해가 기존 농작물보다 적고, 세계적으로 생물다양성을 증진시키는 데 크게 도움이 된다는 것이었다. 이러한 정보들을 종합해 보면, 현재 재배되고 있는 GMO가 사람의 건강과 환경에 해를 끼친다는 생각은 과학적 근거가 별로 없다고 볼 수 있다.

유전자가위 기술과 그 기술의 장래성

크리스퍼-카스9CRISPR-Cas9 유전자가위는 현재 인류가 발견한 여

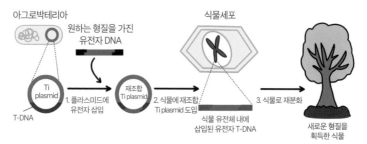

그림 66 아그로박테리움을 이용해서 GMO를 만드는 방법.
식물 혹병을 일으키는 아그로박테리움가 사용하는 T-DNA라는 작은 유전체 조각에 원하는 형질을 암호화하는 유전자를 인공적으로 넣어서 식물에 도입하면, 그 T-DNA가 식물의 유전체에 안정하게 삽입된다. 돌연변이체 식물에서 외래유전자가 발현함에 따라 형질이 나타나게 된다.

러 유전공학 기술 중에서 가장 효율적으로 생명체에 있는 유전자를 교정하는 기술이다. 크리스퍼-카스9 유전자가위 기술의 등장은 생명공학 연구에 큰 변화를 불러왔으며, 이 기술의 작동원리를 규명하고 이것을 이용하여 유전체를 교정하는 기법을 개발한 버클리대학교의 다우드나Doudna 교수와 독일 막스플랑크연구소의 샤르팡티에Charpentier 단장은 2020년 노벨화학상을 수상하였다.

크리스퍼-카스9 시스템은 미생물이 바이러스로부터 자신을 보호하는 면역체계의 일종이다. 바이러스가 미생물에 침입하면, 미생물은 바이러스의 DNA를 자신의 유전체 중 크리스퍼CRISPR, Clustered Regularly Interspaced Short Palindromic Repeats 부위에 저장한다. 이후 동일한 DNA를 가진 바이러스가 또다시 미생물에 침입하면, 미생물은 이전에 크리스퍼에 저장해 둔 DNA 정보를 기반으로 상보적인 RNA[31]를 발현하는데, 그 RNA는 카스9$^{\text{Cas9, CRISPR-associated protein 9}}$ 핵산분해효소[32]를 침입한 바이러스 DNA에게로 유도한다. 카스9 핵산분해효소가 침입한 바이러스의 DNA를 분해함으로써 미생물은 바이러스로부터 자신을 지킬 수 있다.

크리스퍼-카스9 유전자가위 기술은 이름에서도 유추해 볼 수 있듯이, 유전자를 자르는 카스9 핵산분해효소와 그것을 인도하는 가이드 RNA$^{\text{guide RNA, gRNA}}$를 사용한다. 카스9 단백질은 가이드 RNA와 결합하여 복합체를 형성하는데, 그 안의 가이드 RNA는 자기의 서열과 상보적인 DNA 서열에 카스9 핵산분해효소가 붙도록 인도하고, 카스9 핵산분해효소는 인도받은 자리에서 이중나선으로 결합되어 있는 DNA 가닥을 절단한다.

DNA가 절단되면 과학자들은 세포가 원래 가지고 있는 DNA 복구기작을 이용하여 그 절단 부위의 염기서열을 변화시킬 수 있다. 크리스퍼-카스9 유전자가위 기술은 가이드 RNA를 이용하여 DNA의 서열을 인식하기 때문에, 길고 복잡한 생물체의 전체 유전체 중에서 원하는 위치만을 정확하게 자를 수 있으며, 표적 유전자를 바꾸고자 할 때는 RNA 서열만 변경하면 된다. 최근에는 화학합성 기술이 눈부시게 발전하여, 원하는 서열의 RNA를 자

---

31 리보핵산Ribonucleic acid, RNA은 유전자의 조절 및 발현에서 다양한 생물학적 역할을 하는 고분자이다.

32 DNA 또는 RNA를 분해하는 효소이다.

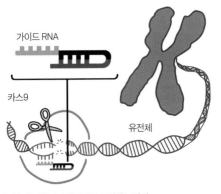

그림 67 유전자가위 기술을 이용하여 유전체를 교정하는 방법.
가이드 RNA는 카스9이라는 핵산분해효소와 결합하여 자기의 서열과 상보적인 DNA 서열에 카스9 핵산분해효소가 붙도록 인도한다. 카스9 핵산분해효소는 이중나선으로 결합되어 있는DNA를 가위처럼 절단한다. DNA가 절단되면 과학자들은 세포에 원래 있는 DNA를 복구하는 기작을 이용하여 그 부위에 DNA 서열을 넣거나 빼는 등의 유전자 변이를 일으킬 수 있다.

유자재로 간단하게 합성할 수 있다. 현재 많은 생명공학회사가 RNA를 합성해 주는 서비스를 비교적 저렴한 가격에 제공하고 있어서, 가이드 RNA의 서열을 손쉽게 변경해 다양한 표적유전자를 간편하게 교정할 수 있다. 크리스퍼-카스9 유전자가위 기술은 이러한 장점이 있어서 전 세계적으로 빠르게 퍼져 나갔으며, 현재 생명공학 실험실은 거의 대부분 크리스퍼-카스9 유전자가위 기술을 이용하여 다양한 생명체의 유전체를 손쉽게 교정하여 다양한 실험을 수행하고 있다.

크리스퍼-카스9 유전자가위는 우리나라가 세계 6대 원천 특허 중 하나를 보유하고 있을 정도로 앞서 나가고 있는 과학기술

분야이다(정혁훈, 2021). 특히 식물 분야에서 크리스퍼-카스9 유전자가위를 활용한 유전체 교정 연구가 활발한데, 그 이유는 크리스퍼-카스9 유전자가위는 기존 아그로박테리움을 활용하여 외부 유전자를 식물체 내로 주입하는 것이 아니라, 해당 식물이 이미 가지고 있는 특정 유전자를 잘라내 염기서열의 일부를 바꾸는 기술이기 때문이다.

외부 유전자를 도입하지 않고 크리스퍼-카스9 유전자가위를 활용하여 식물의 유전자를 편집하여 만들어 낸 돌연변이 식물체의 경우, 이 식물을 GMO로 규제할 것인지에 대해 나라마다 가이드라인이 다르다. 세계 최고의 농업 강국이자 GMO 작물을 많이 생산하는 미국의 경우, GMO 이용을 승인할 때는 돌연변이 식물의 제작방법보다 만들어진 돌연변이 식물의 안전성을 우선 평가한다. 이미 미국 농무부는 크리스퍼-카스9 유전자가위를 활용해서 만든 돌연변이 식물은 규제대상이 아니라고 결정하였으며, 오스트레일리아와 뉴질랜드의 경우 식물체 내의 간단한 유전자 삭제가 일어난 작물의 경우 GMO로 간주하지 않겠다고 발표하였다. 일본에서도 유전자가위를 사용하여 수정한 작물은 GMO가 아닌 것으로 취급되고 있다. 반면 GMO 규제에 엄격한 유럽의 경우, 돌연변이 식물의 제조방법에 기준을 두고 규제하고 있으며, 이에 따라 자연적으로 일어날 수 없는 방식으로 생물체의 유전체가 변경된 것은 GMO라고 정의하였다. 이처럼 나라마다 GMO의

정의가 다르기 때문에 크리스퍼-카스9 유전자가위를 활용하여 유전자 교정을 한 돌연변이 식물체도 유럽에서는 기존의 GMO 와 같은 수준의 규제를 받고 있다(이은아, 2016). 한국의 경우에는 아직 크리스퍼-카스9 유전자가위의 산물에 대한 명확한 가이드 라인이 제정되지 않았다. 현재까지는 크리스퍼-카스9 유전자가위를 활용하여 제작한 돌연변이 작물을 기존의 GMO와 같은 수준으로 규제하고 있으나, 앞으로는 유전자가위 기술의 산물이 전통 육종 및 자연 돌연변이로 만들어진 산물과 유사한 정도로 안전하다고 판단되면 별도의 위해성 심사를 생략한다는 내용의 법 개정이 추진되고 있다(강선일, 2022). 나라마다 크리스퍼-카스9 유전자가위의 산물에 대한 규제가 다르고 특히 몇몇 국가에서는 이 산물을 GMO로 규제하지 않기 때문에 기존 외부 유전자를 도입해 개발한 작물과는 다르게 크리스퍼-카스9 유전자가위를 이용하여 만든 돌연변이 식물은 GMO 논란을 피해 갈 수 있을 것으로 보인다. 그래서 많은 육종기업과 식품회사에서 이 방법을 사용하여 향상된 작물을 만들려고 노력하고 있다.

유전자가위 기술을 이용하여 개량한 작물

유전자가위 방법을 써서 개발한 최초의 농작물은 가바^{GABA,} $^{\gamma-AminoButyric\ Acid}$ 함량을 5배 이상 높인 토마토이다. 가바는 혈압을 내려주고 스트레스를 감소시키는 효과가 있는 아미노산이다. 이

토마토는 일본의 쓰쿠바대학교에서 시작한 벤처 회사인 사나텍 시드라는 회사에서 개발하였고, 2021년 9월부터 일본에서 시판되고 있다.

유전자가위 기술을 써서 신규작물화de novo domestication를 하자는 제안도 있었다(Yu & Li, 2022). 농작물의 조상 식물들 중에 생산량이 낮거나 맛이 좋지 못한 이유 등으로 그동안 주목받지 못했지만 지구온난화로 빈번해지는 고온, 가뭄, 병충해 등의 스트레스에 저항성을 가진 것들이 있으니, 이런 조상 식물의 생산량과 영양가치를 관여하는 유전자에 변이를 일으켜 우수한 형질을 지니는 농작물을 만들자는 것이다. 조상 식물이 농작물화되는 과정에서 변화한 중요 유전자들은 이미 여러 가지가 알려져 있고, 식물의 유전체를 편집하는 기술이 많이 개발되어 있기 때문에 조상 식물의 유전체에 변이를 일으키는 신규작물화 작업은 개념적으로 그리 복잡하지 않다. 현재 우리가 재배하고 있는 많은 농작물들을 작물화하는 과정은 수천 년의 시간이 걸렸지만, 크리스퍼-카스9 유전자가위 기술을 이용하여 조상 식물의 유전체를 편집하는 신규작물화 방법은 고작 십수 년이면 새로운 작물을 만들어 낼 수 있다. 이미 신규작물화 방법을 통하여 우수한 형질을 가지고 있는 야생 토마토와 야생 벼가 작물로서 개발되었다(Zsögön 등, 2018; Yu 등, 2021).

최근 유전자 가위 기술을 이용하여 작물을 개량하는 분야에서 또 한 가지 중요한 결과가 발표되었다. 중국 후아종농과대학교의 리[니] 박사팀은 미국의 로널드[Ronald] 연구팀과 함께 유전자가위 방법을 써서 도열병 등 세 가지 병에 저항성이 향상되고 수확량은 줄지 않은 벼를 만들었다(Sha 등, 2023). 그들은 실험실에서 만든 1,500개 이상의 돌연변이 벼 중에서 병저항성이 탁월하지만 생산량이 5퍼센트로 줄어든 벼를 발견하고 그 형질의 원인이 되는 유전자를 찾았다. CDP-DAG synthase라는, 인지질 생산에 중요한 유전자가 변화되어 그런 형질을 보인다는 것을 알아낸 후에, 그들은 유전자 가위 방법을 써서 CDP-DAG synthase 유전자의 여러 곳에 돌연변이를 유도했다. 그렇게 만든 57가지 벼 중에서 수확량이 회복되고 병저항성은 유지된 하나를 골라낼 수 있었다. 도열병이 흔하게 일어나는 중국의 논에서 실시한 실험에서 이들이 개발한 벼는 병에 걸린 대조구에 비해서 5배의 생산성을 보였다. 지금까지 이들은 실험하기에 좋지만 널리 재배되지는 않는 키타케라는 품종의 벼를 가지고 실험했지만, 앞으로는 널리 재배되는 벼 품종에도 이 방법을 적용시키려고 연구하고 있고, 밀도 유전자 가위 방법을 써서 같은 유전자를 수정하여 병저항성을 향상시키려고 노력하고 있다.

작물 생산량을 높이기 위한 연구사례

지구의 온도는 계속 올라갈 것이 확실하고, 날씨는 더욱더 예측하기 어려워질 것이어서, 농작물의 생장도 크게 변할 것이다. 이런 변화에 대비하여 농업 생산량을 높이기 위한 다양한 연구들이 활발하게 이루어지고 있는데, 여기서는 앞에서 설명하지 못한 몇 가지 경우를 더 소개하고자 한다.

식물의 질소비료 이용효율을 높이는 연구

식물이 질소비료를 더 효율적으로 흡수하게 하여 환경으로 나가는 질소비료의 양을 줄이려는 연구들이 활발히 진행되고 있다. 너무 많은 비료를 한 번에 주면 식물이 다 흡수할 수 없어서 많은 비료가 생태계로 유실되고 식물의 성장에도 도움이 되지 않기 때문에, 필요한 때 필요한 만큼만 비료를 주는 스마트 농법도 연구되고 있다. 토양에 존재하는 질소 영양분의 양을 실시간으로 측정하여 질소 영양분이 부족할 때만 비료를 더해주는 방법이다. 토양에서 쉽게 씻겨 나가지 않고 천천히 방출되는 질소비료를 만들려는 연구도 있다. 그뿐만 아니라 유전공학적 방법을 통해 식물 자체를 변화시켜 식물의 질소비료 이용효율을 높이려는 연구도 활발하다. 예를 들어 대만의 중국중앙연구소 차이^{Tsay} 교수의 연구실은 식물이 질소를 더 효율적으로 이용하도록 만드는 연구를 수행하고 있다. 연구팀은 여러 가지 질산염 흡수 수송체 유전자의 부분을 조합해서 질산염을 효율적으로 잘 흡수하는 수송체 유전자를 만들고, 그 수송체 유전자가 질소가 모자란 환경에서만 발현되게 하였다. 이렇게 만든 유전자를 애기장대에 넣어 발현시켰을 때, 형질 전환된 애기장대 식물들은 체내 질산염을 더 잘 재활용하게 되어서, 늙은 잎에서는 질소화합물들의 양이 감소하였고 어린 잎과 종자에는 질소화합물들의 양이 증가하였으며, 성장과 생산량이 향상되었다. 담배에 이 유전자를 넣었을 때는 잎이 더 잘 자랐고, 벼에 이 유전자를 넣었을 때는 쌀 생산이 증가되었다. 이러한 효과는 배양액의 비료 농도가 늘 높지 않고 농경지처럼 비료 농도가 잠시 높다가 도로 낮아지는 조건에서 더 높게 나타났다(Chen 등, 2020). 그 이유는 이 기술로 만든 작물이 비료 농도가 높을 때 질산염을 체내에 저장하였다가 농도가 낮아지면 저장해 둔 것을 활용하였고, 늙은 잎이 가지고 있던 질산염을 성장하는 잎으로 잘 보내주었기 때문으로 보인다. 이 실험 결과는 유전공학적 방법을 써서 식물이 질소 영양분을 더 효과적으로 재활용하도록 만들 수 있음을 보여주었다. 이런 방법을 여러 작물에 응용한다면 질소비료를 덜 사용하고도 작물의 생산량을 증가시킬 수 있을 것으로 보인다.

감자 개량 연구

감자는 세계 4대 식량작물 중 하나이며, 18세기 유럽 서민의 주식이었고, 현재에도 유럽을 비롯한 세계 곳곳에서 재배되고 있다. 이러한 중요성과 긴 역사에 비해 감자는 상용화된 품종이 그리 많지 않다. 120년 전에 개발된 러셋 버뱅크Russet Burbank 품종이 지금까지도 가장 많이 재배되어 감자튀김과 감자구이에 사용되고 있을 정도이다. 감자는 또한 종자를 뿌리지 않고 땅속줄기를 다시 심는 무성생식의 방법으로 재배하고 있는데, 이 방법은 비용이 많이 들고, 이렇게 심는 감자 품종들이 병에 약한 문제점이 있다. 그런데도 감자를 개량하기 어려웠던 이유는 가장 품질이 좋은 감자들의 핵상이 보통처럼 염색체가 2쌍씩 있는 2배체(2N)가 아니고 4쌍씩 있는 4배체(4N)여서 유전적 분석이 어렵고, 무성생식으로 번식하므로 나쁜 형질의 원인이 되는 유전자들을 육종을 통해 제거할 수 없었기 때문이다.

감자 품종을 개량하려면, 우선 교배할 부모 감자가 자가수분이 되도록 만들어야 한다. 자가수분이 되지 않으면 순종[33]을 만들수 없어서 농산물의 품질을 균일하게 할 수 없기 때문이다. 중국의 후앙Huang 연구팀이 2021년에 보고한 논문을 보면 그들은 감자를 개량하는 첫 단계로 2배체 감자이면서 자가수분을 하는 것을 골라냈는데(Zhang 등, 2021), 이 감자 품종들은 수확량이나 맛이 좋지 않아서 작물로 선택받지 못하고 있던 것들이었다. 다음으로 이 감자 품종들을 교배해서 순종을 만들려고 했는데, 그 과정에서 감춰져 있던 해로운 형질이 발현되어서 감자가 작고 약해지는

---

[33] 부모에게 물려받은 각각의 염색체에 존재하는 유전자들이 서로 같은 유전형을 띄고 있는 개체이다.

어려움이 있었다. 저자들은 이 문제를 해결하기 위해 대량의 유전체 분석 기술을 이용했다. 즉, 엄청나게 많은 감자 개체들의 유전체를 분석하여, 순종에 가깝고 나쁜 형질을 비교적 덜 가진 감자 개체를 찾아낸 뒤 그들을 교배해 나쁜 형질을 가지지 않는 순종을 만든 것이다. 이렇게 얻은 순종들을 교배하여 잡종강세[34]를 보이는 균일한 자손을 얻을 수 있었다. 이렇게 얻은 감자는 결과적으로 현재 재배하는 품종보다 생산량이 더 높지는 않았지만, 유성생식으로 교배해서 종자를 기반으로 계속 개량할 수 있는 품종이 되었다. 그러니 앞으로는 감자에 여러 좋은 형질을 육종 기술을 써서 축적시킬 수 있을 것이다. 이제 머지않아 감자를 쪼개서 밭에 심는 대신, 우수한 형질을 가진 감자 씨를 뿌려서, 맛있는 감자를 많이 수확하게 될 것으로 보인다.

무더위에서도 병균의 침입을 잘 막아내는 작물

슈도모나스 시링가에 병원균이 애기장대 식물에 침입하였을 때, 최적의 생육환경 온도인 섭씨 21도에서 자란 애기장대 식물은 방어호르몬인 살리실산의 체내 농도를 증가시켜 병원균이 식물체에서 퍼지는 것을 막는다. 하지만 생육환경 온도가 섭씨 30도 이상으로 높아지면 애기장대는 체내 살리실산 농도를 올리지 못하

---

34 잡종 자손의 생물학적 특징이 부모 세대보다 개선되거나 증가된 것을 말한다. 예를 들어 잡종강세를 보이는 잡종 옥수수는 부모 세대의 옥수수보다 알갱이가 크고 수확량이 증가하는 우수한 형질을 나타낸다.

여 병원균의 침입에 취약해진다. 더우면 식물의 면역체계가 약해져서 병균을 감당하기 어려워지는 것이다. 이렇게 되는 분자적 기작과 이것에 대응할 수 있는 방법을 연구한 최근 발표가 있다(Kim 등, 2022). 이 논문의 저자들은 높은 온도에서 *CBP60g*라는 전사 조절 유전자의 발현이 정상 온도에 비해 낮아졌고, 이 유전자의 발현이 낮아지면 살리실산 합성유전자를 포함한 다양한 식물 면역에 관여하는 유전자의 발현이 감소하는 것을 알아내었다.

CBP60g 발현이 정말 식물의 방어에 중요하다면, 이 유전자 발현을 높임으로써 살리실산 농도를 올리고 병저항성도 향상시킬 수 있어야 할 것이다. 실제로 그들이 형질전환 방법을 써서 애기장대에 CBP60g를 계속 높은 수준으로 발현시켰을 때 살리실산 농도가 올라가고 높은 온도에서도 병저항성이 유지되었다. 애기장대뿐만 아니라, 유채, 토마토, 담배에서도 온도가 높으면 살리실산에 의한 면역기작이 작동하지 않기 때문에, 이런 작물에 CBP60g의 발현을 증가시킴으로써 더욱 무더워지는 여름에도 박테리아에 의한 병으로부터 작물을 보호할 수 있을 것으로 예상된다.

침수 내성이 향상된 벼

벼는 논에서 재배하기 때문에 물에 잠겨도 잘 견딜 것 같지만, 그것은 뿌리와 줄기의 일부가 물에 잠겨 있는 경우에 한정되고, 잎까지 물에 잠기면 3일 정도면 죽는다. 물속에서는 기체의 움직임이 공기 중보다 1만 배가 더 느려서 산소가 부족하기 때문이다. 따라서 동남아시아와 방글라데시, 인도 등지에서 홍수가 나면 벼가 며칠 동안 물에 잠겨 있게 되어 죽는 경우가 많다. 이처럼 전 세계 벼 농경지의 3분의 1 정도가 침수될 위험에 처해 있으며, 앞으로 기후변화는 이러한 사정을 더욱 악화시킬 것으로 보인다. 그렇게 되면 벼 수확량에 큰 손실이 생긴다. 실제로 2022년 방글라데시는 지구온난화로 인한 태평양의 수온변화로 인해 122년 만에 최악의 홍수가 발생하였고, 그 결과 수천 헥타르에 달하는 농경지가 수확이 불가능해질 정도로 오랫동안 침수되었다.

그런데 어떤 벼 종류는, 수확량이 적고 여러 면에서 농작물로는 부족하지만 물속에 잠겼을 때 잘 견디는 것들이 있다. 1990년대에 과학자들은 침수 내성이 크게 다른 벼들을 사용해서 양적형질위치 분석을 수행하였고, 그 결과 침수 내성의 70퍼센트를 결정하는 양적형질위치를 알아내어 그 부분을 Sub1^{Submergence tolerant 1}이라 불렀다(Xu & Mackill, 1996). 2006년에 그 양적형질위치에 있는 유전자들 중에서 침수 내성에 결정적인 역할을 하는 유전자를 발견하였고(Xu 등, 2006), 저자들은 그 유전자를 Sub1A라고 이름 지었다. 이 Sub1A 유전자를 침수 내성이 없는 벼에 유전공학적 방법을 써서 넣어주면 침수 내성을 향상시킬 수 있었다.

Sub1A 유전자를 발현하는 벼는 물에 잠겼을 때 더 이상 자라지 않고 가만히 기다린다. 반면에 Sub1A 유전자를 발현하지 않는 벼는 물 밖으로 나가려고 열심히 성장하면서 에너지를 많이 소모해 버려서, 며칠 후에 홍수가 그치고 물이 빠져도 회복하지 못한다. 필리핀에 있는 국제미작연구소International Rice Research Institute, IRRI에서는 표지 보조 육종 방법으로 Sub1A 유전자를 발현하는 벼 품종들을 만들었다. 이 벼 품종들은 침수 내성뿐만 아니라 농작물로서 우수한 다른 성질도 유지하고 있다. 2017년에는 게이츠재단의 도움으로 이 벼 종자들을 600만 명의 농부들에게 나누어 줄 수 있었다. 이 벼 품종들은 개발할 때 전통적인 육종의 방법을 썼기 때문에 GMO가 아니다. 다만 Sub1A 유전자를 침수 내성의 표지로 사용하여 육종의 속도를 높일 수 있었다.

수직농법은 미래농업의 대안인가?

1999년에 컬럼비아대학교의 데스포미어Despommier 교수가 제안한 수직농법은 빌딩 안에 선반을 층층이 설치하여 작물을 여러 층으로 심어서 농업에 사용되는 공간을 줄이자는 아이디어에서 출발하였다. 실내에서 여러 층으로 식물을 자라게 하기 위해서 선반을 세우고, 각 선반 위에는 빛을 제공하는 조명기구를 설치하고, 온도와 습도를 맞춰주고, 물과 영양분을 공급하는 방법을 마련하여 작물을 재배한다.

아이디어는 간단하지만 실제로 수직농업 현장을 운영하기 위해서는 정밀한 기술과 숙련된 인력이 필요하다. 잠시라도 정전이

그림 68 수직농법은 조명기구, 온습도 조절기, 영양분 공급기 등 여러 다양한 기기장치를 활용하여 작물을 실내에서 인공적으로 재배하는 방법이다. 수직농법이 널리 상업화되려면 이 농법에 필요한 다양한 장비들을 자동으로 관리할 수 있는 기술이 발전되고 조명에 드는 비용이 낮아져야 할 것이다.

되거나 펌프가 고장 나서 물 공급이 끊긴다면, 식물이 마르거나 생장이 달라져서 큰 손해를 보게 될 것이기 때문이다. 그러므로 여러 기계들이 잘 돌아가도록 유지하는 기술자들이 늘 자리에 있어야 하고, 또한 작물의 생장을 살피고 최적화할 농업 전문가가 필요하다. 그래서 이 농법에는 인건비가 많이 든다. 이 농법을 선호하는 사람들의 주장은, 이렇게 수직으로 여러 층에 식물을 심으면 농지를 줄일 수 있고, 그 농지를 자연으로 되돌릴 수 있어서 사람과 자연에 이로울 것이며, 대도시에서 이렇게 농산물을 생산하면 농산물을 먼 곳에서 운송하는 데 드는 에너지를 절약할 수 있어서 탄소발자국을 줄일 수 있고, 작물의 병충해 문제도 줄일 수 있고, 물 사용량도 줄일 수 있으며, 날씨에 상관없이 연중 신선한 식품을 생산할 수 있다고 한다.

그러나 이 농법으로는 아직까지는 잎채소들만 주로 재배되고 있으며, 칼로리가 높은 농산물을 생산하지 못하고 있다. 그렇다면 어떤 문제가 해결되어야 이 농법을 써서 이산화탄소를 많이 발생시키지 않고 여러 농산물을 많이 생산할 수 있을까? 기존 농부들과의 마찰과 같은 사회적인 문제도 있겠지만, 여기서는 이 기술의 경제성을 높이기 위한 조건들을 우선 생각해보자. 첫째로, 앞서 말한 농업 전문가의 높은 인건비를 절약할 수 있는 고도화된 기술이 필요하다. 둘째, 빛을 값싸게 환경친화적으로 얻을 수 있어야 한다. 식물에서 식품과 산업의 원료를 값싸게 얻을 수 있는 이유는 근본적으로 식물이 태양의 빛에너지를 사용하기 때문이다. 태양 대신에 인공 빛을 식물에게 제공하려면 그 빛을 만드는 데 에너지가 들 것이며, 그 과정에서 이산화탄소가 발생하여, 수직농법이 종래의 농법에 비해 이산화탄소를 더 많이 발생시킬 가능성도 있다. 현재 수직농법 농장에서 상추 같은 잎채소를 주로 재배하는 이유는 잎채소가 다른 작물에 비해 빛을 덜 필요로 하여 조명에 드는 비용이 상대적으로 낮기 때문이다. 그러므로 우선 값싸고 효과적이고 환경친화적인 인공조명이 개발되어야 할 것이다. 인공태양 같은 것이 실현되어 빛과 에너지를 한 없이 얻을 수 있다면 이런 문제는 해결될 것이다. 그다음으로 해결할 문제는 건물 안에서 자라는 작물에게 부족한 사회생활을 제공하는 것이다. 즉, 자연환경에서 식물이 가졌던 다른 식물과의 관계, 미생물과의 관계, 곤충, 동물과의 관계를 인공환경에서 어떻게 유사하게 제공해 줄 수 있을 것인지를 해결해야 할 것이다. 왜냐하면 식품의 맛과 영양을 결정하는 중요한 요인으로 농산물에 들어 있는 2차대사산물들이 있는데, 식물은 자연생태계 안에서 다양한 생물들과 맺는 사회생활에서 자극을 받아 다양한 2차대사산물을 만들기 때문이다.

우리나라에서도 이 수직농법이 최근 주목을 받고 있는데, 이 방법이 미래농업과 정밀농업의 한 축이 될 수 있을 것이라는 예측에 근거한 것이다. 우리나라는 발광다이오드^{LED} 기술의 선진국이고 사물인터넷에서도 선두기술을 가지고 있기 때문에 이러한 기술들을 활용하는 수직농법 기술에서 앞설 수 있을 것으로 기대된다. 최근에 LG에서 만들어 판매하는 가정용 식물재배기 '틔운'도 일종의 수직농업 기기라고 볼 수 있겠다. 또 '엔씽'이라는 우리나라 스타트업은 컨테이너 박스형의 수직농법 식물공장 모듈을 만들어서 채소를 직접 길러 먹고자 하는 중동 사람들에게 수출하고 있으며, 식물에서 백신을 생산하는 바이오앱 기업에서도 수직농법을 사용해 식물을 재배하고 있다.

환경에 좋은 농업이 가능한가?

환경을 보존하는 것과 농업을 잘해서 사람들에게 식품을 풍족하게 공급하는 것을 동시에 이루기는 매우 어렵다. 환경을 보존하려면 다양한 식물이 섞여 살도록 내버려 두어야 하는데, 농업을 하려면 자연적으로 자라고 있는 식물들을 제거하고 우리가 원하는 농작물 한 가지만을 그 장소에 심어야 하기 때문이다. 농사를 위해서 땅을 갈아엎으면, 거기 사는 미생물들과 작은 벌레들이 만든 환경이 파괴되며, 바람과 비에 토양이 쉽게 유실된다. 농부들은 농산물을 해치는 곰팡이와 곤충들을 물리치려고 농약을 뿌리는데, 농약은 이로운 곰팡이와 곤충들까지 죽인다. 그러므로 환경에 좋은 농업이란 현실적으로 가능한 개념이 아니다. 대신에 단위면적당 농산물의 수확량을 늘려서 더 많은 농지가 자연으로 돌아갈 수 있게 한다면 환경을 덜 파괴할 수 있을 것이다. 그런 관점에서 해충과 잡초에 내성이 향상되어 수확량이 높은 GMO가 오히려 환경에 좋다는 보고도 있다(National Academies of Sciences & Medicine, 2016).

따라서 수확량이 높은 작물과 환경에 미치는 해를 최소화한 농업 방법을 개발해야 한다. 최근 '지속 가능 농업'이라는 개념이 나오면서 이 분야에 많은 아이디어가 도입되었다. 구체적으로는, 윤작하기, 흙에 영양분을 증가시켜 주는 콩, 클로버나 알팔파 등을 농한기에 심기, 흙을 갈아엎지 않고 구멍만 파서 종자 심기,

농장에 농작물뿐만 아니라 동물을 키워서 동물의 배설물을 퇴비로 사용하기, 다른 식물들도 농장에 같이 심어서 꽃가루를 나르는 곤충과 해충의 천적이 살 수 있도록 하고 토양의 유실을 막아주는 생태계를 만들기 등이다.

그러나 이러한 방법들은 아이디어 차원에 머물고 거의 대부분의 농부들이 이전과 마찬가지의 농법을 사용하고 있다. 지속가능 농법으로 전환하려면 해야 할 일이 많아서 일이 복잡해지고 정보와 자본도 많이 필요한 반면, 생산성이 종래의 농법에 비해 더 높아질지는 확실하지 않기 때문일 것이다. 새로운 농법이 농업인의 수입을 유지해 주고, 이 세상의 많은 사람들을 먹여 살릴 정도의 충분한 양의 농산물을 수확할 수 있도록 해줘야 하는데, 그것이 확실하지 않은 상황인 것이다. 그러나 지구온난화와 기후변화가 극심한 상황에서 그 원인을 제공하는 방식의 농업을 계속할 수는 없기에, 꾸준한 기술개발과 연구를 통해 지속 가능 농법을 현실적으로 만들어 가야 한다. 날씨, 토양의 영양분, 식물의 상태 등을 정밀하게 알아내어 대응하는 스마트 농법을 개발해야 하고, 농부들에게 농업 정보와 도구를 제공해 주고, 환경에 부담을 덜 주는 농작물을 개발하는 등 많은 노력이 필요하다. 혁명적이라 부를 수 있을 정도로 농업이 개선되어야 지구환경이 개선될 수 있을 것이다.

맺음말

처음 이 책을 쓰려던 이유는 식물도 사회생활을 한다는 것을 사람들에게 알리고 싶었기 때문이다. 그러나 이 책을 써가면서 식물이 사회생활을 할 뿐만 아니라, 모든 지구상 생명체들의 사회생활 중심에 식물이 있다는 것을 알게 되었다. 식물이 다른 생명들에게 양식을 주고 살 곳을 제공해 주기 때문에 모든 생명체들은 식물과 직간접적으로 사회생활을 할 수밖에 없고, 그다음 단계에서 다른 생명체들과의 사회생활도 펼쳐지는 것이다.

그러나 식물에게도 다른 생명체들이 필요하며, 식물도 그들과의 사회생활에 의존하여 살고 있다. 식물은 다른 식물과 서로 뿌리에서부터 연결되어 정보를 교환하고 영양분을 나누어 쓰며 서로 도울 뿐만 아니라, 미생물들의 도움을 받아서 영양분을 얻는다. 게다가 동물의 도움을 받아서 생식세포를 운반하고 종자까지 퍼뜨린다. 이렇게 다양한 생명체가 식물의 생존과 번식에 영향을 주는데, 지금 현실에서 식물에게 가장 큰 영향을 주는 생명체는 무엇일까? 당연하게도 그것은 인간이다. 미생물이나 다른 동물도 식물에게 영향을 주기는 하지만, 사람이 식물에 주는 영향에는 비할 바가 아니다. 인류는 숲과 초원을 농지나 도시로 변화시켰고, 식물을 농작물화해서 집중 재배하고 있으며, 지구의 온도를 변화시켜서 식물이 환경에 새롭게 적응해야 하도록 만들었다. 심지어 인류의 활동 때문에 멸종한 식물 종들도 많다. 그 결과 식물뿐만 아니라 인류의 장래도 어두워졌다. 게다가 인류의 인구가 80억을 넘어 계속 증가하고 있어서, 사람들이 식물에 미치는 영향은 앞으로도 계속될 것으로 보인다. 그렇다면 지구의 미래는 어둡기만 한가?

인류 역사상 과거에도 이러한 도전은 있었으며, 그때마다 사람들은 그 어려움을 잘 극복해 왔다. 예를 들어 20세기 중반에 식량이 모자라서 많은 사람들이 굶어 죽을 것이라는 예상이 있었지만, 과학자들은 생산량이 높고 질병 내성이 향상된 밀과 다른 작물들을 개발해서 그 위기를 극복했다. 우리가 현재 직면한 위기는 그때보다도 더 심각해 보이지만, 정확하게 원인을 분석하고 그 내용을 많은 사람들이 이해하고 힘을 합하면 극복할 수 있을 것이라고 희망한다. 당장은 무척 어려워 보이지만, 이것이 우리의 생명이 달린 문제라는 것을 알게 되면 사람들은 힘을 모아서 지구환경을 복구할 것이다. 병이 난 지구환경을 복구하기 위해서는 생명체들의 사회생활에 관해 이해하고 모든 생명체가 같이 어울려 안정하게 살 수 있는 환경을 조성하는 것이 필요하며, 그 기초는 식물이 사회생활의 중심으로 잘 활동할 수 있도록 식물에게 시간과 공간을 충분하게 주는 것이다.

책에서는 각각 논문의 저자들의 해석을 존중하는 방향으로 기술하였으나, 그것이 어떤 점에서 아직 다른 해석의 여지가 있고, 보완이 필요한지를 지적하고자 노력했다. 과학자라면 모든 논문의 결과와 해석을 의심의 눈초리로 검토해야 한다고 생각한다. 왜 이토록 의심해야 하는가? 사람들은 누구나 자기가 보고 싶은 것만을 보는 경향이 있다. 각자 자기가 본 것만을 고집한다면, 아무도 진실을 보지 못할 것이며, 문제가 있을 때 올바른 해결 방향을 찾지 못할 것이다. 옳은 답이 없다면 사람들은 잘못된 것을 믿고 잘못된 길로 가게 된다. 올바른 답이 있어야만 많은 사람들을 보호하는 방향으로 갈 수 있다. 과학자들은 진실을 가려낼 의무를 가지고 있다. 진실을 가려내기 위해서는, 어떤 설명이 그럴듯해 보이더라도 끝까지 의심하면서 증거가 확실한지를 따져야 한다. 이러한 과학적 태도로 무장한 사람들이 자연을 열심히 분석하고, 한걸음 더 나아가서 서로 협조한다면, 인류가 직면하고 있는 어려움을 극복할 수 있을 것이라고 희망한다. 이 책이 이 방향으로 가는 데 조금이라도 기여할 수 있다면 큰 영광일 것이다.

이영숙

어느 화창한 봄날 민들레가 여기저기 피어났는데, 어떤 민들레는 꽃대를 길게 세워서 꽃을 피우고 또 다른 민들레는 짧은 꽃대로 꽃을 피웠다. 평소 같았으면 길가에 풀꽃이 피었구나 하고 지나쳤겠지만, 문득 필자는 이 책의 내용을 떠올리며 즐거운 상상을 해보았다. 혹시 꽃대를 길게 늘려 꽃을 피운 것은 꽃에 더 많은 곤충을 유혹하기 위한 민들레의 전략이 아닐까? 확실히 꽃대가 긴 민들레 주변에는 민들레 외에도 키가 큰 많은 식물이 자라고 있어서, 민들레의 꽃대가 길지 않았더라면 민들레꽃은 눈에 띄지 않았을 것이며, 아마 필자도 그 꽃을 보지 못하고 지나쳤을 것 같았다. 흥미롭게도 꽃대가 작은 민들레의 주변에는 비교적 키가 작은 풀들이 자라고 있었으며, 이 덕분에 짧은 꽃대를 가진 민들레꽃도 잘 보였다. 이러한 관찰을 통해 필자는 민들레가 주변 식물들을 알아차리고 경쟁을 하는 과정에서 꽃대의 길이가 달라지지 않았을까, 가설을 세워보고 기쁜 마음에 미소를 짓게 되었다. 우리가 배경으로만 보고 무심하게 지나던 식물을 자세히 보고 관찰한다면, 여러분도 필자처럼 말 못 하는 식물이 생태계에서 치열하게 살아가는 '식물의 이야기'를 상상해 볼 수 있을 것이다. 시인의 구절을 빌리자면, 우리가 무심하게 지나치던 식물은 "자세히 보아야 예쁘고 오래 보아야 사랑스러워지며", 이를 통해 식물도 배경이 아닌 의미를 지닌 우리의 이웃이 될 수 있다!

이 책에는 사람들이 어떻게 하면 식물을 자세히 볼 수 있는지, 과학자들이 이미 엿들은 '식물의 이야기'를 적어보았다. 우리는 사람들이 '식물의 이야기'에 조금 더 관심을 가지는 계기를 만들 수 있으면 좋겠다는 생각을 가지고 집필하였다. 더 나아가서 독자들이 아직 이 책에서 언급하지 못한 알려지지 않은 식물의 많은 이야기를 엿듣는 상상의 나래를 펼치기를 소망한다.

최배영

감사의 말

내가 이 책을 쓸 생각을 처음 한 것은 2016년 가을 학기였다. 그때 나는 스위스 취리히대학에 잠시 방문하신 마티노이아Martinoia 교수님을 도와서 포항공과대학교에서 대학원 강의를 한 과목 하고 있었는데, 과목명은 '생리화학적생태학Physiological and Chemical Ecology'이었으며, 그 내용은 식물이 다양한 화학물질들을 써서 병충해와 중금속 등 외부의 어려운 조건들을 이겨내고 성장해서 자손을 남기는 것이었다. 그 강의 중에서도 나에게 가장 재미있었던 것은 식물이 다른 생명체들과 서로 의존하고 경쟁하면서 사는 상호작용에 관한 것이었다. 상호작용은 사회생활이라고도 말할 수 있을 것이며, 식물의 사회생활을 살펴보면, 우리 사람들의 사회생활과 자연히 비교가 될 것이고, 그런 내용을 책으로 쓴다면 많은 사람들에게 재미있는 이야기로 읽히고, 식물과 자연을 이해하는 데 도움이 될 수 있을 것으로 생각했다. 이 책의 아이디어와 내용에 관해 마티노이아 교수님과 《더플랜트셀The Plant Cell》 학술지의 편집자인 파커슨Farquharson 박사님과 오랫동안 의논하였고, 2019년에는 대학원 과정에 '식물의 사회생활'이라는 과목을 개설하여 포항공과대학교 대학원 학생들과 함께 공부했다. 그러므로 마티노이아 교수님과 파커슨 박사님과 같이 공부한 대학원 학생들이 이 책에 기여한 바가 크다. 깊이 감사드린다.

이 책의 공저자인 최배영 박사님은 2019년에 같이 공부한 대학원 학생이었는데, 지금은 박사후연구원의 신분으로 연구에 매우 바쁜 중에도 책의 내용이 문헌에 나온 것과 일치하는지를 일일이 대조하였고, 어려운 용어에는 각주를 붙였고, 내용을 쉽게 설명하는 그림을 도안해 주었고, 난이도에 문제가 없는지, 문장에 어색한 점은 없는지, 어떤 내용을 더 넣고 빼는 것이 좋을지를 검토해 주었다. 이런 동료가 없다면 믿을 만한 과학책을 쓴다는 것은 나에게는 불가능했을 것이다.

책을 내는 데 도움을 주시고 내용에도 조언을 주신 포스텍 융합문명연구원 원장 박상준 교수님께 감사드린다. 자문에 응해주신 강원대학교 정연숙 교수님, 포스텍의 강주현 박사님, 이윤영 님과 사진과 그림을 제공해 주신 서울대학교의 오민우 님, 김경윤 박사님, 포스텍의 박준성 님, 산림과학원의 노은운 박사님, 카이스트 이현중 님, 그림 작가 김소민 님, 꼼꼼하게 편집해 주신 원보름 선생님, 이종석 선생님 등 여러 분들께 감사드린다.

이영숙

최근에 발달한 생화학, 유전학, 계통학 분야의 기술

1. DNA 염기서열 분석 기술

현대에 들어서 DNA에 담겨 있는 유전정보를 해독하는 DNA 염기서열 분석[DNA sequencing] 기술이 비약적으로 발전하면서 많은 생명체의 유전정보를 얻을 수 있게 되었다. 최초의 DNA 염기서열 결정 기술인 생어 염기서열 분석[Sanger sequencing]은 1970년대에 영국의 생화학자 프레더릭 생어[Frederick Sanger] 박사가 개발하였다. 이 기술은 DNA 중합효소[DNA polymerase]가 DNA를 합성하는 실험조건을 만들고 거기에 DNA의 정상적인 합성을 저해하는 이중탈산소 뉴클레오타이드[dideoxy nucleotide]를 첨가하여 무작위적으로 중합반응이 중단되게 하여 여러 다른 길이의 DNA 조각을 얻고, 이 조각들을 분석함으로써 DNA의 염기서열을 해독하는 방법이다. 생어 염기서열 분석 방법은 한 번의 분석당 하나의 DNA 염기서열만 해독할 수 있기 때문에 유전정보가 방대한 유전체를 분석하려면 많은 시간과 비용이 들었다.

2000년대에 들어서면서 DNA 염기서열 결정 기술은 완전히 새로운 단계의 수준으로 발전하게 되었는데, 그 기술이 차세대 염기서열 분석next generation sequencing이다. 차세대 염기서열 분석 기술은 생어 염기서열 분석 반응을 소형화하고 자동화해서 상당히 많은 양의 염기서열 분석을 병렬로 처리하는 것이다. 동일한 양의 DNA를 분석한다고 가정하였을 때, 기존의 생어 염기서열 분석 방법에 비해 차세대 염기서열 분석 방법의 비용은 약 1,000분의 1에 불과하다. 이렇게 기술이 획기적으로 발전하여 적은 비용으로도 많은 양의 DNA 염기서열을 분석할 수 있게 되었고, 따라서 이전에 분석하기 힘들었던 전사체transcriptome나 유전체를 분석할 수 있게 되었다.

DNA 염기서열 분석 기술은 여전히 발전하고 있으며, 현재 제3세대 분석 기술이 등장하였다. 여러 기술 중에서 퍼시픽바이오 사의 SMRTsingle molecule real-time 시퀀싱 기술은 한번에 다량의 긴 DNA 염기서열을 분석하는 기술이다. 이 기술은 DNA 염기서열 분석에서 주요 과정인 DNA 합성 과정이 약 20젭토리터zeptoliter(10^{-21}L) 용량의 공간에서 일어나게 하여 1개의 DNA 중합효소가 뉴클레오타이드^{nucleotide}를 이어 붙이는 것을 단일 분자 수준으로 관측할 수 있게 하여 DNA 염기서열 분석의 효율을 증가시켰다. 기존의 차세대 염기서열 분석 방법이 한 번의 실험에서 약 300bp정도의 DNA 염기서열을 읽을 수 있었다면 SMRT 시퀀싱 기술의 경우 1만 bp 이상의 DNA 염기 서열을 분석할 수 있다.

현재까지 상용화된 DNA 염기서열 분석 방법이 대부분 DNA 중합효소에 의한 DNA 합성 방식을 이용하고 있다면, 또 다른 제3세대 분석 기술인 나노포어^{nanopore} 시퀀싱은 DNA 합성 없이 DNA를 이루고 있는 염기의 물리화학적 특징을 이용하여 DNA 의 염기서열을 분석하는 기술이다. DNA를 구성하고 있는 4개의 염기인 아데닌, 구아닌, 사이토신, 타이민은 화학적 구조가 달라서 서로 다른 물리화학적인 특징을 가지고 있는데, 이것을 DNA 서열을 읽는 데 이용한 것이다. 나노포어 시퀀싱에 이용되는 플로 셀^{flow cell}은 전해질 용액을 전기 저항성이 큰 막으로 분리한 후에 그 막에 나노포어라는 막 단백질을 부착하여 이온이 나노포어를 통해 이동할 수 있도록 한다. 전해질 용액 속 이온은 나노포어를 통과하면서 일정한 양의 전류를 생성한다. DNA 염기서열을 분석하기 위해 DNA를 플로 셀에 넣으면, 단일가닥의 DNA도 플로 셀에 부착되어 있는 나노포어를 통과한다. DNA를 이루는 4개의 염기는 서로 물리화학적 특징이 다르기 때문에 나노포어를 통과하면서 각기 다른 이온의 흐름을 방해하고, 그 결과, 각각 다른 전류를 일으킨다. 그 전류를 분석하여 DNA 염기서열을 알아낼 수 있다. 이론적으로 나노포어 시퀀싱은 DNA에 손상이 없다면 한 번에 읽을 수 있는 DNA 서열의 길이에 제한이 없지만 실제 실험에서는 평균 1만 3,000bp 이상의 DNA 염기서열을 분석한다. 또한, 이 방법은 DNA 중합효소에 의한 DNA 복제 없이 원본 DNA 그 자체의 서열을 분석하기 때문에 DNA 수식화DNA modification의 일종인 DNA 메틸화DNA methylation 양상도 분석할 수 있다. 제3세대 분석 기술을 이용하면 DNA의 길이가 너무 길어서 염기서열을 정확하게 읽어내지 못했던 생명체들의 유전체도 분석할 수 있다.

2. 메타볼로믹스

우리말로 대사체학이라고 말하는 메타볼로믹스는, 생명체에 있는 대사물질 전체를 알아내려는 연구분야이다. 어떤 화학물질들이 생명체 안에 있는지, 농도는 얼마인지, 합성되는 과정, 분해되는 과정 등을 밝히는 연구가 포함된다. 최근 분석 기술과 데이터를 발굴하는 기술들이 발전하면서, 대사체학 분야에서 이런 기술을 이용하여 새로운 대사물질들을 많이 발견하였으나, 생명체에 있는 화학물질의 종류가 너무나 많고 그들의 구조가 복잡하며, 농도도 수만 배 차이가 나기 때문에 이 분야의 목표에 도달하는 것은 오랜 시간이 걸릴 것이다. 식물에 있는 대사물질의 종류가 100만 가지 정도일 것이라는 추측이 있었지만 실제로는 그보다 훨씬 더 많을 것이라는 추측도 가능하다.

메타볼로믹스에 사용되는 기술이 여러 가지가 있고 각각 장단점이 있는데, 최근 가장 각광을 받는 것은 고해상도 질량분석법인 UHPLC-HRMS^{ultra-high-performance liquid chromatography-high-resolution mass spectrometry}이다. UHPLC는 컬럼이라고 부르는 긴 관에 아주 작은 알갱이(지름 2마이크론 이하)들을 채워 넣어서 그 컬럼을 통해 시료가 흐르는 동안에 거기 들어 있는 물질들이 서로 분리되도록 하는 기술이다. HRMS는 그렇게 분리된 물질들에 높은 전압을 가하여 이온화시키고, 이렇게 만들어진 이온들을 전하와 질량의 비율에 따라 다시 분리하여 질량스펙트럼^{mass spectrum}을 만든다. 질량스펙트럼을 분석해서 시료의 분자량을 찾아내고 그 시료의 성분을 알아낼 수 있다. 이 방법으로 최근에는 5,000가지 정도의 화학물질을 분리하고 동정할 수 있게 되었다. 그러나 과학자들이 순수분리는 했지만 그 정체를 밝히지 못한 대사물질이 아주 많고, 순수분리하지 못해서 그 정체를 분석할 수 없는 것들도 아직 수없이 많다고 한다.

3. 바이오-빅데이터와 정보통신기술

차세대 염기서열 분석 방법과 UHPLC-HRMS와 같은 분석 기술이 혁신된 결과, DNA 염기서열, 단백질 서열, 대사물질 등 여러 생물학적 정보 분석이 보편화되었으며, 이로 인해 방대한 양의 생물 정보를 얻을 수 있게 되었다. 많은 양의 생물 정보를 활용하여 바이오-빅데이터 데이터베이스를 구축하고 이를 컴퓨터 시스템을 통해 통계학적으로 분석하여 생명 현상을 설명할 수 있는 정보를 얻어내는 연구가 생물정보학이다.

생물정보학에 속하는 학문 중에 유전체학과 시스템 생물학이 있다. 유전체학은 다양한 생명체의 유전체 염기서열을 분석하여 이를 데이터베이스로 구축하고, 이를 분석하여 생물체의 진화와 종 분화에 대한 정보를 얻는다. 시스템 생물학은 유전체, 전사체, 단백질체, 대사체에 관한 정보를 통합적으로 구축하여, 생명활동의 상호작용을 기능적으로 연결하여 설명하고자 한다. 이를 통해 생명체의 생명활동을 모형화하고 가상환경에서 그 모형의 정확도를 점검할 수 있다. 이렇게 시스템 생물학적 분석을 이용하고 모형화하는 과정을 활용해서 연구계획을 세우면, 실제 생체실험의 성공 확률을 높일 수 있게 되어, 연구에 드는 자원과 시간을 절약할 수 있다. 그뿐만 아니라 시스템 생물학적 분석은 실생활에 유용한 물질을 생산하는 데 도움을 줄 수 있다. 한 가지 예로 항암화학요법에 많이 사용되는 파클리탁셀paclitaxel은 주목나무의 껍질에서 발견되었는데, 세 그루의 성숙한 나무에서 추출한 파클리탁셀은 겨우 1그램밖에 되지 않아 지속 가능한 생산이 불가능하였다. 그러나 기술의 발전으로 주목나무의 유전체, 전사체, 단백질체, 대사체 정보를 얻을 수 있게 되면서 파클리탁셀의 합성에 관여하는 주요 유전자들을 알아낼 수 있었다. 이 유전자들을 대장균이나 담배와 같은 숙주에 이형 발현heterologous expression하여 주목나무를 훼손하지 않고도 파클리탁셀을 생산하는 방법이 개발되었다.

생물 정보는 생태학에도 이용되고 있다. 대기에 부유하고 있는 화분, 꽃잎, 잎, 씨 등과 같은 식물세포를 포집하고 여기서 DNA를 추출하고 염기서열을 분석하여, 그 유전정보를 기존의 유전체 데이터베이스와 비교함으로써 그 공간에 어떤 식물들이 존재하는지를 알아낼 수 있다. 현장에서 식물을 관찰하고 채집해서 생태계를 연구하는 종래의 방법에 비해, 공기 중에 부유하는 물질에서 DNA를 추출하고 유전체를 분석하여 그 공간에 누가 살고 있는지를 알아내고 이들의 상호작용을 연구하는 것은 정말 획기적인 새로운 시도이다.

4. 단백질 구조의 이해

4차 산업혁명의 선두를 이끌고 있는 인공지능은 단백질의 구조를 밝히는 분야에도 엄청난 발전을 가져오고 있다. 생명활동의 근원에 있는 단백질이 어떤 일을 하는지는 그 구조가 거의 결정하는 것이어서, 단백질의 구조를 알아내는 것이 매우 중요하다. 전통적으로 단백질의 구조를 밝히기 위해서는 그 단백질을 암호화하는 유전자를 클로닝하여 재조합 단백질을 대량 생산하고 이 단백질을 정제 농축하여 단백질 결정을 만들었다. 이렇게 얻은 단백질 결정을 방사광가속기로 분석하여 엑스레이 회절 결과를 얻고, 이를 분석하는 과정을 거쳤다. 이렇게 여러 단계의 복잡하고도 어려운 과정을 거쳐야 비로소 단백질의 구조를 볼 수 있기 때문에, 단백질의 서열이 밝혀졌더라도 구조까지 밝혀진 단백질의 수는 그리 많지 않았다.

그러나 최근에 구글에 소속된 딥마인드회사에서 인공지능의 머신러닝을 사용하여 단백질의 구조를 예측하는 프로그램인 알파폴드Alphafold를 개발하여, 훨씬 더 정확하고 손쉽게 단백질의 구조를 짐작할 수 있게 되었다. 알파폴드는 단백질 구조의 유사성 점수를 측정하는 테스트에서 100점 만점에 92.4점을 받았는데, 이는 종래의 엑스레이 회절을 통한 단백질 구조 결정 방법에 견줄 만한 정확도이다. 알파폴드를 활용하여 기존의 복잡한 과정을 거치지 않고도 단백질의 구조를 예측할 수 있게 되면서, 여러 단백질들이 어떻게 다양한 생명활동에 관여하는지에 대한 미스터리가 빠른 속도로 풀려가고 있다. 다만 알파폴드의 경우 이미 알려진 단백질의 구조를 기반으로 훈련되었기 때문에, 이전에 한 번도 발견되지 않은 완전히 새로운 단백질의 구조 예측은 불가능할 것이며, 또한 여러 단백질이 결합되어 있는 단백질복합체의 구조 예측에서도 정확도가 낮을 것이다.

참고 문헌

1부 식물과 이웃 식물의 사회생활

Badri DV, Vivanco JM. 2009. Regulation and function of root exudates. *Plant, Cell & Environment* **32**(6): 666-681.

Ballaré CL. 2014. Light regulation of plant defense. *Annu. Rev. Plant Biol* **65**(335): e363.

Broz A, Vivanco J, Schultz M, Perry L, Paschke M. 2006. Secondary metabolites and allelopathy in plant invasions: A case study of Centaurea maculosa. *Plant Physiology (Essay 13.7). Sinauer Associates.*

Gallé Á, Czékus Z, Tóth L, Galgóczy L, Poór P. 2021. Pest and disease management by red light. *Plant, Cell & Environment* **44**(10): 3197-3210.

Hettenhausen C, Li J, Zhuang H, Sun H, Xu Y, Qi J, Zhang J, Lei Y, Qin Y, Sun G. 2017. Stem parasitic plant Cuscuta australis (dodder) transfers herbivory-induced signals among plants. Proceedings of the *National Academy of Science*s **114**(32): E6703-E6709.

Kil B-S 1992. Effect of pine allelochemicals on selected species in Korea. *Allelopathy:* Springer, 205-241.

Kimura F, Sato M, Kato-Noguchi H. 2015. Allelopathy of pine litter: delivery of allelopathic substances into forest floor. *Journal of Plant Biology* **58**(1): 61-67.

Koch GW, Sillett SC, Jennings GM, Davis SD. 2004. The limits to tree height. *Nature* 428(6985): 851-854.

Kountche BA, Jamil M, Yonli D, Nikiema MP, Blanco-Ania D, Asami T, Zwanenburg B, Al-Babili S. 2019. Suicidal germination as a control strategy for Striga hermonthica (Benth.) in smallholder farms of sub-Saharan Africa. P*lants, People, Planet* 1(2): 107-118.

Lin Z, Eaves DJ, Sanchez-Moran E, Franklin FCH, Franklin-Tong VE. 2015. The Papaver rhoeas S determinants confer self-incompatibility to Arabidopsis thaliana in planta. *Science* 350(6261): 684-687.

López Pereira M, Sadras VO, Batista W, Casal JJ, Hall AJ. 2017. Light-mediated self-organization of sunflower stands increases oil yield in the field. *Proceedings of the National Academy of Sciences* 114(30): 7975-7980.

Mallik AU 2008. Allelopathy in Forested Ecosystems. In: Zeng RS, Mallik AU, Luo SM eds. *Allelopathy in Sustainable Agriculture and Forestry*. New York, NY: Springer New York, 363-386.

Pickles BJ, Wilhelm R, Asay AK, Hahn AS, Simard SW, Mohn WW. 2017. Transfer of 13C between paired Douglas-fir seedlings reveals plant kinship effects and uptake of exudates by ectomycorrhizas. *New Phytologist* 214(1): 400-411.

Semchenko M, Saar S, Lepik A. 2014. Plant root exudates mediate neighbour recognition and trigger complex behavioural changes. *New Phytologist* 204(3): 631-637.

Shen G, Liu N, Zhang J, Xu Y, Baldwin IT, Wu J. 2020. Cuscuta australis (dodder) parasite eavesdrops on the host plants' FT signals to flower. Proceedings of the *National Academy of Sciences* 117(37): 23125-23130.

Shulaev V, Silverman P, Raskin I. 1997. Airborne signalling by methyl salicylate in plant pathogen resistance. *Nature* 385(6618): 718-721.

Simard SW, Beiler KJ, Bingham MA, Deslippe JR, Philip LJ, Teste FP. 2012. Mycorrhizal networks: mechanisms, ecology and modelling. *Fungal Biology Reviews* 26(1): 39-60.

Simard SW, Perry DA, Jones MD, Myrold DD, Durall DM, Molina R. 1997. Net transfer of carbon between ectomycorrhizal tree species in the field. *Nature* 388(6642): 579-582.

Song YY, Simard SW, Carroll A, Mohn WW, Zeng RS. 2015. Defoliation of interior Douglas-fir elicits carbon transfer and stress signalling to ponderosa pine neighbors through ectomycorrhizal networks. *Scientific reports* **5**(1): 1-9.

Torices R, Gómez JM, Pannell JR. 2018. Kin discrimination allows plants to modify investment towards pollinator attraction. *Nature communications* **9**(1): 1-6.

2부 식물과 미생물

Akiyama K, Matsuzaki K-i, Hayashi H. 2005. Plant sesquiterpenes induce hyphal branching in arbuscular mycorrhizal fungi. *Nature* **435**(7043): 824-827.

Berendsen RL, Pieterse CM, Bakker PA. 2012. The rhizosphere microbiome and plant health. *Trends in plant science* **17**(8): 478-486.

Breia R, Conde A, Badim H, Fortes AM, Gerós H, Granell A. 2021. Plant SWEETs: from sugar transport to plant–pathogen interaction and more unexpected physiological roles. *Plant Physiology* **186**(2): 836-852.

Castrillo G, Teixeira PJPL, Paredes SH, Law TF, De Lorenzo L, Feltcher ME, Finkel OM, Breakfield NW, Mieczkowski P, Jones CD. 2017. Root microbiota drive direct integration of phosphate stress and immunity. *Nature* **543**(7646): 513-518.

Colaianni NR, Parys K, Lee H-S, Conway JM, Kim NH, Edelbacher N, Mucyn TS, Madalinski M, Law TF, Jones CD. 2021. A complex immune response to flagellin epitope variation in commensal communities. *Cell Host & Microbe* **29**(4): 635-649. e639.

Delaux P-M, Radhakrishnan GV, Jayaraman D, Cheema J, Malbreil M, Volkening JD, Sekimoto H, Nishiyama T, Melkonian M, Pokorny L. 2015. Algal ancestor of land plants was preadapted for symbiosis. *Proceedings of the National Academy of Sciences* **112**(43): 13390-13395.

Delaux P-M, Schornack S. 2021. Plant evolution driven by interactions with symbiotic and pathogenic microbes. *Science* **371**(6531): eaba6605.

Hedden P, Sponsel V. 2015. A century of gibberellin research. *Journal of plant growth regulation* **34**(4): 740-760.

Hoffland E, Niemann G, Van Pelt J, Pureveen J, Eijkel G, Boon J, Lambers H. 1996. Relative growth rate correlates negatively with pathogen resistance in radish: the role of plant chemistry. *Plant, Cell & Environment* **19**(11): 1281-1290.

Hu Y, Ding Y, Cai B, Qin X, Wu J, Yuan M, Wan S, Zhao Y, Xin X-F. 2022. Bacterial effectors manipulate plant abscisic acid signaling for creation of an aqueous apoplast. *Cell Host & Microbe* **30**(4): 518-529. e516.

Huang AC, Jiang T, Liu Y-X, Bai Y-C, Reed J, Qu B, Goossens A, Nützmann H-W, Bai Y, Osbourn A. 2019. A specialized metabolic network selectively modulates Arabidopsis root microbiota. *Science* **364**(6440): eaau6389.

Javot H, Penmetsa RV, Terzaghi N, Cook DR, Harrison MJ. 2007. A Medicago truncatula phosphate transporter indispensable for the arbuscular mycorrhizal symbiosis. *Proceedings of the National Academy of Sciences* **104**(5): 1720-1725.

Jeong J, Suh S, Guan C, Tsay Y-F, Moran N, Oh CJ, An CS, Demchenko KN, Pawlowski K, Lee Y. 2004. A nodule-specific dicarboxylate transporter from alder is a member of the peptide transporter family. *Plant Physiology* **134**(3): 969-978.

Jiang Y, Wang W, Xie Q, Liu N, Liu L, Wang D, Zhang X, Yang C, Chen X, Tang D. 2017. Plants transfer lipids to sustain colonization by mutualistic mycorrhizal and parasitic fungi. *Science* **356**(6343): 1172-1175.

Kodama K, Rich MK, Yoda A, Shimazaki S, Xie X, Akiyama K, Mizuno Y, Komatsu A, Luo Y, Suzuki H. 2022. An ancestral function of strigolactones as symbiotic rhizosphere signals. *Nature communications* **13**(1): 1-15.

Kwak M-J, Kong HG, Choi K, Kwon S-K, Song JY, Lee J, Lee PA, Choi SY, Seo M, Lee HJ. 2018. Rhizosphere microbiome structure alters to enable wilt resistance in tomato. *Nature biotechnology* **36**(11): 1100-1109.

Liu Z, Hou S, Rodrigues O, Wang P, Luo D, Munemasa S, Lei J, Liu J, Ortiz-Morea FA, Wang X. 2022. Phytocytokine signalling reopens stomata in plant immunity and water loss. *Nature* **605**(7909): 332-339.

Mendes LW, Raaijmakers JM, de Hollander M, Mendes R, Tsai SM. 2018. Influence of resistance breeding in common bean on rhizosphere microbiome composition and function. *The ISME journal* **12**(1): 212-224.

Puginier C, Keller J, Delaux P-M. 2022. Plant–microbe interactions that have impacted plant terrestrializations. *Plant Physiology* **190**(1): 72-84.

Rich MK, Vigneron N, Libourel C, Keller J, Xue L, Hajheidari M, Radhakrishnan GV, Le Ru A, Diop SI, Potente G. 2021. Lipid exchanges drove the evolution of mutualism during plant terrestrialization. *Science* **372**(6544): 864-868.

Roussin-Léveillée C, Lajeunesse G, St-Amand M, Veerapen VP, Silva-Martins G, Nomura K, Brassard S, Bolaji A, He SY, Moffett P. 2022. Evolutionarily conserved bacterial effectors hijack abscisic acid signaling to induce an aqueous environment in the apoplast. *Cell Host & Microbe* **30**(4): 489-501. e484.

Savary S, Willocquet L, Pethybridge SJ, Esker P, McRoberts N, Nelson A. 2019. The global burden of pathogens and pests on major food crops. *Nature ecology & evolution* **3**(3): 430-439.

Stringlis IA, Yu K, Feussner K, de Jonge R, Van Bentum S, Van Verk MC, Berendsen RL, Bakker PA, Feussner I, Pieterse CM. 2018. MYB72-dependent coumarin exudation shapes root microbiome assembly to promote plant health. *Proceedings of the National Academy of Sciences* **115**(22): E5213-E5222.

Teixeira PJ, Colaianni NR, Law TF, Conway JM, Gilbert S, Li H, Salas-González I, Panda D, Del Risco NM, Finkel OM. 2021. Specific modulation of the root immune system by a community of commensal bacteria. *Proceedings of the National Academy of Sciences* **118**(16): e2100678118.

Trivedi P, Leach JE, Tringe SG, Sa T, Singh BK. 2020. Plant–microbiome interactions: from community assembly to plant health. *Nature reviews microbiology* **18**(11): 607-621.

Xin X-F, Nomura K, Aung K, Velásquez AC, Yao J, Boutrot F, Chang JH, Zipfel C, He SY. 2016. Bacteria establish an aqueous living space in plants crucial for virulence. *Nature* **539**(7630): 524-529.

Zhang C, He J, Dai H, Wang G, Zhang X, Wang C, Shi J, Chen X, Wang D, Wang E. 2021. Discriminating symbiosis and immunity signals by receptor competition in rice. *Proceedings of the National Academy of Sciences* **118**(16): e2023738118.

Zhang J, Liu Y-X, Zhang N, Hu B, Jin T, Xu H, Qin Y, Yan P, Zhang X, Guo X. 2019. NRT1. 1B is associated with root microbiota composition and nitrogen use in field-grown rice. *Nature biotechnology* **37**(6): 676-684.

Zhang M, Kong X. 2021. How plants discern friends from foes. *Trends in plant science.*

Zhang Q, Blaylock LA, Harrison MJ. 2010. Two Medicago truncatula half-ABC transporters are essential for arbuscule development in arbuscular mycorrhizal symbiosis. *The Plant Cell* **22**(5): 1483-1497.

Zhou F, Emonet A, Tendon VD, Marhavy P, Wu D, Lahaye T, Geldner N. 2020. Co-incidence of damage and microbial patterns controls localized immune responses in roots. *Cell* **180**(3): 440-453. e418.

3부 식물과 동물

Acevedo FE, Rivera-Vega LJ, Chung SH, Ray S, Felton GW. 2015. Cues from chewing insects—the intersection of DAMPs, HAMPs, MAMPs and effectors. *Current Opinion in Plant Biology* 26: 80-86.

Alfonso E, Stahl E, Glauser G, Bellani E, Raaymakers TM, Van den Ackerveken G, Zeier J, Reymond P. 2021. Insect eggs trigger systemic acquired resistance against a fungal and an oomycete pathogen. *New Phytologist* 232(6): 2491-2505.

Atwood TB, Connolly RM, Ritchie EG, Lovelock CE, Heithaus MR, Hays GC, Fourqurean JW, Macreadie PI. 2015. Predators help protect carbon stocks in blue carbon ecosystems. *Nature Climate Change* 5(12): 1038-1045.

Bakker ES, Gill JL, Johnson CN, Vera FW, Sandom CJ, Asner GP, Svenning J-C. 2016. Combining paleo-data and modern exclosure experiments to assess the impact of megafauna extinctions on woody vegetation. *Proceedings of the National Academy of Sciences* 113(4): 847-855.

Bao T, Wang B, Li J, Dilcher D. 2019. Pollination of Cretaceous flowers. *Proceedings of the National Academy of Sciences* 116(49): 24707-24711.

Burkepile DE, Parker JD. 2017. Recent advances in plant-herbivore interactions. *F1000Research* 6.

Cascone P, Vuts J, Birkett MA, Dewhirst S, Rasmann S, Pickett JA, Guerrieri E. 2023. L-DOPA functions as a plant pheromone for belowground anti-herbivory communication. *Ecology Letters* 26(3): 460-469.

Chen H, Wilkerson CG, Kuchar JA, Phinney BS, Howe GA. 2005. Jasmonate-inducible plant enzymes degrade essential amino acids in the herbivore midgut. *Proceedings of the National Academy of Sciences* 102(52): 19237-19242.

Choi J, Tanaka K, Cao Y, Qi Y, Qiu J, Liang Y, Lee SY, Stacey G. 2014. Identification of a plant receptor for extracellular ATP. *Science* 343(6168): 290-294.

Douglas AE. 2018. Strategies for enhanced crop resistance to insect pests. *Annual review of plant biology* 69: 637-660.

Erb M, Reymond P. 2019. Molecular interactions between plants and insect herbivores. *Annual review of plant biology* 70: 527-557.

Ford AT, Goheen JR, Otieno TO, Bidner L, Isbell LA, Palmer TM, Ward D, Woodroffe R, Pringle RM. 2014. Large carnivores make savanna tree communities less thorny. *Science* **346**(6207): 346-349.

Fragoso V, Rothe E, Baldwin IT, Kim SG. 2014. Root jasmonic acid synthesis and perception regulate folivore-induced shoot metabolites and increase Nicotiana attenuata resistance. *New Phytologist* **202**(4): 1335-1345.

Gonzales-Vigil E, Bianchetti CM, Phillips Jr GN, Howe GA. 2011. Adaptive evolution of threonine deaminase in plant defense against insect herbivores. *Proceedings of the National Academy of Sciences* **108**(14): 5897-5902.

Guo X, Yu Q, Chen D, Wei J, Yang P, Yu J, Wang X, Kang L. 2020. 4-Vinylanisole is an aggregation pheromone in locusts. *Nature* **584**(7822): 584-588.

Haack RA, Hérard F, Sun J, Turgeon JJ. 2010. Managing invasive populations of Asian longhorned beetle and citrus longhorned beetle: a worldwide perspective. *Annual review of entomology* **55**: 521-546.

Hagihara T, Mano H, Miura T, Hasebe M, Toyota M. 2022. Calcium-mediated rapid movements defend against herbivorous insects in Mimosa pudica. *Nature Communications* **13**(1): 6412.

Harada K, Ann JAM, Suzuki M. 2020. Legacy effects of sika deer overpopulation on ground vegetation and soil physical properties. *Forest Ecology and Management* **474**: 118346.

Hartzler RG. 2010. Reduction in common milkweed (Asclepias syriaca) occurrence in Iowa cropland from 1999 to 2009. *Crop Protection* **29**(12): 1542-1544.

Hedrich R, Neher E. 2018. Venus flytrap: how an excitable, carnivorous plant works. *Trends in Plant Science* **23**(3): 220-234.

Jennings DE, Rohr JR. 2011. A review of the conservation threats to carnivorous plants. *Biological Conservation* **144**(5): 1356-1363.

Johnson R, Narvaez J, An G, Ryan C. 1989. Expression of proteinase inhibitors I and II in transgenic tobacco plants: effects on natural defense against Manduca sexta larvae. *Proceedings of the National Academy of Sciences* **86**(24): 9871-9875.

Kloth KJ, Busscher-Lange J, Wiegers GL, Kruijer W, Buijs G, Meyer RC, Albrectsen BR, Bouwmeester HJ, Dicke M, Jongsma MA. 2017. SIEVE ELEMENT-LINING CHAPERONE1 restricts aphid feeding on Arabidopsis during heat stress. *The Plant Cell* **29**(10): 2450-2464.

Koo AJ, Gao X, Daniel Jones A, Howe GA. 2009. A rapid wound signal activates the systemic synthesis of bioactive jasmonates in Arabidopsis. *The Plant Journal* **59**(6): 974-986.

Koutroumpa FA, Monsempes C, François M-C, de Cian A, Royer C, Concordet J-P, Jacquin-Joly E. 2016. Heritable genome editing with CRISPR/Cas9 induces anosmia in a crop pest moth. *Scientific Reports* **6**(1): 1-9.

Little D, Gouhier-Darimont C, Bruessow F, Reymond P. 2007. Oviposition by pierid butterflies triggers defense responses in Arabidopsis. *Plant Physiology* **143**(2): 784-800.

Lortzing V, Oberländer J, Lortzing T, Tohge T, Steppuhn A, Kunze R, Hilker M. 2019. Insect egg deposition renders plant defence against hatching larvae more effective in a salicylic acid-dependent manner. *Plant, cell & environment* **42**(3): 1019-1032.

Magalhães DM, Borges M, Laumann RA, Woodcock CM, Withall DM, Pickett JA, Birkett MA, Blassioli-Moraes MC. 2018. Identification of volatile compounds involved in host location by Anthonomus grandis (Coleoptera: Curculionidae). *Frontiers in Ecology and Evolution* **6**: 98.

Moog MW, Trinh MDL, Nørrevang AF, Bendtsen AK, Wang C, Østerberg JT, Shabala S, Hedrich R, Wendt T, Palmgren M. 2022. The epidermal bladder cell-free mutant of the salt-tolerant quinoa challenges our understanding of halophyte crop salinity tolerance. *New Phytologist* **236**(4): 1409-1421.

NationalResearchCouncil. 2007. *Status of Pollinators in North America*. Washington, DC: The National Academies Press.

Nelsen MP, Moreau CS, Kevin Boyce C, Ree RH. 2023. Macroecological diversification of ants is linked to angiosperm evolution. *Evolution Letters* **7**(2): 79-87.

Orrock J, Connolly B, Kitchen A. 2017. Induced defences in plants reduce herbivory by increasing cannibalism. *Nature Ecology & Evolution* **1**(8): 1205-1207.

Ostiguy N. 2011. Pests and pollinators. Nature Education Knowledge **3**(10): 3.

Pendergast IV TH, Hanlon SM, Long ZM, Royo AA, Carson WP. 2016. The legacy of deer overabundance: long-term delays in herbaceous understory recovery. *Canadian Journal of Forest Research* **46**(3): 362-369.

Ruan J, Zhou Y, Zhou M, Yan J, Khurshid M, Weng W, Cheng J, Zhang K. 2019. Jasmonic acid signaling pathway in plants. *International journal of molecular sciences* **20**(10): 2479.

Sasse J, Schlegel M, Borghi L, Ullrich F, Lee M, Liu GW, Giner JL, Kayser O, Bigler L, Martinoia E. 2016. Petunia hybrida PDR2 is involved in herbivore defense by controlling steroidal contents in trichomes. *Plant, cell & environment* **39**(12): 2725-2739.

Savary S, Willocquet L, Pethybridge SJ, Esker P, McRoberts N, Nelson A. 2019. The global burden of pathogens and pests on major food crops. *Nature Ecology & Evolution* **3**(3): 430-439.

Schiestl FP, Peakall R, Mant JG, Ibarra F, Schulz C, Franke S, Francke W. 2003. The chemistry of sexual deception in an orchid-wasp pollination system. *Science* **302**(5644): 437-438.

Schultheiss P, Nooten SS, Wang R, Wong MK, Brassard F, Guénard B. 2022. The abundance, biomass, and distribution of ants on Earth. *Proceedings of the National Academy of Sciences* **119**(40): e2201550119.

Shiojiri K, Kishimoto K, Ozawa R, Kugimiya S, Urashimo S, Arimura G, Horiuchi J, Nishioka T, Matsui K, Takabayashi J. 2006. Changing green leaf volatile biosynthesis in plants: an approach for improving plant resistance against both herbivores and pathogens. *Proceedings of the National Academy of Sciences* **103**(45): 16672-16676.

Sun J, Lu M, Gillette NE, Wingfield MJ. 2013. Red turpentine beetle: innocuous native becomes invasive tree killer in China. *Annual review of entomology* **58**: 293-311.

Thorén LM, Karlsson PS. 1998. Effects of supplementary feeding on growth and reproduction of three carnivorous plant species in a subarctic environment. *Journal of Ecology* **86**(3): 501-510.

Vosshall LB 2020. Catching plague locusts with their own scent: Nature Publishing Group UK London.

Whitham TG, Bailey JK, Schweitzer JA, Shuster SM, Bangert RK, LeRoy CJ, Lonsdorf EV, Allan GJ, DiFazio SP, Potts BM. 2006. A framework for community and ecosystem genetics: from genes to ecosystems. *Nature Reviews Genetics* **7**(7): 510-523.

박상규 2012. 엽채류 해충 천적으로 퇴치. 농민신문.

4부 식물과 사람

Adopted I. 2014. Climate change 2014 synthesis report. *IPCC: Geneva, Szwitzerland.*

Asseng S, Guarin JR, Raman M, Monje O, Kiss G, Despommier DD, Meggers FM, Gauthier PP. 2020. Wheat yield potential in controlled-environment vertical farms. Proceedings of the *National Academy of Sciences* 117(32): 19131-19135.

Bahulikar RA, Chaluvadi SR, Torres-Jerez I, Mosali J, Bennetzen JL, Udvardi M. 2021. Nitrogen Fertilization Reduces Nitrogen Fixation Activity of Diverse Diazotrophs in Switchgrass Roots. *Phytobiomes Journal* 5(1): 80-87.

Borrell JS, Dodsworth S, Forest F, Pérez-Escobar OA, Lee MA, Mattana E, Stevenson PC, Howes MJR, Pritchard HW, Ballesteros D, et al. 2020. The climatic challenge: Which plants will people use in the next century? *Environmental and Experimental Botany* 170: 103872.

Buxton A 2022. Brevel Nets $8.4 Million For Food System Disruption With New Microalgae Alt-Protein. *green queen.*

Chen K-E, Chen H-Y, Tseng C-S, Tsay Y-F. 2020. Improving nitrogen use efficiency by manipulating nitrate remobilization in plants. *Nature Plants* 6(9): 1126-1135.

De Moura FF, Moursi M, Donahue Angel M, Angeles-Agdeppa I, Atmarita A, Gironella GM, Muslimatun S, Carriquiry A. 2016. Biofortified β-carotene rice improves vitamin A intake and reduces the prevalence of inadequacy among women and young children in a simulated analysis in Bangladesh, Indonesia, and the Philippines. *The American Journal of Clinical Nutrition* 104(3): 769-775.

Diamond JM. 1998. *Guns, germs and steel: a short history of everybody for the last 13,000 years*: Random House.

Doebley JF, Gaut BS, Smith BD. 2006. The Molecular Genetics of Crop Domestication. *Cell* 127(7): 1309-1321.

Dong J, Gruda N, Lam SK, Li X, Duan Z. 2018. Effects of elevated CO2 on nutritional quality of vegetables: a review. *Frontiers in plant science* 9: 924.

Dong Z, Xiao Y, Govindarajulu R, Feil R, Siddoway ML, Nielsen T, Lunn JE, Hawkins J, Whipple C, Chuck G. 2019. The regulatory landscape of a core maize domestication module controlling bud dormancy and growth repression. *Nature Communications* 10(1): 3810.

Fernie AR, Yan J. 2019. De Novo Domestication: An Alternative Route toward New Crops for the Future. *Molecular Plant* 12(5): 615-631.

Gao Y, Liu Q, Zang P, Li X, Ji Q, He Z, Zhao Y, Yang H, Zhao X, Zhang L.

2015. An endophytic bacterium isolated from Panax ginseng C.A. Meyer enhances growth, reduces morbidity, and stimulates ginsenoside biosynthesis. *Phytochemistry Letters* **11**: 132-138.

Harari YN. 2015. 사피엔스: 유인원에서 사이보그까지, 인간 역사의 대담하고 위대한 질문: 김영사.

Harris F, Dobbs J, Atkins D, Ippolito JA, Stewart JE. 2021. Soil fertility interactions with Sinorhizobium-legume symbiosis in a simulated Martian regolith; effects on nitrogen content and plant health. *PLoS One* **16**(9): e0257053.

Hufford MB, Teran JCBMy, Gepts P. 2019. Crop Biodiversity: An Unfinished Magnum Opus of Nature. *Annual Review of Plant Biology* **70**(1): 727-751.

Imran A, Hakim S, Tariq M, Nawaz MS, Laraib I, Gulzar U, Hanif MK, Siddique MJ, Hayat M, Fraz A. 2021. Diazotrophs for lowering nitrogen pollution crises: looking deep into the roots. *Frontiers in Microbiology* **12**: 637815.

Kim JH, Castroverde CDM, Huang S, Li C, Hilleary R, Seroka A, Sohrabi R, Medina-Yerena D, Huot B, Wang J, et al. 2022. Increasing the resilience of plant immunity to a warming climate. *Nature* **607**(7918): 339-344.

Konishi S, Izawa T, Lin SY, Ebana K, Fukuta Y, Sasaki T, Yano M. 2006. An SNP Caused Loss of Seed Shattering During Rice Domestication. *Science* **312**(5778): 1392-1396.

Kwak M-J, Kong HG, Choi K, Kwon S-K, Song JY, Lee J, Lee PA, Choi SY, Seo M, Lee HJ, et al. 2018. Rhizosphere microbiome structure alters to enable wilt resistance in tomato. *Nature biotechnology* **36**(11): 1100-1109.

Kyndt T, Quispe D, Zhai H, Jarret R, Ghislain M, Liu Q, Gheysen G, Kreuze JF. 2015. The genome of cultivated sweet potato contains Agrobacterium T-DNAs with expressed genes: An example of a naturally transgenic food crop. *Proceedings of the National Academy of Sciences* **112**(18): 5844-5849.

Legg S. 2021. IPCC, 2021: Climate Change 2021-the Physical Science basis. *Interaction* **49**(4): 44-45.

Li K-T, Moulin M, Mangel N, Albersen M, Verhoeven-Duif NM, Ma Q, Zhang P, Fitzpatrick TB, Gruissem W, Vanderschuren H. 2015. Increased bioavailable vitamin B6 in field-grown transgenic cassava for dietary sufficiency. *Nature biotechnology* **33**(10): 1029-1032.

Manzano A, Herranz R, den Toom LA, Te Slaa S, Borst G, Visser M, Medina FJ, van Loon JJ. 2018. Novel, Moon and Mars, partial gravity simulation paradigms and their effects on the balance between cell growth and cell proliferation during early plant development. *npj Microgravity* **4**(1): 1-11.

Melillo JM, Butler S, Johnson J, Mohan J, Steudler P, Lux H, Burrows E, Bowles F, Smith R, Scott L, et al. 2011. Soil warming, carbon&x2013;nitrogen interactions, and forest carbon budgets. *Proceedings of the National Academy of Sciences* **108**(23): 9508-9512.

Meyer RS, DuVal AE, Jensen HR. 2012. Patterns and processes in crop domestication: an historical review and quantitative analysis of 203 global food crops. *New Phytologist* **196**(1): 29-48.

National Academies of Sciences E, Medicine. 2016. *Genetically engineered crops: experiences and prospects*: National Academies Press.

Normile D 2010. Restoration or devastation?: American Association for the Advancement of Science.

Oliva N, Florida Cueto-Reaño M, Trijatmiko KR, Samia M, Welsch R, Schaub P, Beyer P, Mackenzie D, Boncodin R, Reinke R, et al. 2020. Molecular characterization and safety assessment of biofortified provitamin A rice. *Scientific Reports* **10**(1): 1376.

Ollerton J, Winfree R, Tarrant S. 2011. How many flowering plants are pollinated by animals? *Oikos* **120**(3): 321-326.

Paine JA, Shipton CA, Chaggar S, Howells RM, Kennedy MJ, Vernon G, Wright SY, Hinchliffe E, Adams JL, Silverstone AL, et al. 2005. Improving the nutritional value of Golden Rice through increased pro-vitamin A content. *Nature biotechnology* **23**(4): 482-487.

Paul A-L, Elardo SM, Ferl R. 2022. Plants grown in Apollo lunar regolith present stress-associated transcriptomes that inform prospects for lunar exploration. *Communications biology* **5**(1): 1-9.

Pickett JA, Woodcock CM, Midega CAO, Khan ZR. 2014. Push–pull farming systems. *Current Opinion in Biotechnology* **26**: 125-132.

Pollard DA 2012. Design and Construction of Recombinant Inbred Lines. In: Rifkin SA ed. Quantitative Trait Loci (QTL): Methods and Protocols. Totowa, NJ: Humana Press, 31-39.

Poore J, Nemecek T. 2018. Reducing food's environmental impacts through producers and consumers. *Science* **360**(6392): 987-992.

Pourcel L, Moulin M, Fitzpatrick TB. 2013. Examining strategies to facilitate vitamin B1 biofortification of plants by genetic engineering. *Frontiers in plant* *science* **4**: 160.

Ritchie H, Roser M. 2020. Environmental impacts of food production. *Our world in data.*

Ritchie H, Roser M, Rosado P. 2020. CO_2 and greenhouse gas emissions. *Our world in data.*

Román-Palacios C, Wiens JJ. 2020. Recent responses to climate change reveal the drivers of species extinction and survival. *Proceedings of the National Academy of Sciences* **117**(8): 4211-4217.

Sha G et al., 2023 Genome editing of a rice CDP-DAG synthase confers multipathogen resistance. *Nature* 618: 1017-1023.

Semchenko M, Xue P, Leigh T. 2021. Functional diversity and identity of plant genotypes regulate rhizodeposition and soil microbial activity. *New Phytologist* **232**(2): 776-787.

Soroye P, Newbold T, Kerr J. 2020. Climate change contributes to widespread declines among bumble bees across continents. *Science* **367**(6478): 685-688.

Studer A, Zhao Q, Ross-Ibarra J, Doebley J. 2011. Identification of a functional transposon insertion in the maize domestication gene tb1. *Nature Genetics* **43**(11): 1160-1163.

Tooker JF, Frank SD. 2012. Genotypically diverse cultivar mixtures for insect pest management and increased crop yields. *Journal of Applied Ecology* **49**(5): 974-985.

Tuysuz G, Damon A 2015. Arctic 'Doomsday Vault' opens to retrieve vital seeds for Syria. *CNN.*

Vandenkoornhuyse P, Quaiser A, Duhamel M, Le Van A, Dufresne A. 2015. The importance of the microbiome of the plant holobiont. *New Phytologist* **206**(4): 1196-1206.

Wamelink GW, Frissel JY, Krijnen WH, Verwoert MR, Goedhart PW. 2014. Can plants grow on Mars and the moon: a growth experiment on Mars and moon soil simulants. *PLoS One* **9**(8): e103138.

Waugh R, Marshall D, Thomas B, Comadran J, Russell J, Close T, Stein N, Hayes P, Muehlbauer G, Cockram J, et al. 2010. Whole-genome association mapping in elite inbred crop varietiesThis article is one of a selection of papers from the conference "Exploiting Genome-wide Association in Oilseed Brassicas: a model for genetic improvement of major OECD crops for sustainable farming". *Genome* **53**(11): 967-972.

Wieder WR, Cleveland CC, Smith WK, Todd-Brown K. 2015. Future productivity and carbon storage limited by terrestrial nutrient availability. *Nature Geoscience* 8(6): 441-444.

Wirth JP, Petry N, Tanumihardjo SA, Rogers LM, McLean E, Greig A, Garrett GS, Klemm RDW, Rohner F. 2017. Vitamin A Supplementation Programs and Country-Level Evidence of Vitamin A Deficiency. *Nutrients* 9(3): 190.

Xu K, Mackill DJ. 1996. A major locus for submergence tolerance mapped on rice chromosome 9. *Molecular Breeding* 2(3): 219-224.

Xu K, Xu X, Fukao T, Canlas P, Maghirang-Rodriguez R, Heuer S, Ismail AM, Bailey-Serres J, Ronald PC, Mackill DJ. 2006. Sub1A is an ethylene-response-factor-like gene that confers submergence tolerance to rice. *Nature* 442(7103): 705-708.

Yu H, Li J. 2022. Breeding future crops to feed the world through de novo domestication. *Nature Communications* 13(1): 1-4.

Yu H, Lin T, Meng X, Du H, Zhang J, Liu G, Chen M, Jing Y, Kou L, Li X. 2021. A route to de novo domestication of wild allotetraploid rice. *Cell* 184(5): 1156-1170. e1114.

Zhang C, Yang Z, Tang D, Zhu Y, Wang P, Li D, Zhu G, Xiong X, Shang Y, Li C, et al. 2021. Genome design of hybrid potato. *Cell* 184(15): 3873-3883.e3812.

Ziska LH, Epstein PR, Schlesinger WH. 2009. Rising CO2, Climate Change, and Public Health: Exploring the Links to Plant Biology. *Environmental Health Perspectives* 117(2): 155-158.

Zsögön A, Čermák T, Naves ER, Notini MM, Edel KH, Weinl S, Freschi L, Voytas DF, Kudla J, Peres LEP. 2018. De novo domestication of wild tomato using genome editing. *Nature biotechnology* 36(12): 1211-1216.

강선일 2022. 새로운 GMO, 유전자가위에 맞서며. 한국농정.

김경아 2020. 우리나라 토종종자, 스발바르 국제종자저장고에 영구 보존. K스피릿.

이성진 2021. 현대판 노아의 방주 '시드볼트'가 열리는 날. 주간조선.

이은아 2016. 크리스퍼 유전자 교정작물, GMO와 어떻게 다른가. BIOSPECTATOR.

정혁훈 2021. 전세계 일상 깊숙이 들어온 GMO…한국선 작물재배 꿈도 못꾸는 사연은. 매일경제.

최용수 2022. [전문가의 눈] 꿀벌 폐사 원인과 대응방안. 농민신문.

그림 출처

그림 1 Heijden 등, 2015, *New Phytologist*, 205(4), 1406-1423.

그림 2 Thomas Fester, www.scivit.de.

그림 17 김경윤, 서울대학교.

그림 31 이현중, 카이스트.

그림 36 Nitin J. Sanket, Worcester Polytechnic Institute.

그림 37 Rod Peakall, The Australian National University.

그림 46 Deborah Austin, Grassy Knoll Plants.

그림 47 Michael Palmgren, University of Copenhagen.

그림 63 김세현, 국립백두대간수목원.

식물의 사회생활

ⓒ이영숙·최배영, 2024. Printed in Seoul, Korea

초판 1쇄 펴낸날	2024년 2월 2일
초판 2쇄 펴낸날	2024년 4월 16일
지은이	이영숙·최배영
펴낸이	한성봉
편집	최창문·이종석·오시경·권지연·이동현·김선형·전유경
콘텐츠제작	안상준
디자인	최세정
마케팅	박신용·오주형·박민지·이예지
경영지원	국지연·송인경
펴낸곳	도서출판 동아시아
등록	1998년 3월 5일 제1998-000243호
주소	서울시 중구 필동로8길 73 [예장동 1-42] 동아시아빌딩
페이스북	www.facebook.com/dongasiabooks
전자우편	dongasiabook@naver.com
블로그	blog.naver.com/dongasiabook
인스타그램	www.instargram.com/dongasiabook
전화	02) 757-9724, 5
팩스	02) 757-9726

ISBN	978-89-6262-055-9 03400

※ 잘못된 책은 구입하신 서점에서 바꿔드립니다.

만든 사람들

책임편집	원보름·이종석
디자인	김아영
크로스교열	안상준